现代景观规划设计丛书

叠石造山的理论与技法

方惠 著

中国建筑工业出版社

图书在版编目(CIP)数据

叠石造山的理论与技法／方惠著.—北京：中国建筑工业
出版社，2005（2024.5重印）
（现代景观规划设计丛书）
ISBN 978-7-112-07384-9

Ⅰ.叠… Ⅱ.方… Ⅲ.叠石－堆山 Ⅳ.TU986.4

中国版本图书馆CIP数据核字（2005）第041316号

本书系统介绍了叠石造山的理论与技法，作者从叠石造山本体技法入手，就叠石造山作为一门独特的艺术门类，从它的演变形成，到它的创作方法、过程、特点、规律、艺术审美欣赏以及它与其他山水造型艺术的互通性、自律性等等，都一一做了分析。书中强调了叠石造山技艺才是中国造园艺术中的根本大法，只有掌握叠石造山技艺才能进入中国造园艺术的堂奥。

本书作者以其30年施工的经验和体会完成了该书，读后的确给人以"实践出真知"的感受。

＊　　　＊　　　＊

责任编辑：吴宇江　许顺法　黄习习
责任设计：崔兰萍
责任校对：李志立　王金珠

现代景观规划设计丛书

叠石造山的理论与技法

方惠　著

＊

中国建筑工业出版社出版、发行(北京西郊百万庄)
各地新华书店、建筑书店经销
北 京 嘉 泰 利 德 公 司 制 版
建工社（河北）印刷有限公司印刷

＊

开本：880×1230毫米　1/16　印张：14¾　字数：470千字
2005年11月第一版　　2024年5月第三次印刷
定价：**158.00** 元
ISBN 978-7-112-07384-9
　　　　　（42541）

序

方惠将《叠石造山的理论与技法》一书校样展现在我面前,我浏览一过,心情还是很激动的。我由此联想到了很多事情。首先,方惠本是工匠,文化水平不高,但他悟性高,有丰富的实践经验,可谓身怀绝技、绝艺。这样的绝技、绝艺,历史上不知被湮没了多少。大量的民间工艺、医疗偏方、烹饪技艺、武术、农艺、音乐、雕刻……都面临失传的危险。新中国建国后,民间技艺受到国家和许多专家的重视,得到保护、研究与抢救。例如:原中央工艺美院、现清华美院对民间美术的研究就取得很大成就;阿炳的二胡曲《二泉映月》也得到了中央音乐学院及时的录音抢救,等等。但总的说来,仍是有限得很。叠石造山技法便是遭遇很险的一例。

20世纪80年代,我因偶然的机会涉足叠石造山并认识方惠,我为各地新建的"乱石堆"而痛心,也为方惠在叠山方面的才能而感奋,我鼓励并指导他学习理论、练习写作,出版过两本小册子。时至今日,他文字功夫虽未完全过关,但他写出的内容却已初具规模,不容小看。中国建筑工业出版社程里尧、吴宇江等专家看中这一点,几次花力气改稿出版,这是对传统文化的贡献。如果不是上述诸位有识者的因缘聚合,方惠的绝艺又将与许多失传的技艺一样,逐渐湮灭无闻了。

其次,中国历史上留下了许多假山、园林,有好有坏,需要总结。而总结的工作多由文人完成,文人们似乎很难深入到工匠之中去与他们朝夕相处一段时间。毛泽东说"卑贱者最聪明,高贵者最愚蠢。"这种说法未免太绝对,令人不易接受。但如果我们冷静想一想,这话并非全无道理。20多年来,全国堆了多少假山,其中有多少高工、总工、教授们的作品,的确有的连入门的水平都达不到,堆上去不倒下罢了,拼叠技巧根本谈不上,意境、格调等于零,用的是国家和人民的钱,造出的是文化垃圾。方惠于1994年出了一本小册子,专家们在权威级的书刊上大量采用,并作为假山工程施工的"规范"、"标准",而方惠却得不到应有的重视。园林、雕塑、环艺这些不比烹饪,菜烧不好,职称再高,饭店也不聘你。但假山堆不好,只要有关系,有头衔,就能接到工程。这真是文化的悲剧!历史将如何评价我们这一代!我这里并不是要故意与专家作对,抬高工匠,更不想卖弄我的"忧患意识",但我由衷地认为:没有文化的人附庸风雅固然俗气;有文化的人不深入实际,不懂装懂,至少也是不可取的。

还有一点顺便强调一下,当今假山工程没有正确的评估标准,工程结算的根据是使用石料的吨数,即用石越多,拿的钱越多。而假山作为艺术品，要凭灵感创作，不仅不能赶工期，而且要堆得空、透，一空一透，用石就大量减少，工期还可能延长，这样，施工者就赚不到钱了。为了钱，施工单位必须拼命用石料，光是打地基，就可以用卡车运来几座山，倒到坑里就可以拿钱。堆的山多是"实心山"，游山时只可登山，不可钻洞，什么趣味也没有。所以看了方惠这本书，悟性高的人即使懂得了叠山的奥秘，而在以金钱为杠杆的世界也是很难从事真正的假山艺术创作的。

21世纪是文化的世纪、精神的世纪。经济发达之后，越来越多的"有闲阶层"将寄情于艺术，园林假山工程市场会越来越大。我希望方惠这本书的出版，能对中国园林的发展起到应有的作用。

期望千秋不朽的作品在我们这一代手中能有几件问世！

是为序。

郑奇

2005年6月于南京航空航天大学

作者自序

　　叠石造山造园的技艺经世代相传，已有2000多年演变发展史，而对技艺理论的总结，却只见些零星论述。直到1994年我在中国建筑工业出版社出版《叠石造山》，1999年在江苏美术出版社出版《叠石造山法》（与郑奇合著），到现在《叠石造山的理论与技法》一书的完成，可以说：用专著的形式将传统叠石造山技法从实践到理论进行系统的总结、研究并逐步完善，我算是先行开拓者。

　　但我从不敢因此而得意忘形，因为：

　　从文化程度上讲，我是1969年下放的知青（时年17岁），除去3年文革不上课，我只相当于小学文化程度，这就与文人专家学者相差甚远。其次，我虽然研究叠石造山30年，但越深入越感到叠石造山技艺文化的博大精深，也越感到自己学识的浅薄和力不从心。

　　从实践上讲，我与扬派叠石惟一传人王鹤春共事堆山长达10年之久直至其去世，又与苏派传人韩良源早在20世纪80年代就曾在同一个公园叠石造山，至今仍交往频繁。所以，他们作为同行前辈，在我初学叠石阶段，有意无意间都曾是我学习传统叠石造山技法时的启蒙老师。其次，就古人留下的假山作品而言，苏州环秀山庄的假山堆叠技法到现在我也不敢说谁能超过……。

　　其根本原因在于，在叠石造山这个行业中，有文化的缺少实践的机遇，有实践的缺少文化的修养。这就给我留出了一个空间，即：在传统叠石造山技法理论的创作道路上，只有我在跌跌撞撞地拼命跑，第一名是我，最后一名也是我，所以我实在是一个孤独的长跑者，而创作的动力是对叠石艺术的痴迷，是困境中的执著，还是不能让传统叠石技艺失传……，抑或皆有之。

　　我生来就似乎注定了我与假山的缘分。

　　1952年我生于一个军人的家庭，那时部队多驻扎在寺庙或园林中，父母为我取名为惠，是因无锡惠山是我的出身地，惠山下面有个天下第二泉，泉旁的古房子就是我的家，泉水则是我们家淘米洗菜和我洗澡的地方，相距不远是寄畅园，那是父亲的办公地，园中有个"八音涧"假山，也是我儿时最喜欢的捉迷藏的场所。后来部队换防，我又随父母住过常州天宁寺、扬州天宁寺、西方寺等地。小学四年级后，我们家又搬到扬州何家花园，当时部队驻地范围不仅包括何园、片石山房，其中还包括湖南会馆中的许多假山。到下放回城后，在扬州分配了工作，上班在扬州个园，干的工种也是堆假山……。所以，直到现在，只要是到了中国传统园林中，无论这个园林是在江南还是在江北，我都有一种回到家的亲切感。

　　我是20世纪70年代开始学叠石的。作为扬州人自然是要从扬派叠石学起，扬派叠石讲究的是兼备"南秀北雄"的技法风格，因此，要真的学好它，自然也要研究南派（即苏派）和北派的叠石技法了。期间，南来北往地实地考察，施工时的风吹日晒、流血流汗自不待言，到如今就我这双盘弄过几十万块石料、堆叠起上百处小至数石、大至万吨的假山的手而言，我的每个手指指甲都曾经在施工过程中——被石挤压掉，后又都重新生长出来，只不过因为我喜欢叠石，所以也从不感到叠石之苦，反觉得"苦中有乐"，尤其是叠石的过程，有时园主一分钱工钱不给，只要管口饭吃也干。

20世纪80年代末，我认识了当时任江苏商专学报编辑部主任，现为南京航空航天大学艺术学院教授、博导的郑奇先生，并跟其学习美学理论。一次，郑奇老师说："你的叠石感觉和经验如同一捧珍珠，撒在地上颗颗闪光，你应该用文字将它串起来成为书面的东西。"于是，我也动起笔来。然而动笔方知写作比我堆山要难，后来虽到东南大学文学院进修了2年，也拿了一个结业证书，但文笔上却一直也没有什么大长进，写起文章仍然是病句不断，错别字连篇……，这叫做麻袋上绣花——底子差，吃的是没有文化的苦。幸亏当初书稿交到了中国建筑工业出版社老编审程里尧先生手中，他看后曾对我说："你写的东西是多年假山施工的实践经验，这些经验有文化的学者专家写不出来，因为他们缺少实践的机会；而许多有施工经验的老艺人由于缺少文化也写不出来，所以你的东西有价值，至于书稿中病语错字，标点符号的纠正等，这是责任编辑的事，你只要把你要讲的东西说清楚就行了。"所以，整整写了4年，无数次修改草稿，到1994年我第一本《叠石造山》书稿能得以出版，郑奇、程里尧和责任编辑吴宇江功不可没。

出了书，又做了那么多假山工程，自然也就想在单位改变一下工匠的身份，但是1994、1995年2次申报职称却皆无结果，心中不免不平。一次在郑奇老师面前谈及此事，郑奇老师说："扬州八怪、石涛和尚皆无职称，但他们对中国文化所作贡献谁能否定。"一席话使我精神一振，从此不再申报。直到如今，我已出叠石技法专著3部，发表文章若干，又曾在数所大学园艺系讲授叠石造山课，却还是工匠身份。

对工匠身份，我倒不觉得有什么不好，尤其是到外地接假山工程项目，甲方负责人只要见到我出的书，该项目大多就能接下来。可见，在世人的心中，真本领比虚名头可靠，尤其是私家出钱造的园，承接项目的命中率几乎是百发百中。

人是要有一点精神的。尤其学叠石造山，先要学做人，先做一个堂堂正正之人，既不唯利是图、为钱堆山，也不可逢迎权势而放弃叠石的艺术标准……，惟有如此，堆出来的山才不会有猥亵气。然而，这是要付出代价的，例如我在扬州古建公司，虽以叠石为业却终不能以叠石为生，不仅10多年在扬州做不到一个假山工程，而且连基本生活费也拿不到，最艰难时甚至要靠80岁老父老母的资助来解决吃饭问题……。

无奈之下只得离开扬州外出叠石造山，先从私家小园入手，渐渐堆到住宅小区、厂矿、学校、医院、机关、宾馆、休闲场所、城市道路布景……，直到公园假山的修复、新建，山越堆越多也越造越大，例如最近刚完成的上海鲜花港新品展示园大型黄石假山，就用去黄石万吨，河滩石千吨，回填土一万多方，植大树200棵……。

山堆多了名气也堆大了，我的堆山经历又是报纸上登又是电视上放，这正应了一句老话叫"墙内开花墙外香"。墙内能开花是扬州深厚的文化积淀滋润了我，培育了我，所以我作为扬派叠石的传承人，无论流浪到哪里，我的根仍须留在扬州。我只期望在我的体力还能胜任之日多造些好山，再尽快赚些养老糊口的钱回到扬州，然后安下心来再搞一本《叠石造山工程》的大专院校教学参考书，再建一个能供学生演练的叠石造山实习基地，使这一古老的传统文化艺术能在有文化的人群中弘扬光大。若如此，此生足矣。

方惠

2005年烟花三月写于扬州市大虹桥路10号

目 录

‖·第一章

叠石造山造型技法的演变·‖

中国造园的要素，不外山水、花木、建筑三大组成部分。对此，已故园林专家童寯先生说："造园要素：一为花木鱼池，二为屋宇，三为叠石。花木鱼池，自然者也。屋宇，人为者也。一属活动，一有规律。调剂于二者之间，则为叠石。石虽固定而具自然之形，虽天生而赖堆凿之巧，盖半天然半人工之物也。吾国园林，无论大小，几莫不有石。"（《江南园林志》）

造园三要素中，花木池鱼为天然，屋宇建筑为人工，惟叠石造山，是天然与人工的有机结合，是中国哲人"天人合一"思想的最好体现，是"既雕既琢、复归于朴"的中国美学精神的最好体现。从理论上说，没有假山石，也是可以成园的，亦如中国画除了山水还有花鸟、人物画一样。但在实践上，无论中国的皇家造园还是私家建园，却没有哪一家少得了假山石的。"无园不山"，用叠石的方法创造山水园林遂成了中国园林的一大特点。中国造园的发展越趋于成熟，这种情况表现得越是突出。因此，要欣赏和研究中国园林，则不可不了解叠石造山的理论，要设计和建造中国园林，则不可不掌握叠石造山的技法。

第一节　叠石造山演变期的主要特点

一、远古的台形山

我国远古先民对自然的崇拜是很普遍的，而山作为自然界中体量最为高大的景观，也就成为远古先民崇拜的对象。早在公元前11世纪，殷代的"卜辞"中就有不少有关祭祀山岳的记载，这种祭祀除了对山本身的崇拜外，还把高山之巅当作人世间最贴近于神仙居住的地方，如周代就选择位于全国范围内东南西北的四座高山为"四岳"，"四岳"不仅受到特别崇拜，祭祀时也极为隆重，而祭祀的方法则是在山巅寻其一平整处就做成了用于祭祀的"台"。

然而，四岳毕竟路途遥远，加之山高势险，难于登临，那么惟一的变通办法就是在靠近居住的范围内模拟山岳，就近筑台，如周文王的"灵台"、周灵王的"昆昭台"、齐景公的"路寝台"、楚庄王的"层台"、楚灵王的"章华台"等等，都曾是历史上著名的台。

《汉书·元后传》中说"起土山渐台"。《老子》一书中说"九层之台，起于累土"，"为山九仞，功亏一篑"。"篑"指草编的筐，可用于装土运土，可见过去的"台"是用土堆成的山形，而且非常高大。那么，为保证"累土"成山的形状不致坍塌，它的造型就只能成"八"字形，下大而上小，"广基似于山岳"（晋孙楚《韩王故台赋序》），就如同古埃及的金字塔，只不过其顶部做成平口状，即台。这种造型作为人工模拟自然山形中最普遍的一种形态特征，其区别仅在于起台规整而山形趋于自然罢了，所以伏琛在《齐地记》中称："台亦孤山也。"

后来，人工建筑高台的目的也有所改变，"览山川之体势，观三军之杂获"，甚至筑土为山还用于军事上。兵法上讲攻城时筑土山以窥城内称之"距堙"等等。但只要高台是"累土"而成，其基本的"八"字造型就不会有多大变化。而台形作为人工模拟真山的一种初级形态，不仅是我国最早的造山造型，而且这种造型特征一直被皇家园林人工造山所继承与效仿。像今天我们见到的清代北京颐和园内的两座体量巨大的黄石山，其所用材料虽然由石代土，但台形山的造型却是很明显的(图1)。

二、秦汉的一池三山

如果说远古的人们起始造山是为了造台，尚属于一种被动造山的话，那么，到秦汉时期人工造山就是为了模仿自然山水的"全景全形"，属于主动造山，山水园由此而生。

公元前221年，秦始皇十分迷信神仙方士之术，他仰慕真人，妄求不死，曾多次派方士到东海寻找三仙山，求取长生之药，并在自己的苑囿内模仿海上三仙山，挖池名"太液"，筑土为"蓬莱"、"方丈"、"瀛洲"三山。据《拾遗记》描述，因三山"其形如壶"，故又名"蓬壶"、"方壶"、"瀛壶"。当时的太液池，"周回二十顷，东西二百丈，南北二十里"，挖池之土除堆起三山外，另堆一"漸台"，便有"二十余丈高"。《西京杂记》还记载，"池中有一洲，上堪树一株，六十余围，望之重重如车盖"。可见，秦代已经将"台"与"山"分开造型，其人工造山又有着如下的特点：①用土堆成；②体量巨大；③追求"壶"形造型；④就地取材，采用挖池的土堆成山；⑤山与树木配置造景；⑥一池三山的布局，山水园由此而生，这也是历代皇家山水园林的基本造型模式；⑦为在

图1　北京颐和园佛香阁左右两座体量巨大的台形黄石假山，远观似台，近观为山。山体与建筑协调统一

台上"望神明，候神仙"，又筑有建筑物——"榭"。它开创了人工造山与建筑物融为一体的"高台榭"。正如《淮南子·氾论训》云："秦之时，高为台榭，大为苑囿。"

秦代"壶"形山的产生并非只是追求山的外在形象——"壶"。据《后汉书·方士传下》所述："(费长房)曾为市掾，市中有老翁卖药，悬一壶于肆头，及市罢，辄跳入壶中，市人莫之见，惟长房于楼上睹之，异焉。因往再拜奉酒脯。翁知长房之意其神也，谓之曰：'子明日可再来。'长房旦日复诣翁，翁乃与俱入壶中，惟见玉堂严丽，旨

酒甘肴盈衍其中。"可见，壶中的天地是一番酣畅的境地，秦代造山追求"壶"形也就成为理想的造型。这种造型在今天看来仍是十分巨大的，而在当时，苑囿的范围太大了，人工所造土山之规模与泰山相比，也只能如"壶"之小。从这个意义上说，秦代造山以追求意境之深远的良苦用心是显而易见的(图2)。

如果说殷周时期的"台"形土山是为了祭天，秦汉时期的"壶"形土山是为了求仙，那么汉末大规模的构石造山就只是为了供人欣赏和玩乐了。如《三辅黄图》记载："梁孝王好营宫囿之

图2　扬州个园的"壶天自春"

图3　陕西兴平霍去病墓现存最早之假山遗石(根据《古建园林技术》1982年第三期封二彩照绘制)

乐，作曜华宫，筑兔园，园中有百灵山，有肤寸石，落猿崖，栖灵岫。""茂陵富民袁广汉，构石为山，高十余丈，延连数里。"可见，随着人工造山的材料由土变为石，山的造型可以变得丰富多彩，人工造山的娱乐性更为显著，从此用石造山成为主流。

秦汉时期无论是堆土为山还是构石为山，大多选用野外自然地形为造山园址，以便能够强调山体的实际规模，好比秦陵兵马俑，不仅阵容庞大，其人马的具体造型尺度也与真人相似。这种写实的手法对作为山的最基本、最典型的特征——高与大来说，既是最直接，也是最容易表现和模仿的方法，特别是土山的造型更是如此。至于石山，虽然山中也搞了山洞、山崖等，但充其量只能说其中有些技巧罢了，更多的是被繁重的体力劳动所替代，如同秦代万里长城的修筑一样，这种由大规模人类活动所创造的气势磅礴与雄浑宽广的大体量景观，充分体现了秦汉时期追求雄壮之美的艺术风格。

当然，小体量并不等于不能表现壮美，但至少说，堆土造山或构石为山的小体量不如大体量更易于表现壮美，加上帝王及权贵的地位、权力、财力等因素，使得当时的人工造山不会留意于研究以小显大的造型技艺，而是显示出秦汉时期人工造山的写实和浑朴(图3)。

三、从魏晋的游赏山到唐代的写意假山

到魏晋南北朝时期，北魏张伦造景阳山"有若自然。其中重岩复岭，嵚崟相属；深蹊洞壑，逦递连接。高林巨树，足使日月蔽亏；悬葛垂萝，能令风烟出入。崎岖石路，似壅而通，峥嵘涧道，盘纡复直。是以山情野兴之士，游以忘归"(《洛阳伽蓝记》)。可见，六朝时代的人工造山总体规格虽仍承秦汉雄风，却已非模拟自然

山水的远观造型，而更具近观造型之悬崖绝涧的形象和意境了。这时的人工造山不仅土石并用，栽树种藤，还用山石做成崎岖山路，其追求近观游赏更趋自然。

由于魏晋南北朝是兵荒马乱、杀伐频繁的动荡时期，文人士大夫多朝不保夕，为及时行乐而将财力用来营造私家园林。由于当时山水诗、山水画的理论和实践都已得到空前发展，当时的人们对各种自然事物、社会现象和艺术审美渐趋成熟，其最大的特征是将人的情感意趣寄托于自然山水去体现和表达人的精神境界，其缘情寄意的创作思想，使隋唐时代的文人迷恋于用"聚拳石"来创造写意和形似的假山造型成为可能，尤其是使"聚拳石"成为私家小型园林中不可缺少的主体性要素。

假山形造型流行于唐时期的文人士大夫阶层，这与他们无力效仿帝王或贵族豪门那样进行大规模的人工造山造园不无关系。当时的文人士大夫们就在自己居住的小空间、小范围内搞些小型山石造型，"辄覆篑土为台，聚拳石为山，环斗水为池"（白居易《草堂记》），不求形是，而求形似，聊以自慰。这种由文人士大夫创造

的人工造山的方法不仅为后来的城市叠石造山奠定了基础，而且成为叠石造山技艺中"假山形"造型法的基本法式。

唐代人的这种假山型造型法，一方面继承了秦汉时期造山求全景全形的特点，同时又利用了绘画的散点透视原理，将自然山形按一定的比例缩小，以求达到"小中见大"的艺术欣赏效果，"假山"一词也开始出现。但是由于当时叠石造山技艺上的不成熟，因此，利用湖石在小范围、小空间的庭院中创造大山的全景全形时至少有如下缺点：一是山形与山皴的不成比例，即远山的外形与石形纹理的不和谐。二是将山形作为缩小的全景表现，给人以在近观游赏时出现人大于山的现状。

作为庭园山水的初创阶段，受唐以前山水画"空勾无皴"、"人大于山，水不容泛"的影响是难免的（图4），如何避开"聚拳石为山"的造型中"空勾无皴"、"人大于山"等的缺陷，唐代人也进行了探索，其中较为流行的方法是只造石形而不造山形，如奇章公牛僧孺嗜石而不堆山；"游息之时，与石为伍……东第南墅，列而置之"（白居易《太湖石记》）。将石"列而置之"，在这里，"列"，

是将石成竖立状或排列状造型；"置"，是安置稳妥的方法或技术，它成为其后叠石造山造型技艺中"立峰"造型法。

唐代人将石"列而置之"，这是对石形石态进行单独、单组造型的方法，在欣赏特点上类似于绘画"卧游"式的一种静观品赏。其特点是在对石形石态静观品赏时能充分激发或发挥人的想像力，如"富哉石乎，厥状非一。有盘拗秀出如灵邱鲜云者，有端俨挺立如真官吏人者，有缜润削成如珪瓒者，有廉棱锐刿如剑戟者。又有如虬如凤，若跧若动，将翔将踊，如鬼如兽，若行若骤，将攫将闿。……撮要而言，则三山五岳，百洞千壑……尽在其中。百仞一拳，千里一瞬，坐而得之，此所以为公适意之用也"（白居易《太湖石记》）。可见唐人用石造型，以适意为上。至此，抽象造型艺术已达极高之成就。

另外，我们从唐代孙位的《高逸图》（图5）中也可看出，当时人们对石形的造型审美已相当成熟，除对石块单独造型外，对形纹相近的石料又进行了相互组合，即在主宾呼应、对比统一的原则下，进行石与石的组构、接拼，进行石与植物的组合搭配，

图4　东晋·顾恺之洛神赋图卷（宋摹本）　山川树石形态古拙，所谓"人大于山，水不容泛"，画树真像"伸臂布指"一样（摄徐邦达编·《中国绘画史图录》1981年11月版）

　　在叠石造山法中，"空勾无皴"、"人大于山，水不容泛"的造型方法都属于一种远景山、水中山的造型，又称"假山型"造型法

从而点缀和布置人们生活的空间环境，其手法近似于今天的"立石"、"点石"等组石造型技法，强调和表现石的自然属性之天生丽质。这说明了在唐代时人们用石已不仅是只造山形，同时又用于创造石形的造型。而唐人正是在通过对石形、石性的细腻玩赏并赋予石以人格化品性时，找到了人与石之间相应沟通的精神境界，这对后人玩石、赏石、品石产生了巨大的影响。如宋代米芾（元章）专门设席拜石为兄即为一例。"米元章守濡须，闻有怪石在河壖，莫知其所自来。人以为巽。公命移至州治，为燕游之玩。石至而惊，遂命设席，拜于庭下曰，吾欲见石兄二十年矣"（《梁谿漫

图5 唐·孙位 高逸图卷中的假山石造型
瘦漏空透造型奇特且生动，山石似有组合造型痕迹。(摄徐邦达编·《中国绘画史图录》1981年11月版)

志》)。可见，石头再也不是"铁石心肠"的冥物，而成了有血有肉，有筋有骨，有灵魂并可与人息息相通、交流情感、寄托情操的对象。一块形神兼备的石头，在造园时要置其于最重要、最醒目的位置，甚至被人们请进室内。稍大的放在堂屋，称"镇堂石"；小一点的放在桌几，叫"镇案石"；适中的则请到了大堂居中的供桌上，与祖宗、神仙列为一体成了"供石"，石头被抬到至高无上的地位(图6～图8)。

图7 宋·刘松年 四景山水卷 建筑物前用巨型整块湖石造景(摄徐邦达编·《中国绘画史图录》1981年11月版)

图6 宋·赵佶 听琴图轴 构图中石与人分席听琴，宋人石崇拜可见一斑(摄徐邦达编·《中国绘画史图录》1981年11月版)

图8 宋人 折槛图轴 用石料精雕细刻做成台供石造景(摄徐邦达编·《中国绘画史图录》1981年11月版)

唐代人对山石的研究由表及里，由形到意。而单块石的形态常常是不尽如人意的，这就需要对山石进行拼接加工，石料也就由小变大，由碎变整。这种加工过程今称之为"拼整"，讲究的是用石的同质、同色、接形、合纹，使加工后的山石造型不露人工痕迹。这是山石拼叠法的雏形，并作为叠石造山造型技法的基本功之一而继承下来。

唐代人寄情于拳石斗水的形似写意山水造型，尽管未能从根本上解决"假山形"造型的种种弊端，但却将人工用石造山的活动从大规模的野外造园"构石为山"转移到私家庭院中小范围的庭园"聚拳石为山"，开创了私家庭园山水造园艺术的先河。它不仅使原本仅供帝王及少数人享受的以石造山的造园活动更加贴近市民阶层，成为雅俗共赏、老少皆宜的大众文化艺术(图9、图10)，而且也为城市的居住环境建设开拓了一条道路，这就是"变城市为山林"的观点(图11)。

四、元代狮子林叠石造山的承前启后

宋代的叠石造山风气并不逊于前朝，如《癸辛杂识》记宋徽宗建艮岳："前世叠石为山，未见显著者，至宣和艮岳，始兴大役。"为了取石造山，于民间搜刮了大量太湖石，其玩物丧志激起民变到方腊起义，从根本上动摇了宋代集权统治。另《癸辛杂识》又记："浙右假山最大者，莫如'卫清叔吴中'之园。一山连亘二十亩，位置四十余亭，其大可知矣。"等等。可见，造大假山是宋代的特点之一，它仅仅是大，并不能说明叠石造山的艺术特色，所以这里着重介绍元代的假山。

用石造山，历代文献说法不一，如《西京杂记》称汉代袁广汉筑兔园是"构石为山"，唐代白

图9 宋·苏汉臣 货郎图轴 平常百姓也喜玩石，山石造型艺术更加贴近市民生活，成为雅俗共赏、老少皆宜的大众化艺术(摄徐邦达编·《中国绘画史图录》1981年11月版)

图10 宋·苏汉臣 秋庭戏婴图轴 斧劈石造型(摄徐邦达编·《中国绘画史图录》1981年11月版)

图11　五代·卫贤　高士图卷　真山水、假山石与建筑、树木的共同造景，反映了人们追求居住于山水之中的理想境地（摄徐邦达编·《中国绘画史图录》1981年11月版）

居易称"聚石为山"，宋代《太清楼特记》中又有"积石为山，峰峦间出"和《癸辛杂识》记宣和艮岳是"叠石为山"，此外又有"堆"、"掇"、"筑"、"置"等等。由于宋以前人们用石造山俱已损毁，又缺少有关用石造山的技法理论，因此可认为古人用石造山一直尚没有形成明确的技法程式。直到元代建造苏州狮子林时提出的"叠石为山"，反映了"叠"式的基本技法特点。

苏州狮子林是我们今天所能见到的、较能反映出早期庭园叠石造山技艺面貌的园林之一。据《韦禅寺碑记》说："在昔元至元间，有大德天如禅师，得法于天目狮子崖幻往和尚，已而驻锡于苏之乐城，叠石为山，名狮子林，识法源也……，蓄湖石多作猱猊状，奇峰怪石，突兀嵌空，俯仰万变。"所以，苏州狮子林不仅是我们研究前人叠石造山的宝贵的实例资料，更重要的是苏州狮子林的叠石造山技法所反映出的"承前启后"的价值和意义。

狮子林的叠石象形于狮形固然有其佛家的意义，还因为狮形的外形轮廓大体符合湖石的自然属性，即多圆浑、少尖角，讲究山石拼叠时外形轮廓的"外圆"和做洞、做缝的洞状。涡状的"内圆"，说明了元代人已经掌握了叠石技法的基本创作原理，即无论是造石形或是造山形都要保持所用石种的自然属性。

但另一方面又看出，由于元代人未能完全摆脱唐、宋时期对石崇拜的影响，所以在用湖石创造山形时，则十分强调湖石的石性。叠石求狮状，外形求圆浑，做洞求透漏，山上石峰林立，山中洞壑宛转，虽石径纤迥，上下周旋，或朗或杳，如入迷宫，却终因石气太重而缺少山的境界和气势。所以传说中乾隆游后即兴御书"真(有)趣"三字倒也准确(注：相传乾隆游狮子林，兴致勃发，挥笔写下"真有趣"三字，随从黄状元觉此话太俗，又不便公开讲，就说："皇上您这'有'字我最喜欢，就赏给我吧。"乾隆听后心领神会，即把"有"字撤去，并在"有"旁书小字"御笔赐黄轩"。于是御匾所书变成"真趣"，而黄状元凭"有"字占了狮子林）（图12～图14）。

尽管如此，我们仍然可以看到狮子林叠石在有限的庭院建筑空间中创造山形时所作的努力，即它在保持山形所具有的可观、可游、可居等基本实用性的前提下，并不一味追求山体的高大，而是充分运用了以人及其活动为基本造型尺度来把握居住建筑物的造型规律和特点，利用庭院建筑空间环境和高度的限制，力求使叠石造山与庭院建筑结合起来共同造景造境，形成近观山形的同时又造出仰视效果，让人产生身入山林其境的感受。这样，不仅将叠石造山紧密统筹到庭园建筑艺术的范畴中，而且使叠石造山成为人们居住、生活、工作和娱乐的重要组成部分。而狮子林这种特别强调湖石石性的拼叠技法，也就成为苏派叠石技法的基本特色之一。

图13　大假山上石峰

图12　乾隆御笔"真趣"

图14　真趣厅外假山

第二节　叠石造山成熟期的主要成就

到了明清时期，叠石造山技艺进入成熟期，此时，北方皇家山水园林虽有所发展，而真正能体现中国园林叠石造园技艺精华的，乃是江南一带的城市私家山水园林。

一、找到了叠石造山的艺术欣赏特点和创作规律

（一）从反对"假"山形做法开始

明清时期的江南一带，商业经济繁荣，巨贾显富云集，加之康熙、乾隆多次南巡，更使得私家造园蔚然成风，并产生了许多专事叠石造园的名家。其中以计成、张涟、李渔、戈裕良等最为突出，他们不仅直接从事叠石造山造园，有着丰富的实践经验，而且有着深厚的文化艺术修养，在叠石造山与造园的理论上各有建树，有很多精辟的见解常常是不谋而合的。

比如，他们都反对叠石造山的"假"山形做法。例如，计成在《园冶》的开场白中就指出："不佞少以绘名，性好搜奇……。润之好事者，取石巧者置竹木间为假山，予偶观之，为发一笑。或问曰：何笑？予曰：世所闻有真斯有假，胡不假真山形，而假迎勾芒者之拳磊乎。"而另一个叠石名家张涟也认为："罗取一二异石，标之曰峰。以盈丈之址，五尺之沟，尤而效之，何异于市人以欺儿童哉！"（《吴梅邨张南垣传》）表面上看，计成、张涟所举"假"山形造型所以不真是因其体量小，但实际上他们是以此为例批评了一种在当时非常流行的创作指导思想和方法。对此，李渔曾说过这样一段话："予遨游一生，遍览名园，从未见有盈亩

累丈者，能无补缀穿凿之痕，遥望与真山无异者。"综观计成、张涟和李渔的观点，可以看出：决定山形真假的因素并非只是体量大小。因为人工造山的大总是相对的，对自然界中的真山而言它永远是小的。此外，也不仅仅是山石拼叠技法能做到完全没有人工痕迹。例如"补缀穿凿"之痕，即使山石拼叠技法再好，观之仍是人工为之。所以，叠石造山的"小"是前提，"假"也是前提，而计成、张涟、李渔等人反假的目的又是为了使叠石造山造型能达到虽小而能显大、弄假能够成真的艺术效果，那么其中的关键还在于"遥望"二字。

所谓"遥望"创作造型，实际上就是套用山水绘画远观透视的创作原理作用于叠石造山造型。北宋宗炳在《画山水序》中说："今张绡素以远暎，则昆、阆之形，可围于方寸之内。竖划三寸，当千仞之高；横墨数尺，体百里之迥。"是将自然山川的全形全貌按远观透视的比例进行浓缩，遵循的是"丈山、尺树、寸马、分人"（王维《山水论》）以及近大远小等规律现象进行创作，并由此产生了如"高远，平远，深远"（郭熙语）等绘画理论。亦如今天的山水盆景造型正是运用了这种方法，创造了"一峰则太华千寻，一勺则江湖万里"的小中见大的艺术欣赏效果。

叠石造山如果沿用这种远观透视的方法进行造型，则必然假气十足，似"抟土以欺儿童"了。因为它违反了近观山时只能见到大山的局部景观的客观规律。试想，如果在距山只有数米远的情况下还能见到这座山的全形全貌时，这座山也就形同玩具模型了。其次，由于造山所用石料源

于自然山体，特别是石料表面的自然皴纹对山体岩面的皴纹具有还原性，这种还原性决定了叠石造山只能"按纹合掇"，才可能弄假成真，这就如同绘画讲究"依皴合缀"一样，而不能按山形的外形比例随意缩小，强行为之则造成形纹不合，只见石不见山，或石气压倒山势而假气十足。再如，叠石造山造型应与周围建筑等因素有着共同造景造境的合作关系，而全形全貌的假山只能强调自身造型的独立欣赏，因为它不可能将建筑物、树木，人都缩小到符合山形远观透视的造型比例尺度等等。

（二）形成了"真山形"的创作思想和方法

在造园叠石造山追求诗情画意和众多知名文人画家积极参与叠石造山造园的时期，计成、张涟、李渔将"遥望"创作造型作为叠石造山造型造假的首要因素予以抨击，不仅明确指出叠石造山"不得以小技目之，且叠石造山，另是一种学问，别是一番智巧"，而且公然提出"从来叠山名家，俱非能诗善画之人"（清·李渔《一家言》），这的确是需要极大的勇气与胆识的。而计成、张涟、李渔等人的最大功绩不仅仅是他们敢于反假，更在于反假的同时又创造了一系列的"弄假成真"的叠石造山技法和理论，不仅使叠石造山"虽由人作，宛如天开"，而且达到了以少胜多的艺术创作和欣赏效果。

例如，张涟造山："惟夫平岗小坂，陵阜陂随，版筑之功，可计以为就，然后错之以石，碁置其间，缭以短垣，翳以密筱，若似乎奇峰绝嶂，累累乎墙外。"这样造出来的假山"既有林泉之美，无登顿之劳，不亦可乎"（吴

伟业《梅村家藏稿》卷五十二)。

计成著《园冶》,为中国第一部造园专著,其中"掇山""选石"篇专论叠石造山,强调掇山要"未山先麓",以麓显山,并用"欲藉陶舆,何缘谢屐"的典故形象来说明叠石造山身入其境的创作和欣赏特点,既可得陶渊明游山玩水之兴,又无须吃谢灵运爬山劳累之苦。

李渔用壁山"使坐客仰视,不能穷其巅末,斯有万丈悬崖之势",以近观仰视法创造真山局部的形象,追求无限高远的意境。

戈裕良用山石拼叠的"钩带联络"法做山洞不用条石,使山形更加生动、自然、逼真。

……

这些造山理论虽尚欠丰富具体,但如果与明清时期辉煌大观的造山实践结合起来进行分析,则可以认为,明清人已经找到并掌握了叠石造山造型的艺术创作规律和审美欣赏的特点。

1.局部寓意全景

叠石造山作为一门能令人身临其境的山水造型艺术,源于师法自然。例如,当人立足于大山峭壁之下仰视山形时,视线就受到阻限,只能见到大山的局部景物,同时又能感受到大山局部景观的外在表现。叠石造山正是利用了这一特点,在创造山体的同时力求使所造景观能够激发起欣赏者产生出山外有山的联想。这种通过局部表现整体,即以局部景观寓意全景全形的造型技艺就是叠石造山造型的艺术审美欣赏特点之一。

明清人已经充分认识到,叠石造山所表现的局部景观效果越强烈,就越能激发起观赏者山外有山的感受,因此明清人造山多呈山环水抱之势,人们入园如入自然山林之中。山中道路曲折、高低变化,使人不知其尽。造山洞以求幽深,令人感到深不可测。叠高山使人近观仰视而不能见顶,以显险峻高耸。山中树木不重比例只求自然等等(图15)。当然,明清人也认识到,仅仅依靠叠石造山本身的造型寓意山外有山这显然是不够的,还必须与造园中的其他要素紧密配合以造景造境。

2.通过有限表现无限

与戏剧要有舞台,绘画要有裱框,盆景要有盆口的限制一样,叠石造山也要有个限制,这个限制首先是建筑空间。

例如围墙,在一般的建筑中围墙的功能是作为防止外来侵犯及势力范围的划分。但是,在中国的山水园林中,围墙又作为景观的延伸而建造,叠石造山没有墙体作背景,则山后无山暴露无遗,有了墙体的遮挡,则山后有山,其境界即出。所以明清人造山多贴壁,"以粉壁为纸,石为绘"(《园冶》)。常常是山低墙也低,山高墙也高(图16)。而且还利用各种建筑形式将园林分成若干景区,使之园中有园,大园套小园,越分隔往往境界越大,空间越紧凑越容易出效果,既避免了远观山时千百块石料的"补缀穿凿之痕"尽收眼底,又使人近观山形成仰视效果,同时因山体背面的依墙而无须大面处理,创造出山水园林建筑的效果,这正是景越隐越藏,境界越大(图17)。

有限才能表现无限,正因为庭园建筑空间限制了人的视觉及活动范围,反而激发了人

图15 明清人造山多呈环抱之势,水居中,山抱水、抱建筑、树木等,使人入园如入自然山林之中。山中道路高低曲折变化使人不知其尽,造山洞求幽深令人感到深不可测,叠高山使人近观仰视而不能见顶以显险峻高耸,山中树木不重比例只求自然

图16 "以粉壁为纸,石为绘",常常是山低墙也低,山高墙也高

们不断产生出墙后有山，而且是更大更美的山的联想和想像。从这个意义上说，叠石造山既是为居住建筑（环境）服务的，同时又为叠石造山所利用——建筑反而成为叠石造山创造深远境界的重要因素了。

3.以少胜多

叠石造山造型的"以少胜多"与"小中见大"的造型方法是有区别的。例如，用千吨石料在楼前空地中间按全景全形的透视比例关系堆山，与楼相比反见其小，而只用数吨石料埋卧于楼

基脚下，造出此楼似乎是建造于大山之上的观感和意境，境界反而变大了。所以明清私家造园大多不用主山顶作全园制高点，叠石造山多土石并用，山上多植大树，树比山高。山中建亭造屋，建筑比山高。这种叠石造山的造型往往有用料虽少、堆山虽低而境界往往愈大的造型特点，充分体现了计成、张涟、李渔的"未山先麓"、"若似乎处大山之麓"、"截溪断谷"和仰视高山"不能穷其巅末"的创作思想和理论。而叠石造山通过局部寓意全景，通

过有限表现无限，都是为了达到叠石造山造型的这种"以少胜多"的艺术欣赏效果(图18)。

二、确立了叠石造山在造园中的主要地位

（一）产生了一批叠石造园家

叠石造山"以少胜多"的造型技艺大大提高了江南私家山水园林在中国园林中的地位。它不仅使江南私家园林能与北方皇家园林相抗衡，而且使北方皇家园林反过来效仿江南私家园林而建造。如北京颐和园内的谐趣园就是仿江南寄畅园而造的，承德避暑山庄的长春园仿苏州狮子林，北京圆明园的万春园仿杭州小有天园等等。即使在江南园林中，叠石造山技艺也同样是作为衡量其造园艺术最重要的因素。如清代李斗说："扬州以名园胜。"这是因为"名园以叠石胜"（清·李斗《扬州画舫录》）。许多江南园林的规模并不算大，也因叠石造山的巧夺天工而盛名远播，如苏州环秀山庄、耦园，扬州的片石山房、个园，常熟的燕园等等。至于明清时期能得以留名的造园家有明末的张涟、清初的计成、清人李渔、戈裕良、张南阳、陆叠山、叶洮以及仇好石、董道士等等，无一不是在江南一带从事叠石造山的专家。

叠石造山家能成为中国造园家，固然与中国人对山水的崇拜不无关系，认为山水最足以"畅文人之胸怀，赋君子之情操，类天地之品德，通人世之哲理"（董欣宾、郑奇《中国绘画对偶范畴论》）。所以自古以来不仅山水诗盛行，画也以山水画居首。同样，中国园林也只有叠石造山才能模拟自然山水，创造出可供游赏的各种山水形态，从而达到"虽由人作，宛如天开"的造园境界，中国造园也以叠石造山模拟自然的山水园最为出色。从这个意义上讲，中国造园又可叫叠石造园，中国造园家又可叫叠石造园家，

图17 利用各种建筑形式将园林分成若干景区，使之园中有园，大园套小园，越分隔往往境界越大。建筑反而成为叠石造山创造深远境界的重要因素了

13

而中国的造园史又是一部叠石造山的演变发展史(图19、图20)。

江南私家造园特有的人文地理环境给叠石造山"以少胜多"的艺术表现提供了适合的舞台和创作的空间。就江南私家造园叠石艺人的创作过程而言,它首先是尊重园主的意图。计成在《园冶》中说造园是"三分匠,七分主人",这个主人也就是园主。园主可以不会叠石造山,但园主的文化修养和素质却常常影响乃至决定了叠石造山的实际效果。因为叠石艺人无论名气多大,总归还是手艺人,属于为园主服务的打工者。所谓"物中主人意,才是好东西",园主的意图才是叠石艺人首先要考虑和尊重的。其次是文人画家的意见。园主造园附庸风雅,常常要请有名的文人画家帮助策划,而园林中因为有了叠石造山,所以才吸引了文人画家的积极参与,如元代倪云林、清代石涛等等。他们作为园主的贵宾,虽不是亲自叠石造山,但他们却以深厚的文化艺术修养来提升山水园的诗意、画境,并借以抒发和寄托个人的情趣,甚或填词书匾,作画吟诗,更使得园林充满文化的氛围,且进一步丰富了园林中的诗情画意。这种现象在江南私家园林中表现得尤为突出,所以人们又称江南私家山水园为"文人园"。

然而,无论是园主的意图还是文人画家的意见,最终都是要由叠石艺人将其归纳总结,通过叠石造山将其发挥和实现。因此,要做到使园主满意,画家得意,叠石艺人除了要有熟练的叠石技法外,自身的文化艺术修养就显得尤为要紧。例如有一句老话叫"主人雅则园雅,主人俗则园俗",但如果叠石艺人的技艺修炼到家,俗也就能变雅,反之

图19 南京瞻园靠墙临水的仄立山石造型势如夔门,人称小三峡

图18 建筑物下埋石造成建筑在山上之境,达到以少胜多的艺术欣赏效果

图20 北京颐和园的"云窦"挑明了是"门",造型立意生动

雅也能变俗。再如，文人画家大多习惯于从绘画角度发表意见，而按此意见往往会使叠石造山变得小气，所以高明的叠石艺人大多要懂绘画，知画理。例如，计成自幼即好绘画，张涟也画画，他们知道如何将文人画家的意见通过叠石造山在园林中体现出来，又不失其诗情画意。所以李渔说："从来叠石名家，俱非能诗善画之人，然见其随举一石，颠倒置之，无不苍古成文，纤迥入画。"（李渔《一家言·山石第五》）自古文人作画贵有诗意，诗贵有画境，叠石造山表现自然山水要"苍古成文"——有诗意，又要"纤迥入画"——有画境。李渔不仅揭示了叠石造山技艺的博大精深，而且指出了叠石造山创作的境界与审美特点。

由此而论，皇家园林规模虽大，叠石造山动辄有成千上万吨石料，却因为叠石艺人大多作不得主，即便是胸有丘壑也是枉然。更何况体量巨大的山受到施工工期、施工条件、施工指挥、施工技术等各种因素的制约，都迫使它只能是按照事先规定的假山的总体规划或图形，由群体工匠按部就班进行施工。即使像北京故宫"堆秀"这一规模相对小一些的山，虽由一人相石、点石，指挥工匠施工，但还是要严格遵守皇家建筑的中轴线规则，讲究对称而有悖自然，这也就出不了好作品，当然也出不了造园家。

相对而言，江南私家园林虽小，但施工的条件和环境相对较好。例如，工期上它较为宽裕，像计成造影园长达10年，扬州个园据传堆了祖孙三代人。此外，在待遇上，由于园主大多修养较高，所以不惜重金也要请名家相师来叠石造山，相师也能受到园主的尊重，等等。这些条件和因素往往能使叠石艺人无拘无束，博采所长，其技艺得到尽情发挥，正如计成在《园冶》中所说："咫尺山林，妙在得乎一人。"所以不但能出精品，叠石造山家

亦辈出，而且更使得叠石造山在园林中的主导性地位愈见显著。

（二）形成了以叠石技艺为主导的造园制度

1.山子野制度的产生

曹雪芹在《红楼梦》中记大观园的营造过程时说："次日贾琏起来，见过贾赦贾政，便往宁国府中来，合同老管事的人等，并几位世交门下清客相公，审察两府地方，缮画省亲殿宇，一面察度办理人丁。……全亏一个老明公号山子野者，一一筹画起造。……凡堆山凿池，起楼竖阁，种竹栽花，一应点景之事，又有山子野制度。"（《红楼梦》第十六回）

所谓"山子野"就是叠石造山匠。《红楼梦》中有的是舞文弄墨的丹青高手，才艺兼备的闲帮清客。对闲帮清客的评价，鲁迅先生曾说："就是权门的清客，他也会下几盘棋，写一笔字，画画儿，懂得些猜拳行令，打科插趣，这才能不失为清客，也就是说，清客，还要有清客的本领的，虽然是有骨气者所不屑为，却又非搭空架者所能企及。例如李渔的《一家言》，袁枚的《随园诗话》，就不是每个闲帮做的来的。"可见，如论旁门左道，甚或叠山造园的点子，闲帮清客决不会输于画家。而《红楼梦》中却偏将大观园的营造交给叠石造山匠负责，说明了明清人已经认识到：叠石造山以"石为绘"不同于用笔作画，只有擅叠石造山者才能进而担当起造园的重任。

"山子野制度"则是指叠石造园家的职责范围。他不仅要"堆山凿池"，还要负责"起楼竖阁，种竹栽花"，尤需"一应点景"方能造园。说明了清初时人们已经将叠石、建筑和绿化作为造园的三大要素，明确了叠石技艺是统领于建筑、绿化之上的具有主导性意义的要素，强调"一应点景"是造园艺术的关键，为此又形成并制定了一套适用的操作方法，这就是"山子野制度"。

山子野制度的具体操作方法曹雪芹没有说，历代也无系统的文字记载。但它却存在于明清时期叠石造园家的心中，并用于实践和传承，这是显而易见的。例如，史书记载叠石造园家张涟："明末清初为江浙园林设计名手。其叠石最工，他人为之莫能及。以此游于江南诸郡者五十余年。涟既死，子然、熊及孙淑传其术。及淑殁，其术遂不传。"（《中国美术家人名辞典》）

张涟的叠石术与山子野制度其实是一回事，用今天的话说，它是用于造园工程施工的组织、管理、指挥、监理、施工的技术和艺术处理等的规范化的一种技术，一门艺术，一个标准。而叠石造园实践的全过程一旦有了操作规范和制度可循，不仅说明中国的造园工程已经步入了成熟期，其山子野制度也就成为叠石造园技艺成熟的鲜明标志之一。因此，尽可能地弄清楚这种以叠石技艺为主导的造园制度，对研究明清造园艺术就显得尤为重要。

2.山子野制度的口语化特征

山子野制度是叠石艺人长期实践经验的总结。叠石艺人只有亲自动手堆叠过成千上万吨石料，才能够掌握叠石造山技术，总结出叠石造园的方法，形成一整套适用于叠石造山造园施工的操作制度。

叠石造山的施工过程不仅需要繁重的体力劳动和脑力劳动，还有一定的危险性，因此其技艺往往要经几代人流血流汗甚至是拿生命换来的，再加上中国传统习俗的"教会了徒弟杀师傅"的教训，技艺轻易不肯示人，也不见用文字表述或传承。又由于施工者多为缺少文化的工匠等原因，所以用口语化指挥施工和传承技法也就成为叠石造山行业的行规。所谓口语化也就是能在工匠中通行的大白话，它不能太晦涩，而是一说工匠就能明白，就

能听懂的通俗化口语。这种口语不仅利于施工时的组织、管理、操作和指挥，也有利于口传心授传承技法。

例如：扬州王家叠石有这样一段话叫"宜真不宜假，宜整不宜碎。石料要垫好，纹路细细对"，这就是叠石造山口语化技法要领。北京"山子张"的"十字诀"也是叠石造山口语化的技法总结。而在当今一些有关假山工程的书中提出的如"接石压茬"、"偏侧错安"、"仄立避闸"、"等分平衡"以及"特置、对置、散置、群置"等提法不仅在我从事叠石造山三十年施工生涯中所能接触的各派传统艺人中从未见有人说过，而且令人不容易听懂。再者，其中有的提法即使是用传统叠石技法去靠着理解，有时也实在找不出道理在哪里。

例如，"接石压茬"一说在《全国高等林业院校试用教材·园林工程》(中国林业出版社2004年2月11版221页)中的解释是："山石上下的衔接也要求严密。上下石相接时除了有意识地大块面闪进以外，避免在下层石上面闪露一些很破碎的石面。假山师傅称为'避茬'，认为'闪茬露尾'会失去自然气氛而流露出人工的痕迹。但这也不是绝对的。有时为了做出某种变化，故意预留石茬，待更上一层时再压茬。"

在叠石操作技法中，山石的左右相靠称为"拼接"，上下相摞称为"拼叠"，而"接石压茬"的"接石"则是指"山石上下的衔接"，但怎样做到上下石的"衔接"严密呢？是用"有意识地大块面闪进……"等这种叫人看不懂的说法？还是靠相石选石，使石与石相叠时力求能形纹相合，然后再用刹石和做缝等技法进行处理？这里，所谓"压茬"的"茬"的解释是指叠石时"下层石上面闪露的一些很破碎的石面"，如用传统叠石技法的理解似乎是指石料的叠面上有一些很破碎的石面，既然如此，为什么要保留叠

面上的已经很破碎的石面而影响山体拼叠的整体稳固性呢？退一步讲，即使保留了叠面上的一些破石面，那也是叠裹在山体之中根本看不到，也就谈不上所谓"闪茬露尾"会失去自然气氛而流露人工痕迹。

再如该书中的"等分平衡"一说，虽是引用计成《园冶》一书，但实际上不实用，因为在叠石造山的施工过程中，"等分平衡"不仅没有任何操作上的实际意义，即使是山石的挑飘造型，只要遵循"压石大、重于挑飘"的原则即可，根本无需考虑"等分"。再者，叠石造山如果要靠"等分"保持平衡的话，山石造型的对称形态等人工痕迹就重，自然美造型将不复存在。至于"特置、对置、散置、群置"等提法不仅在传统叠石艺人中从不见用，而所谓"置"，最早可见唐代白居易"太湖石记"中将湖石"列而置之"一说，白居易所说"列"，可作山石"竖立"、"排列"理解，为造型。而"置"为安置稳妥，为方法。如今该书以"特置"指具体造型，是否可理解为对石料造型的一种"特别安置"的方法呢？如此，就不能只指峰石造型，可以说，凡用于叠石造山的石料，每一块都是需要相师精心构思、特别安置的。所以，特置也好，对置、散置、群置也罢，实际上只是当今文人对叠石造型技法中的"立峰"、"点石"等常用一般造型方法的一种故弄玄虚的重复提法。

至于历代文论，虽也有一些关于叠石造山造园的零星论述，大多也只是文人的鉴赏评论，正如童寯在《江南园林志》中所说："率皆嗜好使然，发为议论，非自身之经验。"与技法无涉。即便有涉，而于精奥处，则似隔靴搔痒，如同不懂笔墨技巧者谈论中国画一样。至明末清初虽有计成著《园冶》，稍显中国造园理论系统之开端。《园冶》中又有"掇山""选石"等专论叠石造山，但由于该书出版后即在国内失传而流传

到日本达三百年之久，故此书实际上对中国明清时期大量的叠石造园实践也就未能发挥作用。另一方面其所涉也少口语化且多用典，与中国明清之际层出不穷，皇皇大观的叠石造园实践相比，欠丰富具体。尤其以技法理论而言，此书与《芥子园画传》那样的中国画笔墨技法理论总结无法相比。或者是，计成虽作《园冶》，但在技法上却也不免保守了。

3. 山子野制度中的三大要素和一应点景

山子野制度中明确了"堆山凿池，起楼竖阁，种竹栽花"是叠石造山家的三大任务，也是构成中国造园的三大要素。如果说"堆山凿池"是叠石造山家的本分工作的话，那么起楼竖阁和种竹栽花何以也要由叠石造山家负责呢？要回答这个问题，首先是弄清造园三大要素的构成特点。童寯先生研究认为："造园要素：一为花木鱼池；二为屋宇；三为叠石。花木鱼池，自然者也。屋宇，人为者也。一属活动，一有规律。调剂于二者之间，则为叠石。石虽固定而具自然之形，虽天生而赖堆凿之巧，盖半天然半人工之物也。"

(1)花木鱼池

花木鱼池属自然活动范畴，用于中国造园则要求呈其自然生态状，树木成活后，其主景大树往往任其自然生长。这就与西方造园讲究几何对称、轴线引导，甚至连花草树木都要修剪得方圆规矩，形成鲜明对照。水也是如此。西方园池或圆或方，并配以雕塑喷泉；而中国造园对水的处理源自自然山水中的河流、水潭、瀑布、溪水、滴水等。即使是没有实际上的动水形态，那也要通过叠石造山造型的变化说明水源的来龙去脉。无所谓"真"水、"假"水，全赖于山地的造型而成形，水因山石、绿化、建筑的色彩而生色，又因山形山势而得水形水势，故理水之妙还在于造山之巧(详见本书"布脚类"章节)。扬州个园

湖石山的水面并不大，只因蜿蜒自山洞之中才令人感到深不可测，使人感觉到池水是活水而非死水一潭(图21～图22)。

综上所述，西方造园强调规律性，表现人工美，中国造园则注重自然生态状，追求自然美。所以，中国造园选择花草树木首重姿态，为的是创造叠石造山的林壑之美，看重的是自然山林的野逸之气，源于自然而又高于自然。例如：扬州个园湖石山在主洞顶偏西斜植了一棵大蓬冠桧柏，造山者立意在先，堆山时就预留了可供回填土的较大空间，以利于此柏树的栽植和生长(图23)。个园黄石山也是在堆山时预留了可植大树的空间，然后选栽松柏，错落布置，以烘托黄石假山雄伟挺拔的气势(今人不知古人之意，在黄石山上补种上丛丛密竹，实是阻了山势)，这说明了叠石造园的绿化与园艺绿化侧重于植物的栽培、繁殖、养护、修剪等是不同的。中国造园的"花木鱼池"只有通过叠石造山家在施工过程的不断调整和相形布置，并从野外或苗圃场中寻找到符合想像造形的树木，并与山体造型相配，这样才能达到和谐、自然的园林景观(详见"山石与绿化"章节)。

(2)园林屋宇

园林建筑的"屋宇"属人工，相对于花草树木的自然活动而言，就有一定的制作"规律"可寻。中国几千年封建集权统治，表现在建筑上就是森严的等级制度和传统的审美习俗，其建筑形式是数千年在飞檐翘角的大屋顶下做文章。自宋代《营造法式》、清代《营造法原》等大木作法的发行，更进一步肯定了建筑形式的规律化和制作方法的程式化，以至于同一个木构架、大屋顶，当其筑于园中为园厅，置于路边为店堂，用于住宅为民居，建于寺庙为殿宇(图24)。甚或有墙或无墙、有窗或无窗，便"可亭、可厅、可房、可仓"(图25)。尤其是常用于园林"一应点景"的建筑

图21　扬州个园水体处理。虽然只留出了一个不大的水洞，却使人感觉到池水是活水而非死水一潭

图22　水因山形而变形成形

图23　扬州个园湖石山洞顶大莲冠桧柏

建筑，尤其是单体建筑经历了几千年修饰演变，其结构、形态已经达到高度完美的"规律"化，任何人想改动其"规律"都将使之变得不美，所以有经验的瓦木匠才能够按照传承的木作规矩将其造得美轮美奂。二是园林建筑的单体结构形态虽有一定的"规律"性，但在群体组合时可以有变化。于是，经过叠石造园家的统筹布置和一应点景，厅堂亭榭就能与山池树石融为一体而交相辉映，变化无常。于是，建筑中有了山池树石便有了自然，山池树石中有了建筑便又有了人工、人气，这正是中国哲人"天人合一"思想的最好体现，也是叠石造山家能够"起楼竖阁"的原因(图26)。

(3)叠石造山

花木鱼池为天然，屋宇建筑为人工，惟叠石造山是天然石料人工拼叠的结果，它是源于自然而又高于自然的艺术创造，体现的是既"拼"又"叠"，复归于朴。因此，就叠石造山本体技法而

物如亭、阁、榭、廊等等，对一些造型有特殊要求和变化的园林建筑，如扬州五亭桥一类的可除外。实践证明，大多不需要详细的剖面图，只要找到有经验的瓦木匠，哪怕这些瓦木匠没有什么文化和艺术方面的修养，仅凭着承袭，也可以造出各种式样的园林建筑物，甚至造出园主想造的

主体建筑物如厅、楼等。这就是山水园林传统"屋宇"建筑最突出的"规律"化、"程式"化的特点，也是叠石造山家能够"起楼竖阁"的原因。

当然，尽管单体传统园林建筑物多为传承复制而少有创新，但并不等于没有艺术审美欣赏价值。其原因有二：一是中国园林

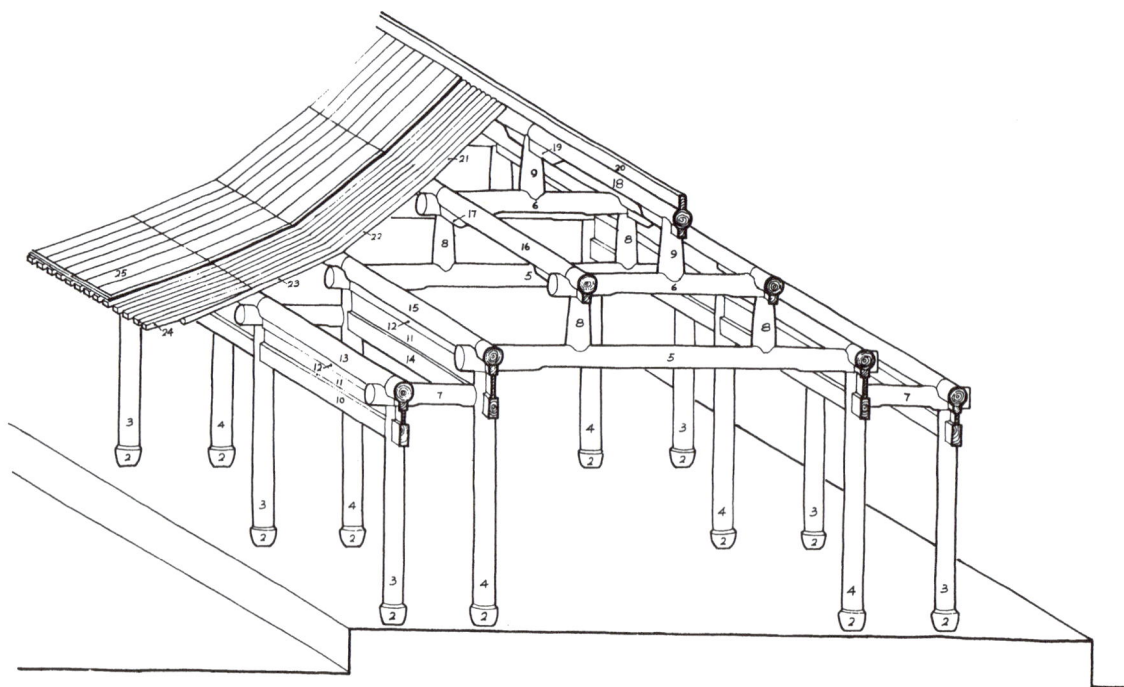

1 台基 2 磉磴 3 廊柱 4 步柱 5 四界大梁 6 山界梁 7 廊川 8 金童柱 9 脊童柱 10 廊枋 11 夹堂板 12 连机 13 廊桁 14 步枋 15 步桁 16 金桁 17 金机 18 脊桁 19 脊机 20 帮脊木 21 头停椽 22 花架椽 23 出檐椽 24 飞椽 25 望砖

图24　清·《营造法原》园林建筑构架示意

图25 建于街道旁的仿古建筑店面

图26 建筑与山石浑然一体

言，它的操作就需要根据天然石料的具体形态，按照同质同色、接形合纹等的基本技法要求来做，其顺序依次是：相石选石→想像拼叠→实际拼叠→造型相形的反复循环，直到整个叠石造山的完成。而这种根据石料的天然形态进行人工拼叠的天人合一的创作方法，决定了叠石造山的二大基本特点：

一是叠石造山具体形态的不可预见性，即不见石料则无以造型；不懂相石则无以拼叠。不见石料则无以造型是指：叠石造山只有根据石料的天然形纹进行加工造型，才能最大限度地体现出天然与人工的和谐之美。这就如同一块好的玉料，只有在看到这块玉，然后根据这块玉的形质进行构思的前提下，才能最大限度的保留并体现出其天生玉质，才能真正做到巧夺天工，使之既雕又琢，复归于朴，从而创作出完美无瑕的艺术作品。所以，大凡未见石料即先行规划具体山形者，或不懂依石相形构思而只是事先强调山水的设计效果、描绘设计形象的意境的，大多是纸上谈兵者。而不懂相石则无以拼叠，指的是外行的胡拼乱叠。

二是叠石造山具有作品的不可复制性。即石料的形态是叠石造山拼叠和造型的主要依据之一。石料虽千变万化，完全雷同的却几乎没有，于是叠石造山的造型也就千变万化。所以，只要园子企图叠石造山，艺术的原创性即体现于各道环节，并贯穿于始终。"无法而法"、"有法无式"，讲究随机应变就成为叠石造山拼叠技法和造型的基本法则。

（4）调剂

《红楼梦》中的"一应点景"与童寯先生的"调剂"一说有共同之处，都要求用叠石技艺调剂于建筑和绿化之间，使建筑、山水和树石都能融为一体，同样的庭园与建筑空间，不会调剂者，虽山石拼叠尚可，但园子却显得局促堵塞。而会调剂者，用同样吨位的石料叠石造山，却能使庭园显得更大，又清新自然，且意境深远。叠石造园家如同大厨做菜，一样的原料火候，做出来的菜却千差万别，自有高下，其诀窍在于烹中有调。由此可见，不会调剂者可为叠石造山匠，而会调剂者方能成为叠石造园家。

调剂的最大特点是无法而法或有法无式，它与"一应点景"在本质上是一致的，强调的是施工操作过程中的现场发挥。正如童寯先生在《江南园林志》中说："自来造园之役，虽全局或由主人规划，而实际操作者则为山匠梓人。"所以传统叠石造山造园，规划制图也好，模型表现也罢，其中惟有主体建筑的尺度和结构可以具体，其余皆是假设。或用炭碴做成小样，画图也只是个大概。这是因为叠石造型是在天地间以石为绘，叠石造园者虽胸有丘壑，还需因地制宜，因石相形，随机应变地调剂，并临场发挥造形想像。所以大凡叠石造园的规划蓝图，其山水树石画得愈逼真、愈具体，甚或标明具体尺度者，就愈是外行。

三、叠石技法的成熟

（一）叠石技法的完善

明末清初叠石造山技艺的成熟还表现在对叠石技法的完善、确立、提高和运用上。叠石作为一种具体的操作技法，可以用于表现石（形），也可以用于创造山（形）。叠石技法又有广义和狭义之分。

广义叠石技法又称拼叠技法，它包含各种山石造型技法，如同质、同色、接形、合纹、顺势（拖）、贯气，以及点、埋、立、剁、接、拼、叠、垒、插、压、架、挑、飘、过渡、收、出、抽头、封顶等等。

狭义叠石技法是指堆山时将石料成横状层层叠压进行造型（以下称叠法）。在古代，堆山全靠人抬肩扛，它因为没有水泥作填充进行焊缝，叠法就成为一种相对安全、方便和保持山体稳固的最佳操作技法，尤其对用石料较多、体量较大的山石造型更是如此。所以，尽管明清以前的山石造型中可能也有如点、埋、立、接、拼、垒、盖、压、挑、飘、架、卡等技法的实际运用，但造山还是用叠法为主，亦如传统中国画讲究中锋用笔，以线为主。所以叠法作为一种传统的基本操作技法之一，自古有之。

叠法造型的特点是：当石料成横条状，其石皱也多呈横向变化，操作时一般只要注意石料叠、接、拼、压等缝口及外形的相合，其所造山体大局就不会太乱，即所谓"同质、同色、接形、合纹"。清代北京颐和园中的二座体量巨大的黄石山，通体以叠法层层相叠作造型，用石多而不乱，稳重雄浑、整体感强。虽远观似台，近观则是山，这充分体现了北方皇家园林叠石造山的造型风格。由于该山施工操作的过程和条件与秦汉时期的构石成山没有多大区别，不可能由相师逐块相石点石操作造型，而只能是在总体规划的前提下，由众多工匠按叠式技法的一般规律施工。由此可想见秦汉时大体量构石成山之叠石为主之概貌。

虽然北方皇家园林在叠石造山中多以叠石技法为主，但在兼用他法时，成功的作品却很少，例如北京恭王府内用片石叠造的假山，也是将石料横叠，又架、挑、飘并用，结果如儿童搭积木一样卖弄技巧，既庸且俗。而北京故宫内最大的湖石山"堆秀"，也是在叠法中又同时使用了其他山石造型技法，并明显体现了一人点石指挥，群体工匠施工的操

作过程，但因指挥者为迎合皇家建筑布局的原则，于是将本应该表现自然的山形硬是凭空吊出中轴线，而后进行形与形、洞与洞、石与石，甚至树与树、草与草等之间的对称规律造型，结果假气十足，庸俗不堪又显得零碎。所以，明清时期叠石技法的成熟作品不在北方，而在江南，其中又以扬州叠石技艺为代表。

明清时期的扬州，商业经济繁荣，私家叠石造园蔚然成风，一度吸引了大批南北堆山匠人聚会扬州。在此，南方匠人受北方雄浑风格影响，北方匠人受南方秀气风格熏陶，从而形成扬派叠石造山兼备南秀北雄的造型风格和技法特色。

扬派叠石技法的主要特点虽然还是以叠式造型为主，却又不同于北方的层层拼叠，也不似苏派环透法拼叠，而是在叠的过程中以叠式带动他法。叠是作为一种手段，目的是为了更好地运用和发挥其他技法进行造型创意，或挑飘求动势，或取阴求深远，左倾是为了取右势，先凹是为了求后突，等等。其中最显著的是以叠法为骨架带动他法进行造型。例如，叠石时将横条长石着意穿插、纵横交错，或大架大开，大进大出。先大刀阔斧置阵布势，而后精心收拾直至一刹一缝，虽顺纹缘理，却又似无拘无束，随心所欲又浑然天成，叠至高格处，不识其山形，不知其石趣，亦如狂草奔放，蛟龙翻腾，只见其气、其势、其境、其意。叠石已无所谓造山（形），从某种意义上可以说已经超脱了计成"弄假成真"的掇山理论，而是"假山之假的极致，而又假得浑然天成，令人感到可信可赏，虽假而胜真"（郑奇、方惠《美术技法大全·叠石造山法》）。至此，传统叠石技艺又进入了一个新的艺术创作天地。但其为可惜的是，由于晚清政府的腐败无能，中国沦为半殖民地，社会动荡，战乱不息，致使民不聊生等原因，不仅

扬州叠石实迹大多被毁，扬派叠石技艺也大量失传，几乎成为广陵绝唱，至今也无人能够超越，而今只能从扬州个园"宜雨轩"前一处湖石假山等少量叠石遗迹中偶见一斑。

（二）叠石造山对国外造园的影响

明末清初叠石造山造园技艺的成熟对国外的造园艺术也产生了深刻的影响。欧洲人称"中国是世界园林之母"，"是从大自然中收集最赏心悦目的东西"，"组成了一个最赏心悦目的，最动人的整体"。因此，"除非我们仿效这民族（中国）的行径，否则在这方面（指造园）一定不能达到完美的境地"（窦武：《中国造园艺术在欧洲的影响》）。

但是，由于欧洲人在造园的实践中缺少中国叠石造园高手的直接参与，以及东西方传统文化上的差异等原因，因而在模仿中国园林时总是难以精到。而日本人对中国园林艺术领悟颇深，如京都龙安寺的石庭园，受中国唐代列石为山及禅宗文化的影响，寺内山石造型追求超越世俗而达到"悟"的境界，技法上则点、埋成组，以石形寓意山形，人称"眺望园"。或铺白沙以为水，世人称之"枯山水"等等。可谓将中国唐代"列"石为山、"聚拳石为山"的远观抽象造型技法发挥到极致。至明末随着计成《园冶》一书的传入日本，日本庭园山石造型趋向形神兼备，由于把握住了山石造型表现局部景观的创作规律和特点，因此虽多为小品，组而不叠，静观为主，动观为辅，或以石形寓山，却更求诗情笔意，亦参禅佛家道理。又将远观造型和近观造型的特点融于一体相互映衬，在表现自然景观的同时又将人文景观与之巧妙结合，使天人和谐、恬淡平和的境界通过山石造型反映出来，从而创造出一种远离尘嚣和空静、纯朴、自然、优美的图画。

但同时也应该看到，尽管《园冶》传于日本后被更名为

"夺天工"，足证评价之高，但因《园冶》中缺少叠石技法的理论总结，因此，当中国明清之际叠石技艺日臻成熟时，日本山石造型仍滞留在点、埋、立以及局部拼接等组石造型的基础技法上，而技法上的落后又限制了日本庭园山石造型艺术的发展。因为从中国叠石造山本体技法上分析，是先学组石而后学拼叠，组石技法中含点、埋、立、接、拼等技法，为单层面造型。而叠为多层面造型，一叠需数拼多组配合，所以中国造园艺术可以"吞山怀谷"（宋徽宗·《御制艮岳记》），用叠石表现重岩复岭，深溪洞壑的大山境界。可以将建筑、树木、水体等各种因素包孕其中统筹造景，可静观也可动观，可以前后左右面面观，可平视见深远，仰视见险峻，也可以山顶俯视或远借它景，还可内视——即由洞内向外窥视等。如果说组石技法如同武术中的扎马步，是基本功之一，属起步技法的话，那么叠石技艺才是全套路功夫。所以，尽管日本人可以从《园冶》一书中领悟一些叠石造山近观山的创作规律和以少胜多、通过局部寓意全景的庭园山石造型艺术的创作特点，但仍只能在表现以静观为主的小品造型上做文章，庭园遂趋向平坦，当小品发展成熟，形式上的雷同也就难以避免。从此，日本传统庭园山石造型技艺日渐式微，庭园欧化渐占上风（参见童寯《造园史纲》）。而在中国明清时期，由于叠石技艺的研究愈深，一叠而千变万化，如清代李斗记述扬州卷石洞天叠石造山："以旧制临水太湖石山，搜岩剔穴，为九狮形，置之水中。狮子九峰，中空外奇，玲珑磊块，手指攒撮，铁线琉剔，峰房相比，蚁穴涌

起，冻云合遝，波浪激冲，下水浅土，势若悬浮，横竖反侧，非人思议所及。"而计成则用叠石技艺所创"荆关笔意"等等（荆指荆浩，关指关仝，见图27、图28）。臻此境界，其叠石技艺之博大精深处愈见显露，也愈难以把握，固虽叠石匠技，而上通

大道，下贯法器，旁触文学、诗词、书法、绘画、佛教、雕塑、音乐、建筑、风水、园艺绿化、工程技术等诸多学科，所以李渔惊呼：叠石造山"不得以小技目之，且叠石造山，另是一种学问，别是一番智巧"。

综上所述，我们大致可以得

图27　荆浩，字浩然，河南沁水（今属山西省）人。五代山水画家。人称其画"云中山顶，四面峻厚"

图28 关全，长安人，五代山水画家，山水学荆浩，木石学毕宏，笔法简劲，气势极壮

出如下结论：

第一，叠石造山造型从秦汉时期至明末清初的演变过程大体可分为起源期、发展期和成熟期三大阶段。秦汉时期为起源期，叠石造山造型重客体自然，追求写实，讲究形象。唐以后可为发展期，重主体精神，追求写意，强调意象，叠石造山以形似而造型。明末清初始进入成熟期，重本体技法，讲究形神兼备，复归自然。因此，叠石造山和中国的绘画、音乐、文学等一样，经过历代匠人、文人和封建统治者的共同努力，走完了从开创到成熟的途程，并以其数千年中国园林传统文化艺术的形式，在中西方文化交流的近现代走出了国门，走向了世界。

第二，中国造园从它的诞生之日起就是以人工造山到叠石造山模拟自然山水为主要目的，这种模拟是从表现"水中山"的远山形态开始，逐渐向"山中水"的近景观山的造型特点演变，最终完成了人造山形从意象到具象、从外表形象到表现山石的石质和岩质的形态美的过渡。因此，中国园林的发展愈趋于成熟，用叠石造山创造山水园林表现自然美就显得愈是重要，而中国造园崇尚自然，顺应自然，追求天人合一的这种思想理念，追求诗情画意的艺术效果，"好山乐水"的审美情趣，"片石生情"的创作和欣赏过程，以及叠石造山技艺的"通过局部寓意全景"、"通过有限表现无限"和"以少胜多"的创作规律和欣赏特点及造园讲究开合隐现、曲折变化、藏露呼应等大量的技术措施和艺术手段也因叠石造山才有了意义。所以，叠石造山技艺是中国造园艺术的根本大法，只有掌握了叠石造山才能深入到中国造园艺术的堂奥。而中国园林在世界园林中的突出地位，一大半也是由叠石造山技艺所奠定的。

‖·第二章
近现代的叠石造山·‖

叠石造山作为一门传统造园技艺，不仅反映着人们对自然山水的向往和对精神文明生活的追求，而且在历史上一度又成为有钱人家显耀门庭和身份地位以及附庸风雅的象征。所以，叠石造山又作为一种生活奢侈品，其生存与发展又必须依附于人们对物质生活满足后的精神需求上。说白了，只有当国家强盛，社会安定，经济繁荣，富裕人家多了，叠石造园才能兴旺。只有当园主的文化素质、艺术修养和审美情趣提高了，叠石造山技艺才能发展。

因此，当晚清政府的腐败造成国力衰退，战乱不息，民不聊生时，园林也就毁损的多而建设的少。如《扬州画舫录》记清代乾隆年间曾是"增假山而作陇，家家住青翠城闉；开止水以为渠，处处是烟波楼阁"，民间则流行着"家中无叠石，不是扬州人"的说法。而到道光十四年(1834年)已是"楼台荒废难留客，花木飘零不禁樵"了。传统的叠石艺人也就此失去了赖以生存和施展技艺的空间，一些名家叠石的技艺也成断代状而渐渐失传。

第一节　解放后的叠石造山

解放后的1950年代初，中国园林才开始复苏。

由于多年的战乱，江南园林中的假山大多损毁严重，于是各地方政府招募民间叠石匠人进行修整。其时叠石艺人已所存无几，主要有：苏州的韩氏、凌氏，扬州的余氏和王氏，浙江号称"金华帮"，今代表人物中有朱氏等。又有老一辈园林研究专家学者如刘敦桢、童寯等人的直接参与和指导。

上述叠石艺人中，参与修复旧园假山数量最多的是苏州韩家兄弟。韩家兄弟为苏派叠石传人，祖辈清代即从事叠石，在江南有"朱家盆景韩家山"之誉。今上海豫园、苏州网师园、拙政园等十多处江南名园假山的修复皆出其手，尤其是在刘敦桢先生指导下修复南京瞻园假山，受其影响，叠石技法能突破传统，石呈竖拼依皱合掇，虽少透漏变化，

却能贴近自然，暗合画意（图29、图30）。

以朱氏为代表的"金华帮"则坚守传统，保留着晚清叠石透漏变化的原汁原味，曾参与苏州狮子林及杭州城内假山修建（图31）。

扬州王家为扬派叠石传人，祖辈清代即事叠石，其最后传人王鹤春病殁于1980年代末。据扬州盆景世家老人赵仁轩口述，王家祖辈叫王长玉，生于清咸丰四年，其子王再云，号王老七。王家早年曾跟"冶春"园主余继之

图30a　苏州网师园假山韩氏修复处

图29　韩氏兄弟在刘敦桢先生指导下修复的南京瞻园假山主山

图30b　苏州留园假山韩氏修复处

共事叠石，余氏原是高邮知府一花匠，因与知府九妾相好，事露后一同被逐，至扬州北门安家，人称其妻'小九姨'，以种花兼叠石创'冶春'园偌大家业。至于余氏叠石承于何人则不知也。"

扬州王氏的叠石力保扬派技艺的传统风格和特色，叠石善用条石，重挑飘变化，如小盘谷主峰、何园主峰及贴壁山、平山堂黄

石大假山等皆出其手修复(图32)。

在叠石造园理论的研究上，又以童寯和刘敦桢为代表。童寯先生于抗战前即遍访江南园林，目睹旧迹凋零，忧虑传统造园艺术澌灭，发愤而作，历二十余载终成《江南园林志》，其中考证之系统，论据之严谨，分析之透彻，观点之鲜明，可为继《园冶》后又一部园林艺术经典之著作。而

刘敦桢先生不仅身体力行参与叠石造园实践，又潜心叠石造园技法的研究，从1957年刘敦桢致韩氏兄弟的信中可见其用心良苦和当时江南传统叠石的情况。全文如下：

韩良源、韩良顺同志：

日前在苏州远东饭店匆匆一面，未及细谈。回南京后看到你们的来信，很高兴。你们两位年纪轻，肯虚心学习，是再好也没有的了。

假山本来是从模仿真山而逐渐发展起来的，但人们总不以单纯模仿为满足，而是要创造一些新作品来满足生活中不断产生的新要求。事实上设计人能够掌握的石料、人工、叠山技术、经费和时间都有着一定的限度。在有限的物质条件下，要做到假山既像真山，而又富于创造性，可不是一件容易的事情。我建议你们对现存的许多假山，先进行一番研究，辨别哪些是好的，哪些还嫌不足。然后对较好的实例，多多研究它们的布局与堆砌方法，方能提高自己的工作水平。现在举出几处较好的假山，供你们作参考。

一、湖石堆砌的假山

苏州的艺圃与五峰园两处的假山，都建于明代后期，虽经后人修理，大体上仍保持原来的风格。这种风格和我在南京、常熟等地所见的明末清初假山，没有多大差别。首先在布局方面有下列几个特点：

1.假山的形体与轮廓能适应其占地面积之大小与周围之环境。如何处是主峰？何处是次峰？何处宜高？何处宜低？高低之间，如何呼应对照？都经过一番周详考虑。一般来说，假山须以池水衬托，而且主峰不宜位于中央，以免产生呆板的弊病。

2.明代假山的主体，多半用土堆成，仅在山的东麓或西麓建一小石洞。如艺圃与五峰园均在山的西麓；南京的瞻园在东北角；常熟的东皋别墅假山虽很小，亦在中点偏西处建一小洞。这种办法既节省石料、人工，山上还可栽植树木，与真山无异。似乎比狮子林满山都是

图31 浙江"金华帮"修复的苏州狮子林假山

图32 扬州王氏修复的何园主峰

石洞高明多了。

3.假山与池水连接处，往往用绝壁。其下再以较低的石桥或石矶作陪衬。使人感觉石壁更为崔嵬高耸，如南京瞻园与苏州艺圃都是如此。

4.艺圃与瞻园都在绝壁上建小路，可俯瞰池水，最为佳妙。五峰园的路则折入山谷中，谷上建桥，游人自谷中婉转登山渡桥，然后方可至山之顶点。这种构图完全从我国传统的山水画脱胎而来，表现了我国园林与绘画的密切联系。

5.山腰与山顶往往建有小平台，以便休憩、眺望。

6.若山上树木较多，可在山顶建亭，否则亭子应建于比主峰稍低处，以免过于突出而少含蓄。

在假山堆砌方面，其手法亦有几个特点：

1.山之石必须富于变化，但何处用横石？何处用斜石？何处用竖石？宜有一个整体观点，要从山的整个形体来决定，不是临时凑合，建到哪里砌到哪里，狮子林的砌石，大多属于失败的例子。

2.邻接的石块，其形状与纹理应大体一致，才能相互调和，不致产生生硬毛病。但过分调和，又产生平凡的缺点。所以必须在统一调和的原则下，形成一定程度的变化。如路旁成排的石头，有时故意选择形体不同或高低不等的，使其产生对比效果。而危崖绝壁，也不是一直上升，有时故意将一部分石块向外挑出或收进，或作灵活生动的转折。为了达到这个目的，大石之间往往夹用小石；凸石之间杂以凹石；横石之间安插若干斜石，方与真山无异。

3.明代的石岸与石壁，往往仅用普通湖石堆成，但石与石间，有进有退，相互岔开，远望似有空洞，实际上只是凹入处的阴影而已。如艺圃与五峰园都如此，似乎比清代用透空的湖石，更为大方坚固。

4.如有山谷或瀑布，其两侧所用之石，必是一大一小，一高一低，相互错落有致。但错落中又有宾主之分。最忌用石大小相同，高低一致，则了无生趣。

5.山路的起点与转角处，所布

之石虽可偶用横石或斜石，但多数用体积稍大而形状较复杂的竖石，有如画龙点睛，使游人至此精神为之一振。不过桥的两端多用横石和斜石，其体量亦较小。

清代用湖石堆砌的假山，以苏州汪义庄(即环秀山庄)最为杰出。但经仔细研究，此山在南侧建临池石壁，壁下有路，转入山谷，再由谷内升至山上，而谷上有两处架设石桥，仍然从明代假山变化而来。不过它用三个山谷攒聚于山的中点，石壁也较高峻峭削，山上路线上下盘环，也较复杂，可称为别出心裁的佳作。可惜后人于修理时，将石缝抹得太宽太厚，以致使原来面貌受到一定的损失。只东南角靠墙处，及山上已死的枫树下，还保存两段未曾勾抹的石山，可看出原设计者戈裕良运用石料形体与纹理的高度技巧，令人十分佩服。

此外，无锡寄畅园池北的假山西侧，在登山的石路旁，也保存了一段未经修改的假山，其构图十分生动自然，希望你们能去研究研究。

二、黄石堆砌的假山

这类假山以上海豫园的黄石山规模最大。此山仅在东北角建石洞一处，其主峰位于中央偏西处，下为山谷，架二桥于山谷及小溪上，再在山上点缀绝壁与平台数处，不仅气势雄浑，其叠石方法也富于变化，真当得起"气象万千"四个字。惜此山之东南角与西南角为后人所添，山上之石亦有不少业经修改，不是百分之百的原貌。

其次，苏州留园中部的假山，在靠水池的西、北二面，留下了一部分黄石堆砌的假山。又如涵碧山庄(即留园)西北隅，有几段石山与石路就堆砌得很好，可惜近年来被抹上白色灰缝，很不协调。

此外，无锡寄畅园东北角的八音洞，用大块黄石堆砌成曲折的石谷，构图甚为奇特，砌法亦很大胆且自然，也是一个杰作。如果拿八音洞与留园西部枫林下的石路相比较，我想不难了解堆砌黄石的方法了。

黄石色泽自淡至赤黄，亦有多种变化。因系火成岩构成，故质地较湖石坚硬，外形刚挺多楞角，宜

构气势雄健之岗峦。但其使用之原则，与湖石几无二致，故不赘述。

目前国内黄石假山较著名之实例，除上述者外，尚有扬州个园中"四季假山"之"秋山"，该山位于园内东区，体积甚大，中构石窟，并有蹬道上至山顶，顶上另建一亭。山体石多土少，草木甚稀，亦为一般黄石山之特点。苏州拙政园中部之二岛，叠以黄石，但石间杂土，故竹木苇草得以滋生，顿生野趣。其登山道与道侧，皆置黄石。手法与留园西部大致雷同，内中且不乏佳作。

使用黄石时，最好不要同时掺砌湖石，以免格调不一。使用湖石时，自然亦同此理。二石混用之例虽偶一见之，但未有成功者。

现在国内重视文物保护，不但正在修理各处已存的古代假山，今后为了绿化城市起见，各地还要新建一些新的假山，真是一个发挥这方面创造力的绝好机会，希望你们多多研究，多多努力，为祖国建设作出更大贡献。

　　　　　　此致
敬礼

　　　　　　　　　　刘敦桢
　　　　　　　1957年11月30日
(此信全文摘录于《中国古典园林文化论坛叠石掇山专题研讨论文汇编》.2001·4苏州.主办：苏州市园林管理局·《苏州园林》编辑部)

刘敦桢先生此信距今近半个世纪，字里行间处处体现着对传统叠石造山技艺的深入研究，对新中国叠石造园的复苏前景充满激情希望。仅仅是一封寄给叠石艺人的平常信，却于平易近人处又反映出先生学识之渊博，分析之独到，理论联系实践之严谨……时至今日，对叠石造山造园仍然具有极其重要的指导意义。韩良源叠石技艺本为家传，今也已年近八旬，然每每与我谈及刘敦桢先生时总是情不自禁地说："刘先生是我的老师，我每年过年都是要到南京去看看师母的。"

第二节 "文革"后的叠石造山

"文革"期间，扬州尚存的明清假山多荒芜无人管理，如扬州个园一度成为部队的养马场，虽有损坏，但大量遗迹尚存。而"文革"结束以后，随着城市的改造建设，大量古建筑、古园林、古假山则遭受到毁灭性一劫，一时间，扬州古城大街小巷随处可见遗弃的假山石，从湖南会馆的湖石大假山到地官第洪氏花园内假山等等皆夷为平地，其石料也成为起楼造房的块石基础。今人只知扬州个园有四季假山，殊不知一园四种石的情况在扬州大量明清私家园林中曾是普遍现象……。

除了庭园假山外，大量用于体现扬州作为山水园林文化古城特色的老"公共"假山也尽数被毁。这种情况一直持续到1990年代，直到无"公共"的老假山存在为止。例如，原扬州城区的内河沿、池塘边都曾有大量湖石、黄石做成的假山，既可作护坡防止水土流失堵塞河道，又创造了古城扬州建于山水之上的境界。古人的这种大手笔不仅反映了传统叠石艺人的聪明才智，尤为重要的是证明了扬州早在清代就已经在使叠石造山从传统的、多与高不过二层的传统建筑配置进行封闭式造型的模式中走出来，从单门独院仅供少数有钱人享受的私家园林到可供大多数平民百姓游玩欣赏的公共园林建设作了尝试。其创造性的实践意义不光体现了扬州叠石在造型布局和技艺上区别于其他城市和派别，更在于它使叠石造园成为叠石造"市"——变城市为山林。这种别具一格的叠石造山为中国传统叠石造山艺术的发展前景和用途开拓了一个更加广阔的天地。

笔者作为扬州人，对扬州大量传统园林文化艺术的被毁痛心疾首。所以，当我到杭州看到秦桧跪在岳飞前遭后人唾骂的形象时，禁不住异想天开：我们的各个城市实在应该搞一个陈列室，将那些为官一任却贻害一方，践踏传统文化的人也示众，免得这些人退下来后仍然过得比别人好。

为继承和弘扬扬州叠石文化艺术，笔者也曾多次给市领导写信，现摘录其中二封如下：

信件一

关于拯救扬州叠石造园技艺的意见
×市长：你好！

看了启功老先生关于"清朝时中国最重要的文化就在扬州"的论断，我心中感慨万千，作为扬州人，既为扬州清代文化自豪，又为扬州清代叠石造园艺术的衰落而痛惜。

清代扬州文化中，最著名的是扬州园林。扬州园林本是扬州盐商倾其财力、物力，广聘社会名流、文人画家、能工巧匠共同创造的，集中反映了清代扬州的政治、经济、文化、艺术和技术的最高成就。扬州园林中最具艺术代表性的是扬州叠石技艺，这是因为中国造园的宗旨是自然，用叠石造山表现自然就成为中国造园艺术中最重要的组成部分，也是扬州盐商邀请文人画家参与造园的主要目的。扬州叠石技艺不仅使扬州园林得以名扬天下，与北派、苏派叠石并列为中国叠石艺术三大流派，而且又以其兼有"南秀北雄"的艺术风格和"静中求动"等技法特色一度代表了中国古典造园艺术中的最高成就。

但令人痛心的是：如此重要的扬州叠石文化艺术至今得不到重视。

例如：在对市容市貌的造景工程中，从(20世纪)90年代初从瘦西湖大门外西黄石假山开始，以后又发展到汶河北路沿街、文化宫沿街、友好会馆、盐阜路及冶春一线，运河西路等，这些假山均出自外行工匠之手，目前随着扬州城区大规模改造，其滥造劣质假山之风愈演愈烈，令人痛惜扬州叠石造山今不如昔。

扬州园林名胜遗址的叠石造山修建同样如此，虽有较为成功的部分如早期个园修复、卷石洞天重建等，但绝大多数乃是民工石工的胡乱堆叠，其错不在民工石工，他们是为谋生赚钱而堆，关键是有关领导缺少对扬州历史文化负责的责任感，对雇用外行民工石工胡堆乱造没有犯罪感，缺乏对扬州传统文化艺术的修养和对扬州叠石造园技艺的专业知识，所以往往以丑为美而不觉其丑，其艺术审美眼光远不及清代扬州盐商。

叠石作为扬州传统造园造景方法，应用范围较广，除用于园林建设、城市造景外，尚有住宅区、机关、学校、医院、工厂、宾馆等处使用，因此，为继承弘扬扬州叠石文化艺术，本人意见如下：

一、提高领导层对扬州古代文化的认识

应在扬州领导阶层中尤其是园林部门领导中进行"扬州古代(叠石)文化艺术知识讲座"，使扬州各级领导人了解扬州的古代文化知识，提高自身的传统文化艺术素养，使每一个在扬州担任领导职务者认识到：在扬州做领导不容易，不仅要有建设现代化城市、搞经济建设的才能，还要有较好的中国传统文化艺术素养，才能担当江总书记要求的"把扬州建设成古代文化与现代文明交相辉映的城市"的历史使命。

二、重视扬州叠石的艺术性
前一时期扬州大规模城市道路

改造，老百姓不理解，称你是拆迁市长，但现在城市街道面貌大改观了，老百姓心服了，认为该拆，拆的有道理，可见公道自在人心。

但我以为你这个拆迁市长做的还不够，扬州城市道路改造更趋现代文明有目共睹，但对古代文化最敏感的叠石造景部分却忽视了。扬州叠石造景作为艺术作品，与住家堂屋悬挂字画是一样的，反映了主人的文化素质、艺术品位、审美情趣等等，主人雅则画雅，主人俗则画俗，所以公共场所叠石造景又是脸面工程，不仅要给扬州人看，还要给外地人看，甚至要留给子孙后代看，万不可马马虎虎。故建议对城区假山重新评估，该拆的要拆，该重建的要重建，这个拆建工程做好了，对于现任政府领导的文化形象、城市的艺术品位、精神文明的建设、古代文化的弘扬等等，都有十分重要的意义。

三、树立扬州叠石的品牌意识

自古以来，扬州叠石技艺就是中国造园艺术中最灿烂的明珠，其地位如同中国烹饪界淮扬菜系中的构成要素，今天淮扬菜系在市政府与扬州烹饪界共同努力下已经认祖归宗，发扬光大，经济效应、社会效应日见显著。而扬州叠石艺术由于领导阶层无人关心，任其自生自灭，所造成的直接后果之一是扬州造界的衰落，因为一般的古建筑大家都能做，唯扬州叠石，技艺要求极高，决非一般俗人可为之。

扬州造界实际上承担着弘扬扬州园林文化实战部队的角色，所以就不能仅算经济账，否则最大的危害是给人以扬州园林艺术后继无人的印象。近几年，扬州花大力气新造了一些古建筑景观来增加扬州作为古城的形象氛围，但缺少品牌形象，而这个品牌形象实际上就是艺术品位、文化内涵、扬派园林特色和扬派叠石技艺。"叠石胜则园林胜"，因此，利用传统扬州叠石文化艺术品牌重振扬州造园业的辉煌，实在是非常重要的。

四、重视扬州叠石造园人才培养

我穷其毕生精力研究中国叠石艺术，研究扬派叠石技艺，深知扬州叠石技艺在扬州园林中的举足轻重地位。扬州个园为什么能列为中国四大名园之一？是四季假山。片石山房弹丸之地何以名震造园界？还是假山。扬州为什么以园林胜？是园林以叠石胜。近时期市领导对汪氏小院、个园古住宅遗址进行的修复决策，使之成为文化遗产，意义重大，很有必要，同时也要注重对扬派叠石造园人才的关心和培养。就扬州园林系统而言，有职称的工程师不少，但真正懂扬州叠石造园的，名副其实的专家一个都没有。这与扬州园林以叠石胜的盛名极不相称。因此，应该就扬州叠石技艺组建专门的研究机构，重视和关心扬州叠石人才，使扬派叠石技艺后继有人。

此礼

扬州叠石匠人　方惠

信件二

关于扬州市区假山的改进意见

×市长：您好！

一、整改扬州假山的前提

扬州假山历史悠久，除明清时期扬州园林就以叠石胜外，据已故扬派叠石传人王鹤春说：扬州民间又有"家中无叠石，不是扬州人"说法。

历史上扬州的假山除用于造园外，还用于城市的造景，形成了扬州作为山水园林文化城市的格局。因此重视和弘扬扬州叠石造山艺术，其意义已超出一般用于造园的范畴，而是在创建扬州作为生态园林城市的同时，体现出扬州山水园林城市的传统文化艺术的鲜明特色。

例如，在(20世纪)70年代前还能见到扬州古城区的街道边就有不少假山古迹，尤其在市区内河两边，假山更是连绵不断，几乎是有水处(池塘)就有假山，即使在大运河(今渡江桥两侧)也曾有较大体量的太湖石山。

因此，对扬州市区假山的改进方案就要有一个前提，即是小打小闹，就其景点改进一下呢？还是打造扬州作为山水园林文化城市这个大气魄、大手笔。前者好弄，后者

难弄，非一套班子总体规划，精心实施不可。

二、二种整改方案

近年来扬州的市区假山建造大多是各显神道，评价也是见仁见智，各有说法。今如就其技、艺讨论各处假山之优劣，则难。一是非行内人难以理解，二是非长篇大论不可。好在叠石造山宗旨人人皆知，即以"自然"论成败。如"万家福"前新改造的巨树下、绿草中的大黄石点埋即有自然气息——尽管在选址上尚需商酌。

"自然"的对面即"人工"，其表现如：技巧似儿童搭积木，或杂乱无章小气巴巴等。这类山石可谓遍布扬州市内，是为主流。

1. 整改方案之一：点缀式的整改

①所用石料要"宜整不宜碎"：即所用石料要大，否则易零乱。

"宜旧不宜新"：要用浮于表面之旧石更显自然气息。

②山石拼叠要"同质、同色、接形、合纹"。重技法而不是玩技巧。

③山石造景什么情况下最少人工气？不懂技法就少用拼叠，如以绿化为主石为点缀。所以就有了如下简易造景法，如：宜低不宜高，宜埋不宜叠，宜卧不宜竖(即不要见石就立，尤其不能如珍园门前那样似儿童顽石般将小石乱竖，等)，宜靠不宜孤(即堆山要有背景，不能如文昌广场假山堆孤山，等)，宜整不宜散(整体感要强，不能如老北门桥东侧湖到处散堆或如商学院运河边的黄石散点)等。

④山无水则僵。市区假山多无水配合，尤其是缺少大动态山水造型。

⑤与叠石造山相配造型的树种太少。

⑥缺少岩石化造型的现代造山法。

2. 整改方案之二：体现山水城市的做法

近年来，扬州在市区造了不少假山，但山水园林文化城市的味道始终出不来，这里面除了山的体量略显不够外，最主要的还是所造之山缺少"自然"和杂乱无章。所以，就我对

扬州叠石技艺的认识和把握程度而言，一个城市分布有这么多的醒目地段用于叠石造山，不仅很不容易，而且完全可以体现出扬州作为山水园林文化城市的传统特色。

体现扬州山水园林文化城市特色不要求全面开花到处堆山，关键是突出自然，抓住重点，因势利导，因地制宜，有章法有布局，做到在主要区域形成主山突出，而后形成似山脉延伸和点缀的呼应关系。

例如，首先抓住一高一低两大主题，以高为点，以低为面来做文章：

①高。无高不成山，扬州市区最高的土山体形为友好会馆东南面，其西南面正好作主大面朝向汶河路，如果顺势用山石处理并使之逶迤直达河边，其高差显著，间以飞瀑等景，当可成为扬州市区山水一胜景（今友好会馆前虽在山旁已堆山，但由于不知顺势借势，用行话讲是真山前面堆假山，等于是关公面前舞大刀。无论怎么堆都不可能成功）。

有了此主山，那么向东之假山可作余脉直达西园御码头，西又可顺势处理至冶春一线。向南也就是文津园这块很难处理的狭长地段也就山起有因了。

所以，处理好此山，将此处山的用料、风格统一起来，气势也就有了，扬州古城背山而建的山水园林城市格局和意境大体可出。

②低。要体现一个城市处于山水之中首先要表现出城市是建在山水之上的意境，所以低处文章也要处理好。

如扬州最低处是内河两侧，目前内河皆用水泥整齐驳岸，扬州又要开发水上游览线，如此游之如在排水渠中。所以要有重点地用假山驳岸加以处理。

其次再处理好运河沿边绿化带的假山，形成对古城的环抱之势。这样就有了高与低、内与外呼应，山水园林城市可成。

要使传统的叠石造山从封闭的，多与高不过二层的庭园建筑相配置造型的空间中走出来，应用于大环境的城市造景，应该说还处于

初级阶段，再加上当今从事堆山的多为外行，故成功的例子很少。所以，一方面市区假山要能体现出扬派传统叠石技法特色，同时又要体现创新意识，即：在用石品种上要丰富一些，不要除了湖石就是黄石。在造型上应增加成片岩石化造型，甚至可运用南方流行的塑石法〔非文昌广场那样的巨石形（图33、图34）〕，等等。

由于烟花三月将近，时间仓促，为使扬州过于难看的假山不致有碍扬州的文化形象，故建议先拆、改市内较显眼处的较差的假

山，大致如下：①拆除文昌广场的巨石。②重造珍园门口假山，突出岩石与瀑布景观。③文津园假山尚须改造，建议暂维持现状，不要再在石头上做文章了。④东关运河边散点黄石要重新布置。⑤文昌楼向西沿路山石均需改造。其他待节后逐步改造。

以上意见仅供参考。

叠山匠人 方惠
2003年2月23日

此信曾刊载于《扬州日报》，并引起一些热心扬州古代文化艺术文化人的同感共鸣。

图33 扬州市内文昌广场的塑石，人称假、大、空

图34 扬州市文昌广场的湖石假山凭空"爬"到了房顶上

第三节　当前叠石造山存在的若干问题

20世纪80年代，随着中国改革开放，人民物质生活渐渐富裕，叠石造山业也空前兴旺起来，其表现为：(1)全国各地用石堆山或造景或造园蔚然成风。(2)大量向国外输出叠石造园。

但遗憾的是，由于这些假山的技术和艺术水平大多不高，有的甚至如乱石堆，令人不堪入目，给人的印象是当今的国人只会造些亭台楼阁而不会叠石造园了(注：详见叠石造山实例图解"失败假山分析"章节)。

造成叠石造山衰败的原因大致如下：

一、缺少正确的、系统的叠石技艺理论

叠石作为中国传统山水园林中最具艺术性的三大要素(植物、建筑、山水)之一，缺少专门的学术研究机构。我国有花木协会，有园林方面的古建筑学会，惟叠石没有。一些园林方面的学者专家由于不懂叠石技法实践，如同不懂笔墨技巧者谈论中国画，致使理论研究无法深入下去。例如：有的人造山分不清石形与山形的区别，只能造石不会造山，例如'99昆明世界园艺博览园中的江苏"东吴小筑"的假山造型就如同乱石堆(见"失败假山分析"章节)。有的人分不清叠石造景与造园、造市(山水城市)的区别，或只能造景不会造园，或只能造园不懂造市(山林城市)。例如，扬州市在市区公共地段文津园北处造了一座山亭，不但山石堆叠形同乱石堆，对水的处理也是如蛇游一般，使人观之如同未加盖的城市下水道，假气明显(图35、图36)，其结果只能造假不会求真，使假山如搭积木玩技巧只

见人工不见自然。其主要原因除了不懂山石拼叠和造型技法外，还在于分不清绘画"三远"透视创作原理和山水盆景"小中见大"造型原理与叠石造山"以少胜多"的审美创作原理之区别，许多城市中的叠石造山虽用石越

来越大、规模越来越大，而山境山意却越造越假、越造越小。如郑州市某园也造了一个体量巨大的塑石山，设计布局也明显借用了画法和盆景造型原理，但再大也只能称之为园中的人造假山而不能成为山水中的园。天津市也

图35　山石堆叠形同乱石堆

图36　水的处理如同城市下水道

在沿运河边造了巨大的水泥假山，也有大瀑布从山上翻下，但人工假气十足，毫无自然山境山意。又有的人把"银锭扣"、"铁爬钉"之类的东西都列为叠石造山技法，且不谈此法是否具有当今叠石造山操作施工的实际意义，仅就其叠石造山还需要用这种繁琐的铁扣件来保持、保证山石拼叠的安全和不倒，只能说明堆山者原本就是个大外行。又有的人挂着专家名头，山未堆先拿着设计方案大谈意境，山堆成乱七八糟再标榜创新，硬是把个园主、游人唬得一愣一愣的。例如扬州文津园长达一公里的狭长地段的设计方案之一据说是个鹤形，寓意"腰缠十万贯，骑鹤下扬州"的古诗意，但即使从平面图上看真像个鹤形，而实际上呢？人在园中时等于蚂蚁附在鹤身上，难道要游人坐直升机从五百米高空俯观鹤形吗？更有甚者，当今我国各大院校的园林专业学生，即使是硕士、博士的文凭拿到手，大多也难得一次叠石造山实践施工的机遇，计成说中国造园是以"石为绘"，这就如同中国画系的毕业生没有用笔作过画，说明了当前中国园林学科建设的理论完全脱离了实践。

二、传统技艺面临失传

苏州的韩家、浙江的"金华帮"和扬州的王家同属江南叠石名家，其中苏州韩家和扬州王家又是中国三大叠石流派中苏派和扬派在近代仅存的主要传承代表人物（注：王家传人于上世纪末去世）。他们的技法都曾经有着明显的地方风格和传统特色，对今人研究江南叠石、苏派叠石和扬派叠石，乃至对继承和弘扬中国叠石造园艺术都有着非常重要的意义。

然而，他们的技艺实践不仅没有得到及时的总结和传承，甚至都没有得到起码的发挥。例如：从1980年代起，苏州、扬州就已经向国外大量输出叠石造园作品。按理，这种输出应该体现出代表当前中国传统叠石造园技艺的最高水平，但实际上，无论是苏州韩家还是扬州王家，一个到老作为一般工匠退休，一个只是作为临时聘用的假山师傅直到死了，都未能跨出国门。甚至出现了由韩家兄弟先在国内拼叠好假山形状，然后按此山形将石一一编号、拍照，再拆散装箱，最后再由领导安排一般石工到国外拼装的荒唐事。其间苏州韩良源曾企图"曲线"出国——受聘外地某公司承接的国外假山工程，却又由于中间人狮子大开口，索要中间费而不得不放弃。

苏州、扬州叠石老艺人尚且如此，其他城市的出口园林更谈不上有什么叠石高手了。所以，当我们今天回过头来看看这些1980年代就开始出口至今的园林假山，也就明白为什么这些假山大多形如乱石堆而令人不堪入目？原因就是：领导安排，外行施工。

出口工程如此，国内工程亦然。正由于今天直接从事叠石造山的多为石工、瓦工、卖石头的山民、绿化工、盆景工以及一些画家和搞雕塑的人，这些人未受过专业训练，前者如儿童搭积木一样做到堆石不倒、施工不出事故。后者多以假造假，画者善以画法造山成假，雕塑者善以水泥仿石做假，故皆失传统叠石技艺之真谛。

三、"做主之人"的干扰

计成在《园冶》中说叠石造山是"三分匠七分主人"，如果说相师是能主之人的话，那么这个能主之人常常做不了主，而不得不让位于做主之人。所谓做主之人是指在公共园林中他是领导，在私家造园时即为房东。这些人虽然可以不懂叠石造山技法，但这些人的素质常常直接影响乃至决定着叠石造山的实际效果。例如，历史上曾以叠石胜的扬州，市领导规划在市区中心最繁华地段用叠石造山造景。这本是一起弘扬和突出扬州地方传统文化艺术的大好事，但在具体实施的过程中却因为主事者雇用外行堆造，结果不但未能为扬州城市的市容市貌创造了美，反而是增加了丑。诸如此类由长官意志和雇用外行叠石造山的现象在全国许多城市中都大量存在，每每看到这些乱石堆，总不禁令人痛心疾首，叹息中国造园叠石造山今不如昔。

四、关于假山工程收费标准的问题

较早制定假山工程定额收费标准的是江苏省建委，标准全称是《江苏省古典建筑及园林建设工程预算定额（试行）》（后国家所制定额大致按此套用）。该定额制定时曾考虑到叠石的艺术价值，因此收费标准较之其他石类施工定额收费要高，但反映到定额上时就只剩下吨／元，这就如同绘画以张数论价，其结果是，叠石能赚大钱，世人争相堆山，笔者亲眼所见一仅十多人的施工队在无锡蠡园堆山，动用吊装机械施工，最快时一天堆了120吨假山石，其速度之快令人目瞪口呆，这哪里是叠石造山艺术，简直是石料短途搬运（图37）。

叠石是老祖宗留给我们的宝贵的文化遗产，是要继承和弘扬而不是用来糟踏的。因此，如何使粗制滥造者失去市场，使叠石的艺术价值和经济价值相适应，实在是应该迫切研究的问题。根据笔者三十年的施工经验，一个相师如果带六个帮工叠石造山，按常规传统操作技法要求施工，每天完成的石料吨位大约在3吨，超过便有粗制之嫌，大大超过必定是滥造了。然而，如果是按照传统叠石造山的操作技法和要求施工，那是连帮工工人的工资也发不起的。于是，真正懂叠石造山并坚守传统叠石技艺的行家则难以为继甚至穷困潦倒，叠石造山业的劣胜优汰就成为当今叠石造山行业最鲜明的特点。例如，我在扬州古建公司时，正由于无法接受这种低价格叠石造山工程而被迫闲置，以致完不成公司制定的经济承包定额，结果不仅多年拿不到基本工资，成了一个没有任何保障的社会闲置人员，以致生活困难时一度帮人站店卖报维持生计……。

假山工程定额中关于工料分析也存在与施工实际不相适应处，如定额中关于花岗岩条石、铁件等，在今假山施工中早已不用。如将其从材料中扣除，则假山造价大大降低，对追求假山造型艺术的内行压力就更大。其次，现今定额中关于假山高度的收费标准也需调整，以适应现今大型假山的造型要求。

五、造园西化倾向

中国造园艺术已有两千多年历史，早在17世纪末欧洲人就称"中国是世界园林之母"，"是从大自然中收集最赏心悦目的东西"，"组成了一个最赏心悦目的，最动人的整体"。因此，"除非我们仿效这民族（中国）的行径，否则在这方面（指造园）一定不能达到完美的境地"（窦武：《中国造园艺术在欧洲的影响》）。

然而可悲的是，中国各大院校园林专业，却未见有哪一家能够旗帜鲜明地打出"中国园林学"系的旗帜，而只是以"园艺系"或"园林景观学系"、"环境工程学系"甚至"现代造园学系"等模糊冠之。表面上看这种模糊性又有着极大的包容性，似乎古、今、中、西园林皆在其中，实质上徒有虚名。这使人不得不追忆1949年中央美院组建时，徐悲鸿留法回国主张改良中国画，搞中西画合璧，提出设"彩墨画系"，结果为周恩来总理所断然否定并指定设"中国画"系的情况。

民族的才是世界的。树立"中国园林学"是旗帜鲜明地继承、弘扬中国传统文化艺术的大事。但就如今所谓现代造园法而言，除岩石景观尚有特色外，大多只是西方园林艺术的一种简化式的模仿，如植物、花坛的几何图案，大面积的草坪，求中轴线讲究对称的布局和园景的一目了然等等，这就与中国造园讲究开、合、隐、藏、曲折等奥妙形成鲜明对照。对此，早在清代就有人在看了西方园林后说西人植树造园是："成行捉对，见与儿童邻。"可见西方造园术其实不需

图37　无锡蠡园的大假山如同乱石堆

要很高的学识，许多城市只是用来大搞道路绿化，或建些大型广场，并可以用大量的民工劳力在很短的时间内突击完成。再者，所谓现代造园法也只是近几年的事，与发达国家相比较我们只能是他们的学生。只有中国造园法，并在继承、弘扬中国造园法的前提下的创新，我们才能成为他们的老师，保持我们祖师爷的优势。所以，设立"中国园林学科"、办好"中国园林学科"实在是我们能不能竖着大拇指，在西方造园学者中一路走过去，扬眉吐气的大事。

当前中国造景造园的西化更多的是决策者的修养所为。许多决策者以为城市现代化造景造园也必须西化，于是造园建景只恨不能一夜间把个西方园景搬到中国来。笔者并不一味反对这种西式造园的模式，在没有叠石高手参与施工的情况下，在叠石如乱石堆的情况下，这种假山有不如无，倒不如按西方模式造园造景。但如要体现园林的深厚的艺术内涵和底蕴，体现出中华民族的传统文化特色，就不能局限于平面绿化，更贵在造山，有山林城市的意境和境界。

江泽民同志曾题词：要"弘扬民族文化，发展传统工艺"。叠石造山作为我国传统山水园林文化艺术，经数千年发展演变，可谓博大精深，特别是叠石造山由于在造型艺术美方面具有比其他山水造型艺术更为完备的三度空间，不仅可观可赏、可游可居，而且符合中国人好山乐水的传统美德，且更容易为广大人民群众所接受和喜爱，它在人们生活、休闲、工作和居住的空间环境中所创造的山水园林景观，使人们虽身居闹市仍然能享受到自然山水的美，在给人以回归自然的感受的同时又给人以艺术美的享受，这就决非西式造园术所能胜任的。

在当今现代化城市中弘扬和发展叠石技艺，一方面要继承前人叠石技法以满足传统园林的维修、恢复和新建的需求，其次对于小空间私家造园，传统叠石技艺仍然是大有可为的。同时要针对现代城市建筑的特点及空气污染、人口密集、用地紧张等情况，研究如何使叠石造山从传统的、多与高不过二层的传统建筑配置进行封闭造型的模式中走出来，从单门独院仅供少数人享受的私家造园到可供大多数人游玩的公共园林的建设，运用"以少胜多"的叠石造山技艺使城市变成山林城市。要认识到在现代城市中，基础绿化是第一位的，叠石造山是使基础绿化更具艺术性的重要手段，是使城市建筑更具自然气氛的重要手段，贵在体宜、和谐，忌生搬硬套，盲目在建筑群中堆叠孤山。

总之，我国的改革开放已经带来了经济的繁荣，而经济的繁荣又带动了叠石造山造园艺术的繁荣，伴随着这种繁荣的将是全民族文化素质的提高，那时，粗制滥造的假山才会失去市场，已堆的乱石堆将被扒掉，惟有真正能体现中国传统文化艺术的叠石作品才能与城市的繁荣并存于世。

‖·第三章

叠石造园的流派和造型的分类·‖

　　自南北朝的文人拿出私家小园假山与皇家山水苑囿相抗，从此两大造园体系竞相发展，逐渐形成了以北方皇家叠石造园为代表的技艺，简称北派，以及以江南私家叠石造园为代表的技艺，简称南派。南派中又有苏州叠石造园和扬州叠石造园技艺之分别。

第一节　叠石造园的流派特点

一、北派叠石造园的主要造型风格和技法特色

北派的叠石造园是以北京皇家园林中的叠石技艺为代表，在造型的风格上与皇家的园林建筑相统一，它体现出皇家的集权统治思想、封建秩序及象征政权和江山的稳固性。因此，叠石造山起脚坚实，主山规模巨大成八字形，造型雄伟庄重，讲究对称，具有磅礴之气势。

(一)北派常用的山石材料

尽可能地就地取材是人工堆土或叠石造山造园的基本原则。其材料主要有：

土：皇家园林的主山部分主要是用土堆成的。计成在《园冶》中说因地制宜须低处宜挖，高处宜培。所以挖池取土创造人工山水环境是造园的常用方法，如颐和园万寿山的主山是用挖昆明湖的土堆成的。

石：石除了部分取自山东淮河流域或江南的湖石外，大部分取自北京房山区的房山石和附近的北方黄石。房山石又称北方太湖石，石色偏淡黄，洞多不透，体量整齐礅厚而显得沉稳。北方黄石较之南方黄石，石角偏硬直，石纹少褶皱。

(二)北派主要的造型技法

1.北派人工造山由于体量巨大，因此其造型非常重视远观的全景效果。一般来说，远观单体山的普遍形态特征是下大上小，多成八字形。这种八字形造型虽为江南叠石造山所不为，称之为"鸟翅山"。但却是皇家园林中主体山造型的风格特色之一。或对称布局，大至山与山对称，如颐和园两座对称的黄石大假山，山顶各建一榭，远观又似台，近观则为山。山中不仅建筑对称，道路、山洞、树木也是对称布局。而

故宫的"堆秀"湖石山，甚至精确到石与石、草与草的对称。体量巨大之山又以土为主石为辅，运用的是叠石造山技法中"真中有假"的土石混合法。

2.露天供石法也是皇家园林的一大特色。它是用青石精细刻成各种造型和花纹用作石座或盆座，再将各种奇石置于其座上成为供石造型，或"分行作队"(袁小修:《燕京李园记》)，沿路布置，或分布园内各个角落(图38)。

3.为便于群体工匠按统筹规划施工，北派用石造山大多以相对单一的"拼"法和"叠"法为主，即：只要山石"拼"、"叠"时的接缝能尽可能吻合严实，山体就能保持整体形态而不致零乱。

4.人工与自然的和谐处理有很多独到之处。如颐和园中利用建筑与山体的结合反映山势的浑厚，尤其将爬山廊的立柱随山石

图38　北方皇家园林的盆中供石造型

的变化而变化，虽长短不一却十分自然。做山洞用平板石成门洞状，于人工中显自然，甚至直接利用两块巨石斜靠形成自然山石裂缝，内里稍加修凿即成为山洞等等都是很有特色的(图39)。

5."真中有假"技法处理。如颐和园有一处似真山黄石峭壁，因形体需加以扩延，于是用同样黄石石料拼出，虽石料相比较小，却能生动自然几能乱真，等等。

二、南派叠石造园的主要造型风格和技法特色

图39　北方皇家园林中爬山廊的立柱随山石的变化而变化，虽长短不一却十分自然

(一)南派叠石造园的基本特点

无论是北派还是南派，凡人工叠石造山都必须具备两个最基本的条件：一是真，即指叠石造山所用的材料是取自自然山中的石头。二是大，即堆叠的山形必须具备一定的体量和规模。真与大相互依存缺一不可。所以南派叠石造园较之北派叠石造园便有了如下两个显著特点。

1.虽小而不失其真

南派叠石造园多处于江南一带繁华热闹的城市地段，由于多为私家园林，其空间院落大都比较狭小。这样，它的叠石造山占地就受到限制，用料也就相应较

少。但是南派的叠石造园却往往比北方皇家叠石造园更具野逸之趣和贴近大自然。这种"虽小而不失其真"就是南派叠石造园的特点之一。

2.虽小而不失其大

由于充分运用了"通过有限表现无限"、"通过局部寓意全景"的以少胜多的叠石造山技艺，因此南派叠石造园就有了"虽小而不失其大"的特点。即用叠石所造山形真实地表现出大山的局部形态特征，如山的崖壁、山洞、山的蹬道等局部造型使人联想到山的全形，使人入园如置自然山水之中。

(二)南派叠石造园的主要流派风格和技法特色

江南一带曾是私家叠石造园艺术的集粹之地，地方流派纷呈，各地高手辈出，但具代表性的却是苏州叠石造园技艺和扬州叠石造园技艺，简称苏派、扬派。

1.苏派叠石

苏派叠石造园技艺包括长江以南的江浙一带，以苏州园林为代表。

苏州是私家山水园林最为集中，传统叠石假山保存最多的城市。叠石造园用石精到，手法细腻，力求表现山石的玲珑剔透与婀娜多姿的古典美。在造型和布局的风格上讲究典雅、秀丽、含蓄和意蕴(图40)。

(1)苏派常用的山石材料

苏派叠石造山的材料以苏州地产太湖石为主，石质滋润，石色青中泛白，或为黛色。纹理脉络生动，石形柔和多姿，常给人以清秀高雅、纯洁之感。其次也用黄石叠石造山，石源主要取自江浙一带。

(2)苏派主要的造型技法

①立石造型

多以湖石造型，少数用其他石种。因形态大多亭亭玉立，故又称石峰或立峰石，以瘦、皱、漏、透、奇为基本要求。

陈从周先生曾说："中国古代园林中要有佳峰珍石，方称

得上是名园。"上好峰石作为传统造园的镇园石，峰石所具有的自然美需要发现美和安置美方可体现：或单独欣赏，或群立造型，或为山增色。尤其在赋予峰石以人格化品行时，或状物，或拟人，比较著名的峰石有苏州留园的冠云峰、瑞云峰、岫云峰、皱云峰、玉女峰和五峰仙(俗称五老峰)等(图41)。

苏派立石造型又可分为二大类，一是雅赏类，如怡园的"石听琴"，传说那里曾珍藏过苏东坡的"玉涧流泉"古琴，其邻间置有琴桌，窗外有二石伫立，作凝神听琴状，故名"石听琴室"。这种由琴及石，以石拟人的手法，有形象，有情节，有意境，几乎让人可以从中听到悠扬的古琴声，此为"雅赏"。

另一类可为"俗辨"类，如狮子林的九狮峰，据说能认出九只狮子的可为大智之人，故常引得游人寻辨，以一试才智为快，等等。

苏派立石造型与苏州园林的典雅秀丽风格是一致的，它充分利用了石形石性的天生丽质，又能创造意境，雅赏俗辨，雅俗共赏。

②环透拼叠

人们常用皱、透、漏、奇来形容湖石。湖石与其他石种在形态特征上的区别在于其石洞变化明显。

湖石的石洞大体有如下几个特征：一是湖石的洞多是圆形或近似圆形。二是湖石的洞能呈通透状，前后相通，大洞中又有小洞。三是漏，即上下贯通。四是成涡状，它不透也不漏。

苏派叠石为了能充分表现湖石的洞状等自然特征，在拼叠山石时多运用环透拼叠技法进行造型，苏州的环秀山庄是其代表作之一。

苏派正宗的传统环透拼叠法是一种十分细致的操作法，不仅费工费时，稍大意往往易成炭碴形状。因此，在将石形石

图40 苏派叠石的典雅秀丽

图41 苏州留园冠云峰

气转化成山形山势的过程中，造型难度较大，尤其是从中能体现出古典美，则非高手不能为之。今苏派正宗环透拼叠技法几近失传，惟见浙江"金华帮"尚能拼叠有余而造型不足（图42）。

2.扬派叠石

清代扬州盐商富可敌国，他们倾其财力、物力，广聘社会名流、文人画家、能工巧匠在扬州大兴叠石造园，一度吸引了南北堆山匠人聚汇扬州，他们互相影响、取长补短。在此，南方堆山匠人受北方雄浑风格的影响，北方堆山匠人受南方秀气风格的熏陶，从而形成了扬派叠石造园独特的技法特色——兼备南秀北雄。

扬派叠石造型讲究大进大出，大开大合，是洞要贯通，八面需呼应（八面为：上、下、前、后、左、右、内、外）。追求潇洒飘逸之美。既迎合了扬州盐商财大气粗，目空一切的心理，又反映了当时扬州在政治、经济、文化、艺术和技术成就上的独树一帜和藐视群雄的气魄（图43）。

（1）扬派常用的山石材料

扬州地处苏北平原地带。叠石造山的山石材料通过水路自外地运入，品种较多，常用的石种有湖石、黄石、宣石、灵璧石、石笋石和花岗岩条石等。

石料来源：湖石以安徽巢湖和江、浙、皖交界处的长兴一带为主，石色偏灰墨，石纹多褶皱，孔洞兼之。黄石主要取自江南一带，与苏派所用黄石大体一致。宣石取自安徽宣城，石色白，有褶皱但无孔洞，外形棱角不如黄石分明。石笋又名白果峰，以高、粗和白果状均匀、饱满、清晰为上。花岗岩条石则作为叠石造型骨架的重要辅助材料。

（2）扬派主要的造型技法

①横纹拼叠

将石料呈横状层层堆叠变化，是扬派叠石技法的基本特色。一般来说，石形成横向变化时，则石的纹理脉络也多呈横向变化，这样，石与石的拼叠缝也呈横向变化（图44）。

横纹拼叠山石可以表现出山石造型体态的流动感，也利于造险取势。

②挑飘手法

为了增强横纹拼叠山石造型的动势和险势，扬派在叠石中还使用了大量挑飘手法，即从山体中伸出一长条状石为挑，在其顶端再横置一石为飘，这样山石造型往往有了飘动之势。

③条石为骨

充分利用花岗岩的坚固不易断的特点，将其加工成长条形穿插运用在山石造型之中为骨架，而后再用小片山石加以包裹，使之从外观上看不到条石。使用条石的目的主要是为了创造出山石造型大进大出、大开大合的变化和气势，如扬州个园、小盘谷等都是条石为骨的佳作（图45、图46）。

此外，条石又用于山洞封顶。

④取阴造势

山石拼叠十分讲究内收而后突兀的阴面形态。叠石造山或以山洞取阴得其深远，或先凹后突以阴造险，等等。甚至尽可能利用树荫、建筑背阴等暗处进行布局造型，以增加藏、隐变化，忌孤立暴露（图47）。

⑤分峰用石

盐商的争奇斗艳，便常在一个园子中使用不同性质的石料造景造园，由此形成了扬派分峰用石造型技法的成熟和特点。如扬州个园虽同时使用了石笋、湖石、黄石和宣石等石种，却多而不乱，一应点景统筹安排，分峰用石叠石造山。如石笋置于竹丛中为春意，湖石置于园西为夏

图42　苏派正宗的传统环透拼叠法

图43　扬派叠石造型讲究大进大出，大开大合

图45　扬派叠石造型中条石为骨进行挑飘造型的技法

图44　扬派叠石造型中的横纹拼叠(方惠造)

利用条石转移重心

压

第四支撑点（贴墙、后）

飘

条石（架挑）

飘

条石（架挑）

立

点

条石（架连）

第三支撑点（左）

第一支撑点（右）

第二支撑点（前）

③⑨⑪为条石

第四支撑点　假山　墙

第三支撑点

第一支撑点

第二支撑点

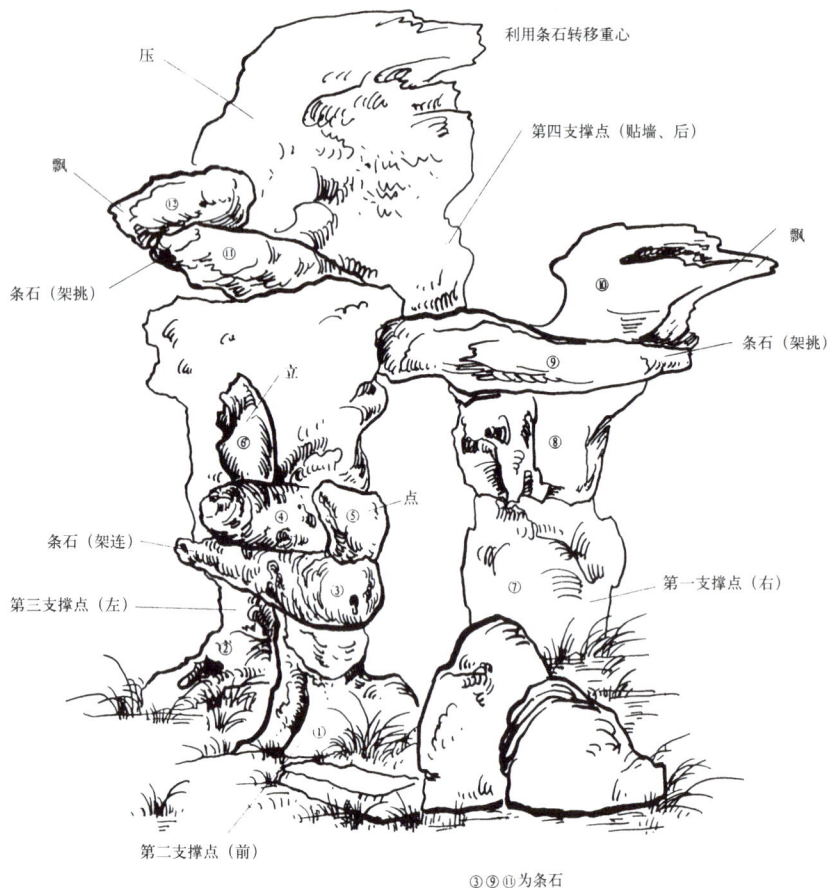

景，黄石安排园东为秋色，宣石独辟一隅为冬景。四种石料创四大境界，分中有合、合中有分，石断意连、周而复始……，扬州个园也因此享有四季假山的美名，成为中国四大名园之一(图48～图50)。

三、流派的技法风格与叠石造园的关系

叠石造园是一门受到诸多条件限制的造型艺术。一个相师即使掌握了某一流派的叠石技法和造型风格，还必须懂得叠石造园技艺要遵循当地的地理环境和建筑风格及所用石料的石性特点等因素进行造型的道理。所以因地制宜、因石而异、协调统一进行造型就显得尤为重要。

(一)因地制宜

史书记载张南垣在江浙叠石造园五十余年，所以称张南垣为江南叠石流派的代表人物当不为过。但他又曾奉诏建瀛台、玉泉、畅春园、怡园等大量皇家叠石造园，而今天我们却很难看出这些皇家园林中还有江南叠石技法和风格的特点。再如戈裕良在苏州用黄石造了耦园，用湖石叠造了环秀山庄，又在上海豫园造了黄石大假山，在扬州造了小盘谷湖石山，这些假山的技法和造型变化很大，却都能和当地的地理环境和建筑风格浑然一体。

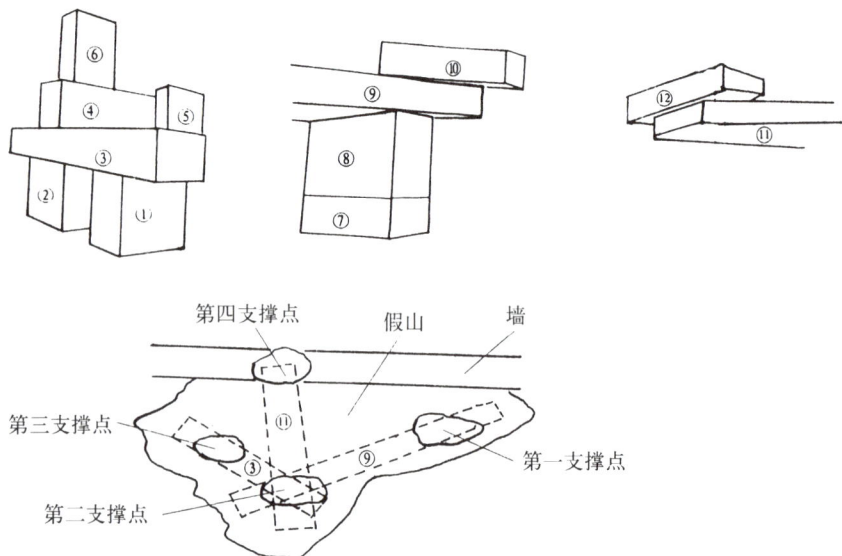

图46　扬州个园贴壁山的大开大合、拼叠组合结构的分解

(地上3个支撑点，占地不到1平方米，但由于条石相逢，力点分布巧妙，使山体占地达10平方米左右，用石近20吨，而山体不仅空灵透漏，飞动多姿，且十分稳固，这是扬州叠山的特有技法)

图47　扬派叠石造型中的先凹后凸、以阴造险的佳作

图48　湖石为夏

图49　黄石为秋

而南京原国民党总统府的湖石假山是苏派的叠石技法和风格，山石拼叠技法虽然尚能熟练，但由于造型布局与"总统府"的空间环境不协调，所以看了别扭(图51)。而北京恭王府用片石处处架空的挑飘法，显然想学江南叠石法，结果也是失败的(图52)，等等。由此可见，地方流派的叠石造山技法和风格换了环境往往就不适用了。所以就必须因地制宜，按照当地的空间环境和建筑风格选用相应的叠石技法进行造型，以求协调统一，这就要求叠石者在技法上要尽可能地多样化，在风格上要多元化。

(二)因石而异

叠石造山的技法常常要受到所用石料的品种和形态的限制。例如北京的房山石由于体态肥厚，往往就不适合用南派叠石技法，如环透拼叠、挑飘手法等进行造型。再如，今广东一带好用卵石造型，而卵石的形态特征决定了其造型技法只能用组石法、散点法。所以无论是北派还是南派的叠石技法都不适用此石种(图53)。

从当前用于叠石的常规石料分析，由于石料产地的山民在采石过程中使用的人抬肩扛的方法与古代采石没有多大差别，所以石料的单个体量就决定了传统流派的各种拼叠造型法仍然是大有可为的，"以少胜多"的造型技艺依然是当今叠石造园的主要特点。今后随着采石机械化程度的不断提高，部分有特殊要求的叠石石料的体量也可能相应增大，这样，苏派的环透拼叠法或扬派的挑飘法对体量过于巨大的石料往往又不适合使用了，这就要求叠石者在已有的流派技法风格和造型的特色上有所创新，才能适应和满足现代城市中叠石造山造景造园的审美需求。例如，将斧劈石成横条状层层拼叠造出高大层叠岩面造型和瀑布形态，效果就很好(图54)。

图52 北京恭王府用片石处处架空的挑飘法，显然想学江南叠石法，结果也是失败的

图50 宣石为冬

图53 卵石石形团圆，只能用于点埋而不能用于拼叠（方惠造）

图51 南京原国民党总统府的湖石假山拼叠单薄与"总统府"的建筑空间环境不合

图54 用斧劈石以大块形态成横条状层层拼叠造出高大岩面层叠造型和瀑布形态（方惠造）

第二节　山石的石性与造型

一、石性与造型的关系

（一）"知石之形"和"识石之态"

山石的石性包含"石之形"和"石之态"二层意思。

"知石之形"，就是了解和掌握山石材料外在的形象及其所表现出的物理属性，如山石材料的外形、重量、品种、质地、纹理、色泽等自然属性的具体形状和变化规律。

"识石之态"，即通过山石外在的具体形态和色泽所表现出的内在的美学效应，如灵秀、雄劲、古拙、飘逸等等。

"知石之形"和"识石之态"是相师相石的基本功，也是造园选石的基本功。例如湖石立峰素有瘦、皱、漏、透、奇之美。湖石的瘦是指山石竖立起来能孤持无倚成独立状；皱，是指山石表面纹理高低不平，脉络显著；透，是指山石多洞眼，有的洞眼还能对过通；漏，指石上的洞能贯通上下；奇，是山石的外形变化大，奇形怪状。相传一块好的湖石立起来不但瘦皱漏透俱备，形态高大奇特，生动优美，而且，如果在其石底部一石洞中点一柱香，则能洞洞皆有香烟缭绕而出。

湖石性柔，造型以柔为上或亦柔亦刚，做洞也多圆窝状。黄石性刚硬，有洞可直，方合乎石形石性。今见有人用卵石拼叠造型，岂不知卵石石形团圆，只能用于点埋而不能用于拼叠。

可用于叠石造山造型的石种虽然很多，由于湖石石性为阴，黄石石性为阳，易经曰："一阴一阳之谓道"（《易·系辞上传》）。因此，只要弄懂并能熟练掌握这一阴一阳之石种石性的拼叠造型的道理，则一切介于阴阳之间的石

种造型皆不在话下。

造园的选石又要求因地制宜，根据造园的环境选用形态相应的石料造型。一般来说，北方皇家园林用石多浑厚，峰石造型较少空透。而南方用石或立峰多变化，选石料要求外形变化大，纹理脉络生动，孔洞显著。

石之形是石的外在形象，石之态为石的内在精神。审美相石，传统上是以"丑"为标准的。"东坡曰：'石文而丑'，一丑字而石之千态万状备也"（《江南园林志》）。"湖石以丑为美，丑之极则美之极"（《文心雕龙》）。石的外在形象如同一个人的外表，而内在的精神气质，则如同一个人的心灵。相师相石，特别强调能"识石之态"，即不仅要透过山石的外表看到其石的内在精神，而且能够与山石的内在精神相通相合，达到物我两忘，形神合一的境界。这样的相师在施工的过程中才会视石如命，自然而然地爱护石，小心谨慎地搬运石、拼叠石。这样的相师在创造作品的过程中，才能把自己的精、气、神融入其中，"不吝劳资，勿急求成"（小堀远州），视创作的过程为最大的满足。这样的作品才能够出精神，生气势，有意境。

要做到这一点，相师除了要对山石的形态进行研究外，还必须经过长期的亲自动手相石选石和叠石造山，而不仅仅只是指挥工匠施工。一个叠石者双手不盘弄十万块石头说能成为叠石造山专家，必是欺世盗名之徒。

（二）"奇中求平"和"平中求变"

知石之形，识石之态，在叠石造山的造型应用上还需

要掌握相石拼叠技法中叠石与造山的审美标准的异同。例如，湖石的"瘦、皱、透、漏、奇"是以丑作为审美标准的，它用于石类造型，包括峰石造型是可以的。但如用于造山造型则不再以"丑"作为标准了。瘦、皱、透、漏、奇作为湖石"石性"中的一种基本自然属性，无论是叠石还是造山都应尽量保持，否则就失去了作为湖石山形的基本自然属性，违反了湖石石性的基本规律。石气与山势如同天平的两头，中间是"石性"，如何保持其平衡关系，使所造之山既能保持其石性中的石的自然属性，又能表现出山的气势和精神，在叠石造山技艺中是极其重要的。例如，扬州有一"片石山房"，相传大画家石涛和尚曾参与用湖石叠成。主山的拼叠一味是叠少见人工技巧，不挑不飘，山势却陡峭险峻。山洞内壁全用砖砌并用石灰刷白，又处处渗透出幽深玄妙的佛家禅意（图55）。

再如，苏州的环秀山庄，外观山形山势似蹲狮卧虎，于平势中求势。山石拼叠力求保持涡状、洞形。主体山形虽不见具体的石形造型（如山上立峰石等），却能处处体现出湖石的自然属性。可以说，在叠石造山的"石性"平衡关系的把握上，在使一座山既有气势、气魄，又有石的趣味等变化上，苏州的环秀山庄的叠石造山是最为成功的（图56）。

湖石山是以奇而求平，可以用山峦取胜。黄石山却是以平而求变，善于用山岗造势。这是因为黄石外形多平整少变化，形态多

图 55　片石山房假山造型

图 56　环秀山庄假山造型似蹲狮卧虎

图 57　扬州个园黄石山，洞内变化大，石门、石窗、石桌、石凳、石榻、石枕、石柱、石笋、石钟乳等应有尽有。洞内有洞，或登攀或下坡，疑似无路时却别有洞天，又有天桥相通，可谓奇到极处

厚实、稳重有力，一般用于表现壮美、雄浑、刚劲之气势。例如：扬州个园的黄石山，在确定主体山形山势稳重浑厚、刚劲挺拔的前提下，或用立石法，即通过山石的耸立变化来增强山的刚劲挺拔的山岗气势；或成竖向山沟状，形成透、漏的奇特效果。洞内变化大，石门、石窗、石桌、石凳、石榻、石枕、石柱、石笋、石钟乳等应有尽有。洞内有洞，或登攀或下坡，疑似无路时却别有洞天，又有天桥相通，可谓奇到极处(图57)。

陈从周先生曾说"湖石山失之太琐碎，黄石山失之少变化"(《说园》)。湖石山的琐碎常常是没有能很好地控制住湖石石性中的奇。黄石山失之少变化则是由于过分按部就班拼叠所致。所以，叠石造山强调与石料的石性相适应的同时，堆湖石山讲究"奇中求平"，湖石的平是在湖石石性"奇"的前提下去求平。堆黄石山讲究"平中求变"，黄石的"变"是在黄石石性"平"的前提下去求变。这是叠石造山拼叠技法的一条基本造型规律。

（三）石以丑为美，山贵有气势

叠石造山，石与山是有区别的。石可以"丑"为美，山却不能。从山石造型技艺上看，大不一定成为山，小不一定就是石。例如，苏州冠云峰虽高达数米也是石的形态，因为它不仅有石的形而且又是石的纹。有的石头虽小，通过拼叠却能成为山，因为它不仅有了山的形，其纹理也能随石的山形而成为山皱，尤其能表现出山势。所以，仅有山的形而无相应的山皱的石仍然只是石，只有具备了山形山皱且形纹相合的石才可能具有山势而成为山(图58、图59)。

再如用山石拼叠组合为山，这里起决定因素的同样不在于石料堆叠体量的大与小、用石的多与少，也不在于整与散或横卧高低。从某种意义上说，石多偏向于奇形丑的美，有一种石气、石趣、石味。例如黄山的"猴子观海"，虽高高在上却只是块石。有的人不通此理，山石拼叠只见技巧不知技法，堆山通体只见一块块石而不见山，石气大于山势，此为石欺山。又有的人好在山上到处立石，石气太重，此为石压山，等等(图60)。

山形相对于石形而言则偏向平整美，有一种山的沉稳厚重、磅礴和不尽的气势。例如，传统的湖石拼叠为山，造型时在其横向主线条和山的结顶或收头处的处理上，扬派讲究略带弧形的呈横向水平的平势变化(图61)。苏派讲究成弧形状的峦势式曲线收顶(图62)。它们都是在主线条、主形态较少突变的"平"的前提下去表现湖石的奇特变化，很少以尖头或奇形怪状去定山体形态的基调。黄石处理也是如此，传统

拼叠黄石特别强调"横平竖直"，然后再变化于其中。所以说，"平"是造山形之本，奇形怪状多用于石形的造型。平中求奇、求变，才能出山的气势和精神，不一定非要用石多、体量大才能成山。例如笔者堆山只用数石，或造一水洞，虽仅居一隅，高不过一米出头，却能有山境山意。其中奥妙还在于运用"以少胜多"的叠石造山造型技艺，把握住山形、山意、山势的深厚感、不尽意，这是叠石成山的关键(图63)。

二、叠石造型分类

叠石作为一种造型艺术，既可以用于造景，也可以用于造园。叠石用于造景利于静观欣赏，用于造园则重视游赏效果，造园虽然必须造景，但造景却未必是造园。

叠石作为一种造型技法，既可以用于造石，使小石变形态、变大石；也可以用于造山，使石形变山形。

不仅石形与山形有着不同的形态特征，叠石所表现的石类造型中也有抽象与具象之分别；造山所现的山类造型中又有假山型与真山型之分别。

如果叠石是以真山型造型为本，其中又有假山型，亦真亦假。又有石类造型中的抽象型和具象型，似是而非。既有山的形态和气势，又有石的变化和趣味，山含石性，石在山中，石助山势，山藏石趣，雅俗共赏。既有景可供静观，又成园利于游赏。有境、有意，这便是真正意义上的传统叠石造园技艺。

叠石的造型技艺可作如下划分：

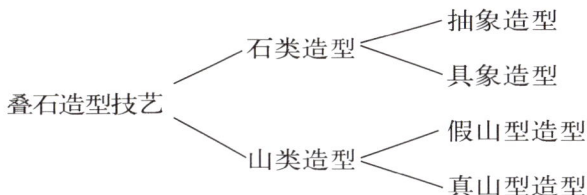

图58　大不一定成为山，该峰石虽高达6.5米却是石的形态

叠石造型技艺
├ 石类造型
│　├ 抽象造型
│　└ 具象造型
└ 山类造型
　　├ 假山型造型
　　└ 真山型造型

图59 小不一定就是石，此黄石山虽高不足1.5米却有真山之境（方惠造）

图60 山上到处立石，石气太重，此为石压山，无锡水秀饭店假山类此

图61 扬派讲究略带弧形的呈横向水平的平势变化

图62 苏派讲究成弧形状的峦势式曲线收顶

图63 堆山只用数石，或造一水洞，虽仅居一隅，高不过一米出头，却能有山境山意。其中奥妙还在于运用"以少胜多"的叠石造山造型技艺，把握住山形、山意、山势的深厚感、不尽意，这是叠石成山的关键（方惠造）

（一）石类造型

叠石所表现的石类造型有抽象和具象之分。一般要求在最充分表现其石种石性的前提下以形象达意，即根据所处的空间环境，通过表现石的色泽或石的形态变化和特征，以石形的形象化或意象化表达出创作者的思想，体现出作者的审美情趣或意境。

1. 石类抽象造型

石类抽象造型的特点是不追求具体的形象。有时为了点出或加强抽象石形的内涵寓意，则在石上刻字，如南京瞻园的"倚清"、"雪浪"，上海豫园的"玉玲珑"，苏州织造府的"瑞云峰"等等。另外还有在竹丛中配以笋石以象征春意的，有在急流中置石寓意中流砥柱的，也有以山石的石色、石质通过拼叠造型来表现意境的，如扬州个园的宣石，利用山石晶莹雪白的石色石质表现一派白雪皑皑的雪山之景，等等（图64）。

2. 石类具象造型

常用于塑造某种动物或人物等的形态特征，如苏州狮子林的狮形山石造型，动物山石形态，扬州个园的"百兽闹春"景点等（图65、图66）。又有用山石造型替代建筑的局部形象和功能的，如台阶、楼梯、立柱、基座、墙体、门、窗等等。也可做成具有实用意义的家具形象，如桌、床、凳、盆等（图67、图68）。

传统具象造型多以整块石的自然形态造型为主，少有加工为好。最忌人工做作，画蛇添足。如扬州宾馆有一湖石堆叠假山石，设计者企图表现"天下三分明月夜，二分无奈是扬州"和"腰缠十万贯，骑鹤下扬州"的造型意境，于是挖一大圆池，于池中三分之二处分出砖砌汀步，代表月有三分有二的形象，又在其中堆一湖石假山做成鹤形，为做得更像，硬是用5米长的楼板挑出代表鹤颈，用水泥加碎湖石拼凑仿造出鹤头、鹤眼，又用长铁条做成鹤嘴……，实在是俗不可耐。

图64　南京瞻园"雪浪"石形造型，石上刻字点出石形内涵意义

图65a　狮子戏绣球（苏州狮子林）

图65b　牛吃蟹（苏州狮子林）

图65c　三脚蟾蜍（苏州狮子林）

图67　石桌、石凳、石盆

所以山石拼叠追求具象，不可做作，否则往往易入俗套。

总之，石类造型无论是偏于抽象还是近于具象，贵在寓意深远，妙在似与不似之间。例如：泰州梅兰芳纪念馆内有一湖石，外形成圆状，又有一椭圆形石洞与之相应，造型者有意将石独立造型，使之成微微倾斜的动态状，置于土山桃花树丛中，形似一面镜子，取名"美人照镜"，暗合梅兰芳艺术形象，实在妙不可言。再如，扬州个园夏山前湖石峰，不仅自然灵透生动，更因其形态状如一"丑"字，正合湖石"以丑为美"，形、文合一，寓意深远，令人称绝(图69)。

趣味性是石类造型的重要审美欣赏特点之一。

(二)山类造型

叠石造山的造型，也可以分假山型造型和真山型造型。虽然它们都是有意模仿大自然山水的种种形态特征，如山峰、山洞、山峦、山道、山矶等等，但在造型的创作与欣赏上却有着各自的特点。

1.假山型造型

假山型造型在创作欣赏特点上属于园林或建筑中的山水形态，它力求运用绘画的远观透视法的造型原理，或表现山的全景全形，或表现山的某一局部形

图66　扬州个园"百兽闹春图"中一山石。似羊非羊的"羊"形山石，立于树荫下、草丛中，更增加了安静和美的气氛

态，但仅限于此，属山外看山而不能给人以身入其境的效果。又由于它具有如雕塑式欣赏特点，因此适用于室内外空间环境的局部造景或居中的独立造型造景。例如在一广场中间挖一池，池中间堆一假山。又用于环境的局部造景，如广州白云宾馆室内的假山，街道路边的假山造型等等。

假山型在自身造型上与周围空间环境的景物往往没有直接的共同造景关系，强调山水形态的独立欣赏，强调本身造型素材在造景组合中的比例关系，如丈山尺树，小房小桥等。因此宜于静观或以静观欣赏为主。

假山型造型可以日本庭院(园)山水为参照(图70、图71)。

2.真山型造型

叠石造山无论造石形还是造山形，是真山型还是假山型，都是源于自然而又高于自然的，用于空间环境的山水造型艺术。它们的区别在于，假山型造型只是作为空间环境或建筑环境中的一种点缀式造景，"小中见大"是其主要创作欣赏特点，所谓"建筑为主，山水是从"也是指假山型造型。而真山型造型则更遵循和符合自然山水的客观现象和自然规律。它不仅具有真山真水的可观可游的特点，而且更强调用"以少胜多"的艺术手段使叠石造山能在有限的空间环境中仍然具有大山的气象和境界。不仅使园中的建筑——无论是厅堂楼阁亭廊，还是树木——无论是大树还是花草等等，皆如置于山水之中，所谓"山水为主，建筑是从"，使人入园如入自然山中就是真山型造型的特点。因此，如果说，园林中的山水属于假山型造型的话，那么山水中的园林就属于真山型造型了。例如，北京颐和园的佛香阁作为全园的主要景物，不仅体量十分巨大，地位也十分突出显要，但它仍然是处于人造山水之中的园林建筑。从这个意义上说，中国造园，山水为大(图72)。

真山型造型忌全景全形一目了然，善于用具体的局部山水造型寓意山水的全景全形，"以少

图68　用山石替代楼基、楼梯和立柱

图69　扬州个园夏山前湖石峰，不仅自然灵透生动，更因其形态状如一"丑"字，正合湖石"以丑为美"，形、文合一，寓意深远，令人称绝

胜多"法是其主要艺术手段。由于需要利用园中的各种因素与之配合来寓意山后有山的艺术欣赏效果，因此特别强调空间环境的全方位的造景造型的合作关系。仅用于局部造景的静观欣赏，则造型上也可以比较灵活，如与树木配合，可以不重比例而以自然形态进行组合造型。

真山型造型作为最具中国特色的叠石造园技艺，博大而精深。其中有很多地方仍是需要进一步探讨和研究的，例如，中国造园讲究空间分隔造景，这就使各个分隔空间的山水各具特色，虽高潮处可见其高耸险峻，而平淡处则更得深远幽静，例如扬州个园夏、秋假山同处一园，其造

型和立意谁能分出谁主谁次，即便是春山、冬山，虽体量较小，但就其意境而言也决不逊于夏、秋之山。

真山型造型还十分讲究石形与山形的统筹布置和造型变化。石类造型中的抽象型和具象型、山类造型中的假山型皆可以用于造景。造景虽未必是造园，但造园则必须会造景，由景而成园。所以传统叠石造山造园大多是以真山型造型为本，然后将石类型中的抽象造型和具象造型、山类造型中的假山型与真山型统筹安排起来，变局部造景造型为全方位造园造景，并结合造园的其他要素如绿化建筑等等，使真山型中又有假山型形态。山中之

石，既有抽象之态又有具象之形。石助山势，山又不失石趣。或远观为石形，近观则成山等等。以扬州个园内的某处湖石拼叠的山石造型为例：这组山石造型景区位于个园"宜雨轩"堂前，取名为"百兽闹春图"。造型以"真山型"造型为本，土石相间。山石如同天然生长出一般，是典型的"欲高不如就低"的土包石叠石造山技艺。其中，石类造型于抽象中寓意具象，传有十二生肖之像存在其中。技艺最为成功的一组，当是背靠"透风漏月"厅西墙壁的山石形态，主山亦真亦假，高达数米，用石或卧或蹲、或压或担、或挑或飘、或窝或洞、或跨或立、或埋或贴、或开或合、或聚或散、或凸或凹，为典型的扬派技艺。此法常常又叫真中有假（图73）。

中国叠石造园创造真山型的技法是很多的，如"未山先麓"即是一法。常用的方法是叠石造型在前，然后伏堆土山创造真山境界，也可以先堆成土山，然后在土山上布石创造真山境界，此法也为日本造山所常用（图74、图75）。此外还有"截溪断谷"法，贴壁造山法等等。

真山型的叠石造园法最忌山水造型的全景全形的一目了然，善于用隐、藏、曲等造景手法将具体的山水局部形态不断一一表现，以激发游人在游赏的过程中不断产生山后有山的联想。这种以"寓意法"表现山水形态的技艺就是真山型叠石造园的特色之一。又由于叠石造园的山水造型特别强调动观和动观时步移景异的艺术欣赏效果，因此与周围空间的各种因素都有着密切的合作关系。总之，在一个特定的空间范围内，利用建筑的布局和绿化的协助，将山类造型和石类造型统筹组合的造型，是一种既有石的形态变化，又有山的气势的叠石造园艺术。至于有些现代真山型做法由于施工条件和材料的改进，人造山的体量足以成为大

图70　假山型造型可以日本庭园山水(仿)为参照（方惠造）

图71　在较为高大的建筑物中使用"假山型"造型

图72 中国造园之所以山水为大，是因为它能创造出将园林建筑、水体、树木等皆建于山中的境界，使人入园如入山中

图74　叠石在前、土山在后是中国造园真山型造型法中创造自然山林境界常用的方法之一

山，因其已失去了中国传统文化"物大莫过于言"的审美意义，故不在此讨论。

（三）一般的叠石造山区分

　　叠石造山还有其他的区分：如建于水中的叫池山，建于平地的叫旱山，靠墙而建的叫壁山，与楼层相连接的叫楼山，山上建有长廊的叫廊山，用白砂、瓦片等材料仿造水纹，使之有"无水却胜似有水"意境和效果的叫枯山水，山上寸草不生的叫童子山等等。又有按所用石种和材料进行区别的：如湖石山，黄石山，斧劈石山，灵璧石山，英德石山，宣石山，卵石山，塑石山等等。

图73　真中之假：在真山型环境中立以假山石

图75　真山型造型范畴中的日本山水园

‖·第四章

叠石入门的条件和施工准备·‖

　　叠石造山即是行气布势，如有一股气在山石的拼叠造型过程中畅游，意到气到石也到，气到神到形也到，神完气足叠石造山就能形神兼备。这时你拼叠山石造型自能心领神会，哪怕一小处不合你也会感到不舒服，因为你身上的气脉和精神与你所堆山石的形态是相通相合的，叠石造山即为顺势贯气，通则不痛，痛则不通，你就能凭感觉自然处理好山石拼叠过程中的形与纹、轻与重、开与合、呼与应、曲与直、石断意连、节奏变化等各种关系。你就能将自己对事物、对自然、对社会、对艺术的各种感受和体悟心得通过叠石的造型反映出来。你才能体会到山石拼叠造型的过程中出现的加一石嫌多，不加又嫌少，甚至一条石缝补嫌实，不补又嫌空的细微变化而反复斟酌的经历和感受，而一旦有了这种经历和感受，说明了你对叠石造山技艺已经入门，开始步入化境了。

第一节　叠石造山的入门条件和要求

一、入门的条件

自古以来，叠石造山的技法传承多靠口传心授，父传于子。施工时也是兄弟父子一起上阵，主要负责相石、拼叠、造型以及做缝等技法要求高的部分，俗称相师，至于做基础，拌水泥，抬石头等以体力劳动为主的生活都是由相师指挥工匠承担的。

叠石也是一门手艺，过去对学手艺的徒弟的灵性有一个说法，叫一看二说三打骂。所谓一看，是指徒弟悟性很好，只要看到师傅做的东西，或者看师傅做一遍于是就懂了。二说，是徒弟看师傅做还是不懂，一定要师傅一边做给徒弟看，同时再说给徒弟听，边做边教才能学会。三打骂，是徒弟看也不行说也不行，非要给师傅连骂带打才能学进去。至于打骂也学不会的徒弟就要改行了。

不要认为一看就懂的徒弟一定是天才，实际上是这个徒弟的经历和见识多广。例如我们讲一专多能，何以如此，是因为各门技艺之间都有着相互相通的地方，人们常说艺术的最高处是一个鼻孔出气——相通，学技术大多也是如此，一门技艺你能弄通吃透，即使改行你也能很快成为这个行业中的尖子，所以在做手艺的人中就流传着这样一句话叫：隔行不隔理。

笔者学叠石造山是在1970年代，全靠自学，所以无师之徒照样可以学会叠石造山。初学时笔者有三个有利条件：一、当知青时接触过吊装工作，所以对山石的吊装，拼叠的重心都能把握。二、扬州是古城，有很多旧园老山可看可学。三、笔者当时是古

典园林建设公司的假山工，这就有了叠石实践的机会。下面就这三个条件分析一下：

（一）懂得吊装技术

学叠石造山与学绘画有一个共同之处：起步并不难，学会也很容易，但要成为行家里手，钻研就没有止境了。例如画画，《还珠格格》中的小燕子大字不识，却会画画与紫薇通信表达意思，可见画画比识字容易，所以三五岁的儿童在幼儿园就学会画山了，而齐白石画到100岁也画山，虽都是画山，其中的奥妙却有天壤之别。叠石造山也是如此，只要有儿童搭积木的技巧或本能，或有些干笨重体力活的经验，如石工、瓦工那样抬过重物，一般都能够将山石堆高而不倒成为假山，至于这些假山有没有，或有多少艺术欣赏价值就另当别论了。所以说今人所堆假山大多出自外行之手就是这个道理。但无论如何吊装技术是叠石造山必须要掌握的基本技术，只有熟练运用吊装技术，才能保证叠石造山的施工不出事故和满足山石拼叠和造型的基本需要。所以，大凡园主要请人叠石造山造园，首先要问他懂不懂、会不会山石的吊装和拼叠，而不是先要看他的效果图画得像不像，或者有什么学历文凭、专家名头。

山石吊装技术大致可分手工操作部分和机械吊装部分，初学者如果能有师傅指点和实际操作一下，十天半月即可弄懂，至于掌握并能熟练地运用还在于经常实践了。

（二）有旧园假山参照学习

江南祖传从事叠石造山的，苏州有韩家，扬州有王家，1980年代初期笔者曾与苏州韩家在淮阴某公园同时施工，当时韩家需

在池中建一座湖石峰，为防止拼叠技法泄露，便在建峰处的周围用芦席毛竹围成墙，外人靠近观看立遭斥责。王家更为谨慎，笔者曾与王家兄弟二人在同一单位共事施工多年，却极少听到有关叠石技法的话，有时王家兄弟在施工中商量，只要笔者一靠近便立即闭口不谈。

韩家、王家保守，是因为这些叠石技法是经几代人长期的实践经验积累，是流汗流血甚至是拿命换来的，我就曾听王家老二王鹤春说过他家上代人中就有堆山被石砸死的事。但也正因为叠石技法是实践经验的总结，所以许多技法往往就能够一点即破，一破就明，说破了点明了就不能独家专控了。古话说：教会了徒弟杀师傅，不是没有道理的，很多传统技艺由于保守而渐渐失传，不仅令人痛惜，也是造成叠石造山今不如昔的重要原因。好在叠石作品是作为实物流传的，再高超再保守的技法最终还是要在作品中表现出来，于是从旧园假山中领悟叠石造山技法就成为重要的学习途径之一。

提倡从老园假山中学，还因为旧园假山大多出自名门望族或书香门第，他们不仅深知家中庭园所造假山亦如堂屋所挂中堂字画一样，首先反映的是园主的审美情趣，体现的是园主的文化修养和基本素质，有关脸面大事是断然不肯马虎的。再者，许多园主本身就有很高的文化艺术素养，欣赏眼光也高，所以堆山大多要千方百计请当时叠石名家主持，如上海豫园请张南垣，苏州环秀山庄要请戈裕良，扬州影园要请计成等，有的园主即便请不到名家，也要请一些著名画家参与，如狮子林请倪云林，片石山

房请石涛等等。所以从旧园老山学就等于拜戈裕良、计成、倪云林、石涛等名家为师，如同习字起手即临柳公权、王羲之的帖一样。

初学老园假山，应先从局部起手。先学低处拼石，可以三五块为一组合，研究其如何拼接变化，而后逐步升高，由拼到叠，看其拼叠的重心是如何在转移中变化，山石又是如何在这种变化中造型。看是为了记，这时的记为死记，成百组上千块地记，为了记得住，得空可用笔勾画，不求画得像只为记其意，等到记得多了，练习得多了，自然就知道变化的一般规律了。

学叠石和赏玩奇石是不同的艺术专业。奇石的创作过程首先在于发现美，是以山石单独形态的奇形和象形（包括意象）为主要造型取舍，兼顾他形。而初学叠石者则忌讳从山石造型中想象或寻找象形——无论是单块石还是拼叠石。更不可学奇形怪状或像玩杂技一般炫耀技巧的东西。要从规矩入手，拼叠要清清爽爽，变化要明明白白，造型要堂堂正正，层次要分明，布局要合理，来龙去脉要交代清楚，否则终身只能玩石不能造山。

要先学拼整后学叠石，局部起手而后渐渐扩大，由石形而后学造山形。待有了一定拼叠基础便向难处要求，如起脚要先学点脚起脚，学拼叠要先学环透拼叠等。这是因为点脚起脚和环透拼叠在造型变化上比较明显，对刚入门者而言，不仅容易受到提示，激发创作的灵感使技艺得到迅速提高，而且在以后处理块面、整面造型时避免"僵硬"、"死板"，做到平中有变等等都有帮助。最怕的是由于初学时分不清山石拼叠的好坏去模仿外行堆的山，甚至将失重、偏心当成造险取势的诀窍等，这样养成的毛病今后想改也难。

（三）要有实践机会

书画家用笔没有十多年的功夫花下去就号称书画名家者必定是欺世盗名之流。叠石造山也是如此，没有经过长年累月的施工过程，双手盘弄山石没有几万块，堆山没有成千上万吨，即使他文化修养很高，但只看而不动手做，最多只是个假山鉴赏家，这就如同鉴赏家不一定是画家，美食家不一定是烹饪家的道理是一样的。所以叠石造山行家必须源于实践，首先是"做"出来的。

实践要有机遇，譬如学画，有了纸笔墨便能习练，虽拜不到名师却有如《芥子园画谱》等各种绘画基础书籍可参考帮助。学叠石则要具备施工的各种条件，如场地、石料、工具、经费、帮工等，如果再没有师傅教，又缺少对山石形态的先天美感等因素，那么学叠石的机遇就比学画要难得多，这也就是中国叠石造园虽已有数千年历史，而真正能成为叠石造园家的却难得有几个人的主要原因。

所以，学叠石者一定要珍惜每一次叠石造山实践的机遇，做到每一块山石都要亲自动手挑选和拼叠，更不能为了争速度多赚钱而放弃叠石的技术和艺术标准。

二、入门的要求

（一）坚持"用"

许多传统叠石技法全凭个人摸索自学当然很困难，例如笔者初学叠石，日做夜思，用了十多年才总结了一些叠石造山体会。到现在笔者从事叠石造山近三十年，如果现在让我教徒弟，又能有工地边做边教的话，大约二个月也就可以初步掌握传统拼叠石的基本操作技法，如果仅需了解，十天半月就行了。

了解叠石的基本操作过程和一般技法原理同样是重要的，起码能知道这些假山是否出于内行之手。例如，常见一些用于公共环境造景造园的假山，明

是当官的安排外行施工堆的山，偏有一帮人对此不厌其烦进行种种艺术评价，有的甚至把外行堆的假山汇集成册出版，冠其为"优秀作品集粹"。郑板桥说过："必极工而后能写意，非不工而遂能写意也。"一个既没有文化艺术修养又没有经过叠石专业训练的外行堆的假山，何来意境可言。之所以出现这种好坏不分、美丑不辨的荒唐事，无非两个原因，一是有人要恭维当官的，所以心甘情愿吮痈舐痔。其次，就是这帮人真的不懂叠石造山最基本的技法。

俗话说："师傅带进门，修行靠个人。"入门以后有无长进，长进到什么程度就全靠自己了。入门第一关就是用，这个用不是指会不会运用叠石技法，而是你肯不肯用，能不能坚持用。例如，叠石技法中有一个"拼整法"，它贯穿于叠石技法的始终，"拼整法"说白了就是将小的，各种形状的，杂乱无序的单块山石拼成大的整的，力求使之看不出明显的人工拼叠的痕迹，对此我总结了四点，即"同质、同色、接形、合纹"。

即使是对初入门的叠石工匠来说，做到这四点也并不是十分困难，只要认真运用，便可熟能生巧。问题是你肯不肯认真运用，因为一认真运用就要按叠石技法的"同质、同色、接形、合纹"规矩办，从相石选石、拼拼叠石到重心把握、缝口处理等等不仅需要繁重的体力劳动和规范的技术处理，更需要大量的脑力劳动，一天干下来常常是浑身疲劳，头昏脑胀，而所堆山石却有限，以我近三十年堆山经验，山体从起脚开始，以一个相师带四到六个帮工（帮工多了就有浪工现象），如果每天按8小时工作计，以每半小时完成一块，每块山石按平均五百斤计，约合4吨。而这个工作量仅仅只是遵循"同质、同色、接形、合纹"的常规山石拼叠的匠技阶段，如果再加上"顺势、贯气"等造型艺术上

的处理，以及相师的情绪、体力、施工过程是否顺利，气候条件的影响，主人或外行的干扰，山体绿化的安排，园中建筑的布置等等各种因素，都使得一个相师每天只能完成2吨左右的山石叠造，超过了就有粗制之嫌，大大超过必定是外行滥造所为了。例如，无锡蠡园东部大假山，主山部分是由一帮民工建造的，为了抢进度，吃吨位能多赚钱（因假山是按所堆吨位计价的），便先用山石垒成圈"墙"状，而后运用机械吊装，将石料向圈"墙"内大量填倒，待堆积到一定高度时再在表面略加处理，一座实（石）体山就完成了，其进度最快时一天堆了120多吨，像这种"填充法"的造山哪里还有叠石技法和艺术可言呢？所以当前有很多堆山者加班加点不怕吃苦，五天造一峰，十天造一山，只是看在钱的份上。

由此可见，初学叠石技法最难在于坚持"用"，在于重艺而不重利，卖艺而不是卖"力"。在这方面日本曾有个组石造园高手叫小堀远州，他每每造园必先与主人约定三事："一、不齐劳资；二、勿急求成；三、未成之前，不可蒞观"（童寯《造园史纲》·中国建筑工业出版社）。且不说京都修学院离宫、闻名世界的京都桂离宫皆出其手，仅就其与主人约定之一、二，便可知小堀远州已深得用石造园个中甘苦和真味了。这是因为既定了劳资关系，便有了制约，如工期、帮工的劳资、相师的精力以及主人"蒞观"时的干扰等等，都可能对其技艺的正常发挥在客观上产生制约，于是相师也就有了负担，再不能尽心尽力于山石造型，勿急求成往往不得不成了急于求成了。

技法用的多了也就熟练了，俗话说："熟能生巧"，对于一般技术性工作而言，既可保证产品质量也可提高产量，但叠石造山属于艺术创作，所以"熟"有利于质的提高而不等于量的增加。

例如宜兴有个制壶大师顾景舟，技艺达到巅峰时一年只能做2把茶壶，至于今天许多能称之为宜兴制壶工艺大师的，一年也只能做10把左右，仅仅是一个熟练做壶工人一天的产量。所以，艺术创作往往是越熟越"生"，尤其叠石造山技艺，虽是越用越熟，越熟越精，但越精越难，越难越慢，就像扬州个园假山，民间相传堆了祖孙三代，而计成造扬州"影园"，据有关考证文章上说用了10年时间，虽有夸张确也是"慢工出细活"的道理。

（二）正确"悟"

悟是对叠石造山技艺要领的一种总结和思考，只有悟的方法正确，方向对头，才能体会到叠石造山的博大精深，使技艺得到不断提高。

例如，很多初学者好从山形、石形、石的纹理或石色变化中寻悟象形，就像现在很多玩奇石、玩雨花石者一样，以像某动物、人物为满足。但如果学叠石造山，最忌讳玩弄象形游戏，一旦形成习惯，选石相石必先寻悟此石的象形特征，拼叠石时也就自觉向象形靠。再如，奇形怪状属石的范畴，如一味追求奇丑，总想出奇制胜者或以"危险"山石形态造险者同样不能叠石造山等等。总之，作为初悟阶段，最怕悟（误）入歧途，所谓一失足成千古恨，终身只能玩石而不能叠石造山。

悟性固然要有点天赋，是强求不得的，却又首先是建立在"入迷"的基础上，"知公之心，惟石是好"（白居易：《太湖石记》），因好奇而又能感兴趣，自会入迷多看多做多体味。例如笔者初学老园假山，常常一看就是一整天，直到天黑看不清才离开，晚上睡觉头脑里全是假山，看到后来就感觉到在和前人对话，和前人交流，思考为什么前人要选这一块石头，这块石头为什么要这样拼、叠、打刹和做缝。琢磨了技法又想造型，到后来即使看暴

风雨前的云，那云头就像山形，生动又变化无常。就是上厕所看到墙上的石灰裂纹，我也能从中想像出山形变化。

悟不仅要看，平时也可以用类似于水旱盆景的技术进行练习，因为水旱盆景除了立体的山石形态外，往往还具有近观山时的一些形态特征。例如，可以用广东小块英石模仿湖石，用千层石或松化石模仿黄石进行拼叠练习，但不要学水旱盆景依赖水泥粘接石头造型的方法，而要以压、刹等干垒法进行石料拼叠的组合造型和掌握重心的稳定。其次，由于盆中山石造型的小而精，所以操作过程十分讲究精雕细琢，往往稍有缺点即可看出不足，这样养成精益求精的习惯，日后用于叠石造山，自可不会忽视细微处。

悟还要会借鉴与叠石技艺有关的各种艺术门类。例如，看画要看画境，读诗要悟诗意，音乐感其节奏……，从京剧的"三五步走遍天下，六七人雄兵百万"可悟得"以少胜多"的道理，从"太假不成戏，太真不是戏"联系到叠石造山也是一样的道理，例如，造山不懂技法乱堆一气是为太假，一味求真也没有什么了不起，山石只要不堆叠（因一叠就有人工痕迹），哪怕是七倒八歪随意铺埋点洒，再将树木密植或日长天久任凭杂草丛生，也可以成真的、带些破落的自然状，但其中却少了技和艺。所以，"真中有假，真真假假，亦真亦假，真假难辨"，"虽由人作，宛自天开"才是叠石造山的艺术真谛。

叠石造山有着本身独特的创作规律和技法特点，它不能像画那样可以"云中山、雾中树"的随心所欲，它是真实，非常现实的，而且从一开始就要受到山石拼叠规律的限制，即，根据石料的具体形态，依石形而造型、创意。例如，山石的外形和皴纹是自然生成，叠石造山只能在掌握山石形体重心的前提下按照依皴

合掇的技法要求拼叠造型，它与绘画画出来的山形山皴不一样的是，叠石造山是立体的"真"的模仿。画是平面造型，属"假"的创作。例如绘画的"三远法"是当今用于指导叠石造山造型最多的理论，似乎叠石造山必遵"三远法"，而叠石实践恰恰证明"三远法"的造型方法不适用于叠石造山造型。正如我前面所讲过的，"三远法"是画家立足于远处观山的总结，其山水画面的"三远"效果是透视原理下的"假"的幻觉造型技艺。而叠石造山是近处看山后的"真"的山水形态创造。立足点不同看到的景物就不一样，一个人站在距一座大山三五米处看山，视线受山阻，除了仰头向上可见山高，那是看不到山与山之间的平远和深远的。正如宗炳在《画山水序》中所说："且夫昆仑山之大，瞳子之小，迫目以寸，则其形莫睹。"

所以，初学者要避免受到山水画远观透视的平面造型艺术影响，最忌讳模仿山水盆景的"小中见大"法。要把握住叠石造山近观创作造型的特点，直接到真山中研究自然山水的局部表现特征，从大山之麓，截溪断谷的真实的自然形态中悟出"以少胜多"的艺术表现和加工方法。许多初学者不明此理，养成透视习惯用于叠石造山，结果反受其害，例如笔者初学叠石，曾听某园林专业著名教授讲叠石造山，除介绍北京山子张的山石拼叠"十字诀"技法外，更多的就是绘画各种皴法表现、散点透视方法等。由于笔者是初学叠石，尚不懂艺术需要触类旁通、举一反三的道理，于是叠山之余就学山水画理、画论，或做山水盆景练习，遇有叠石造山工程，其布局造型或近山远山，大山小山，或群峰耸立，结果好一点的如假山模型，差的如刀山剑树，石气甚重。

初学者不要冒然学画是指不要学画的透视造型方法，但绘画所追求的意境却是不可不学的。例如，"三远法"中表现"高远"是为了得"突兀"之势，叠石造山以山形险峻也可得高远突兀之势。"深远"是为了得"重叠"之意，叠石造山以层次布局也可得深远重叠之意。"平远"是为了得其"冲融而缥缥渺渺"之意，冲融缥渺实际上又是清旷畅达之气，于是，叠石造山造型只要不给人以压抑、堵塞之感，而力求清新、自然流畅，也可以得到绘画的冲融而缥缥渺渺之意。

由此可见，看画读诗悟其画境和诗意，目的是为了叠石造山时表现其画境和诗意。例如王维的"空山新雨后，天气晚来秋。明月松间照，清泉石上流"的清新幽静。李白的"朝辞白帝彩云间，千里江陵一日还。两岸猿声啼不住，轻舟已过万重山"的轻松愉悦。苏东坡的"大江东去……乱石穿空，惊涛拍岸，卷起千堆雪……"的大气磅礴。元人的"古道西风瘦马，枯藤老树昏鸦"的苍凉、惆怅等等。而上述诗境虽同样是山、水、树、石，表现出的意境却大不相同，叠石造山也是一样，虽同样的造园要素，却可以组构成完全不同的意境。至于创造何种意境，全赖相师对自然、对艺术领悟的程度，但等悟到一定深度自可从中悟出很多奥妙，从而脱去匠气，得益终身。

看画与叠石技艺的领悟进度有关，早期看局部、外形，然后看层次处理，看山脚与山、石与山、山与水、山与树的造型关系，直到看整幅画面的章法布局、形纹走势，到通体气势和意境，到了这一步，你堆的山自然就有画意，如果你能再熟读唐诗宋词，从诗词中悟得画意，何愁叠山无诗意。我们讲叠石造园要有诗情画意，这个诗情画意不是着意模仿做作出来的，更多的是在对诗画看得多，对其意境悟得透在叠石造山时的一种自然流露。

意境是一个十分重要的理论问题，它不是一朝一夕所能够领悟的。园林设计师务必把极大的注意力花在意境的提炼和创造上。为此，必须持之以恒地训练自己，提高自己的思想品德和文学艺术修养。唐代司空图著《诗品二十四则》，叙述了诗的二十四种意境。其描述的方法都是采用形象思维，即以自然景物的描写来作比喻，使人如临其境，这对假山设计有极重要的参考价值。其二十四则为：雄浑、冲淡、纤秾、沉著、高古、典雅、洗炼、劲健、绮丽、自然、含蓄、豪放、精神、缜密、疏野、清奇、委曲、实境、悲慨、形容、超诣、飘逸、旷达、流动。兹引数则，以见一斑。

雄浑："大用外腓，真体内充，返虚入浑，积健为雄。具备万物、横绝太空，荒荒油云，寥寥长风。超以象外，得其环中，持之匪强，来之无穷。"

冲淡："素处以默，妙机其微，饮之太和，独鹤与飞。犹之惠风，苒苒在衣，阅音修篁，美日载归。遇之匪深，即之愈稀，脱有形似，握手已违。"

高古："畸人乘真，手把芙蓉，泛彼浩劫，窅然空踪。月出东斗，好风相从，太华夜碧，人闻清钟。虚伫神素，脱然畦封，黄唐在独，落落玄宗。"

典雅："玉壶买春，赏雨茅屋，坐中佳士，左右修竹。白云初晴，幽鸟相逐，眠琴绿阴，上有飞瀑。落花无言，人淡如菊，书之岁华，其曰可读。"

劲健："行神如空，行气如虹，巫峡千寻，走云连风。饮真茹强，蓄素守中，喻彼行健，是谓存雄。天地与立，神化攸同，期之以实，御之以终。"

绮丽："神存富贵，始轻黄金，浓尽必枯，浅者屡深。露余山青，红杏在林，月明华屋，画桥碧阴。金樽酒满，伴客弹琴，取之自足，良殚美襟。"

自然："俯拾即是，不取诸邻，俱道适往，着手成春。如逢花开，如瞻岁新，真予不夺，强得易贫。幽人空山，过水采苹，薄言情晤，悠悠天钧。"

含蓄："不着一字，尽得风流，语不涉难，已不堪忧。是有真宰，与之沉浮，如渌满酒，花时返秋。悠悠空尘，忽忽海沤，浅深聚散，万取一收。"

豪放："观花匪禁，吞吐大荒，由道入气，处得以狂。天风浪浪，海山苍苍，真力弥满，万象在旁，前招三辰，后引凤凰，晓策六鳌，濯足扶桑。"

疏野："惟性所宅，真取弗羁，拾物自富，与率为期。筑屋松下，脱帽看诗，但知旦暮，不辨何时。倘然适意，岂必有为，若其天放，如是得之。"

清奇："娟娟群松，下有漪流，晴雪满汀，隔溪渔舟。可人如玉，步屧寻幽，载行载止，空碧悠悠。神出古异，淡不可收，如月之曙，如气之秋。"

委曲："登彼太行，翠绕羊肠，杳霭流玉，悠悠花香。力之于时，声之于羌，似往已回，如幽匪藏。水理漩洑，鹏风翱翔，道不自器，与之圆方。"

悲慨："大风卷水，林木为摧，意苦若死，招憩不来。百岁如流，富贵冷灰，大道日往，若

为雄才。壮士拂剑，浩然弥哀，萧萧落叶，漏雨苍苔。"

飘逸："落落欲往，矫矫不群，缑山之鹤，华顶之云。高人画中，令色絪缊，御风蓬叶，泛彼无垠。如不可执，如将有闻，识者已领，期之愈分。"

旷达："生者百岁，相去几何，欢乐苦短，忧愁实多。何如尊酒，日往烟萝，花覆茅檐，疏雨相过。倒酒既尽，杖藜行过，孰不有古，南山峨峨。"

以上各种诗境，其实都是画境，大多数也都可以塑造为相应的园林意境。例如苏州虎丘，便有雄浑之感，扬州平山堂之西园便得自然之趣，扬州冶春园的茅屋水榭、香影长廊却又得典雅之风，而个园黄石山显然具有劲健之气。凡此种种立意，皆因人而异、因时而异，妙在立意高雅、造境隽永，情景交融，浑然天成。

叠石造山技艺涉及的艺术种类就很多，所以可借鉴领悟学习的知识面就很广，关键是触类旁通，悟深悟透。例如宗炳说过一句话叫"澄怀观道"，所谓"澄怀"即胸怀洗涤，胸中脱去尘浊，使之无私无畏，无烦无燥，达到一种静观、静悟的境界，说白了就是不要为利驱使，心要静下来。

苏东坡云："欲令诗语妙，无厌空且静。静故了群动，空故纳万物"就是这个道理。

"澄怀观道"是为了得道，需要修身养性，培养浩然正气。到时你再堆山，你的精气神自会与山石拼叠造型融为一体。叠石造山即是行气布势，如有一股气在山石的拼叠造型过程中畅游，意到气到石也到，气到神到形也到，神完气足叠石造山就能形神兼备。这时你拼叠山石造型自能心领神会，哪怕一小处不合你也会感到不舒服，因为你身上的气脉和精神与你所堆山石的形态是相通相合的，叠石造山即为顺势贯气，通则不痛，痛则不通，你就能凭感觉自然处理好山石拼叠过程中的形与纹、轻与重、开与合、呼与应、曲与直、石断意连、节奏变化等各种关系。你就能将自己对事物、对自然、对社会、对艺术的各种感受和体悟心得通过叠石的造型反映出来。你才能体会到山石拼叠造型的过程中出现的加一石嫌多，不加又嫌少，甚至一条石缝补嫌实，不补又嫌空的细微变化而反复斟酌的经历和感受，而一旦有了这种经历和感受，说明了你对叠石造山技艺已经入门，开始步入化境了。

第二节　施工准备

一、相地设计

计成在《园冶》中说："相地合宜，构园得体。"如何利用园址中的地形地貌将造园所需的山石、水体、建筑、树木等各种要素进行统筹安排，使之巧妙地组构成优美的山水园林空间环境，离不开初期的"相地合宜"的布局与规划设计。

造园相地设计中的叠石造山最忌讳不懂叠石造山技术的人进行规划设计和制图，但这种现象在当今却是经常发生的事情。例如，上海有一工地用叠石造山造园，设计者应园主要求画出山形，其中主山高5.18米，副山高3.18米和1.80米，以合乎"我要发"、"山要发"和"要发"之意。再如，无锡有一群日本人所购别墅群，其中需要在一泳池边造假山为景，由于此山是贴泳池壁而起，为安全起见，此日本人要求先用8×8大角铁焊成与山形一致的框架，框中再用角铁焊接分成20厘米小方格，其后每堆一块

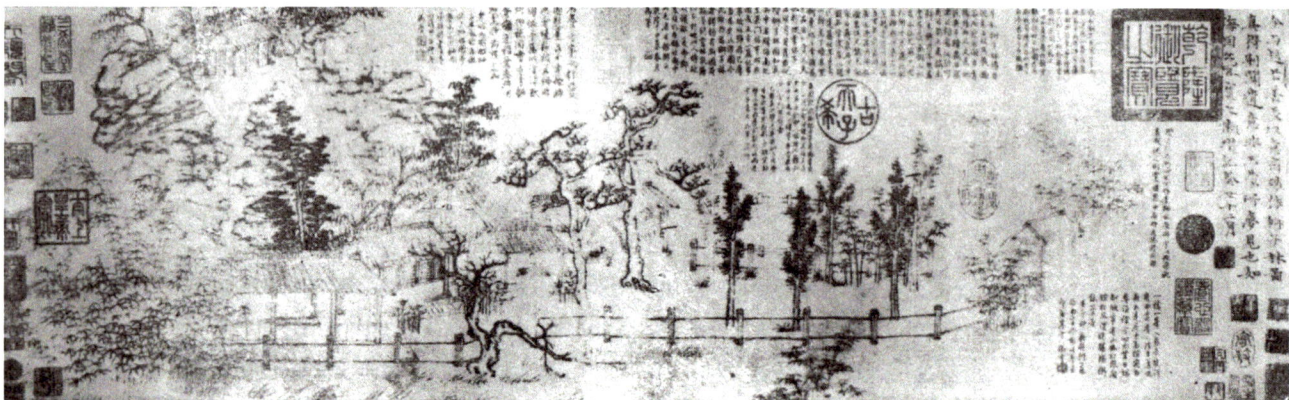

图76　倪云林绘苏州狮子林图

图77　戴熙绘拙政园图

图 78　袁江绘瞻园图

石料必须与角铁相靠紧，再在角铁与石料上统一用电钻打眼，用长螺栓穿过角铁洞眼与石料洞眼并加入高强度胶粘剂一并加固。虽牢固了，石头也应该不会掉下来砸死日本人了，只不过此假山也实在不能令人恭维了。

　　叠石造山的"相地"和"构园"的过程就如同画家面对宣纸作画，落笔前虽"胸有成竹"，有一个大概的构图和设想，甚至有画家用铅笔构出大样，但随着笔墨的走势和变化，构图也会随之变化，这叫做"无法而法"，这样的作品才可能随意尽情而成为好作品。而传统叠石造园从相地规划，到具体实施，到实现蓝图的过程同样也要经多次反复斟酌，甚至是边施工边改进而逐步完善的。

　　叠石造山必须依据石料的形状而造型造山，所以高明的相师也不会拿出具体的山石造型的规划蓝图给自己找麻烦。因为你画得好但是堆不像，而且往往会因此拿不到园主的工钱。所以明清时期有许多叠石造园的画图，如倪云林绘苏州狮子林图(图 76)，戴熙绘拙政园图(图 77)，袁江绘瞻园图(图 78)，方士庶绘拙政园图(图 79)等等，都是山形所绘皆无具体。这里，且不论他们是在造园前画的鸟瞰效果图还是园林建成后的观赏写意图，仅就叠石造山而言，他们画的山形与我们今天所能见到的这些园林中的叠石造山毫无共同之处，或者说都没有具体的可用于指导叠石造山按图施工的外形、结构、尺度等。由此可见，自古叠石和造山的规

图79　方士庶绘拙政园图

划设计就是没有具体的形态可以事先约定的，更不是靠图表示就可以按图施工的。

但对经验丰富的相师而言还是有一个大致的想像布局，它如同某些东西只可心领神会而难以言传语达一样，通过图纸或模型表示时就只是一个山石形态的框架。所以在传统叠石造园行业中就有一个将初次相地设计称做"粗框"的说法。又由于叠石造园是为主体建筑的外环境服务的，而主体建筑大多又是由园主根据自身的经济实力、功能要求等因素和条件决定的，比如园子的范围，周边的环境，厅堂楼宇的大小多少，间距的安排等等大多都是园主说了算，甚至造好了主体建筑后再请相师造园的，因此，"粗框"相地设计也就有了如下的思考过程。

例如，可先设想主山的位置、朝向、高低及大体形态，再理出水的占地形状和来龙去脉。然后再安排亭廊等建筑并形成大致游赏线路，以上设想大致已出后再规划与主山呼应之副山形状等等，最后才是绿化的大致安排及其他细部处理。于是，"粗框"的相地设计也就有如下的形式和技法要领。

（一）相地设计的形式

1.原始地貌的相地设计

原始地貌是指尚未在园址上建有园林建筑设施的空间环境。

原始地貌的相地设计就如同在一张白纸上作画，无拘无束，不仅风格易于统一，而且布局更易合理安排。原始地貌的相地设计一般是将山水与建筑树木同时规划，或是先确定具体建筑，留出可供叠石造山理水的空间地段，也有先造山布水而后在其上再造建筑的。作为参与原始地貌相地设计的相师，则要求不仅会叠石造山造景，更要懂叠石造园的道理，即，既要了解各种园林建筑物的形态特征、功能作用、一般的组合结构等，又要精通各种花草树木的形态变化、栽培方

法和生长习性，使之与山水、建筑有机配合，统一规划设计造景成园。

2.建筑地貌的相地设计

建筑地貌的相地设计是在建筑已经完成的情况下布置山水绿化。对此，相师要对原设计意图认真研究，做到心领神会。再对设计中难以考虑到的具体工程技术问题提出建议，完善设计蓝图。进而创造性地实施设计蓝图。

相地设计的目的是使建筑环境的地形地貌因为有了山水而变得更美。因此，建筑地貌就特别强调山水设计的造型布局与周围环境的协调。例如，只能搞假山型或石型造型造景的地方，就不能用真山型的造园方法去做。对于可以用真山型造型的建筑环境，还可以用反程序的相地设计法，即，园中虽先有建筑，但通过叠石理水绿化的组合布置，使人感觉到是先有山水而后才有建筑的效果。这样的相地设计才有可能使山水树木与园林建筑浑然一体，达到"虽由人作，宛自天开"的艺术效果，这是叠石造园创作立意的一个诀窍。

（二）相地设计的要领

相地设计的要领可归纳为"避、留、适、定、估"，具体分解如下：

1.避

选择园址应尽可能地避开现代高层建筑物，如高楼、电视塔等等。尽可能地避开噪声区，如交通要道口、车站码头等。除了选址时应远离这些区域外，还有如下办法：

（1）背。可将园门或园中主山主景的大面朝向高层建筑物，以保证游人观赏主山主景的大面效果（图80）。

（2）遮。一方面利用游览线路的安排引导游人近距离观山，形成仰视和遮挡，再利用茂密的树木、建筑物如高墙、楼阁等遮挡园外高层建筑（图81、图82）。

（3）如果既避不开也遮不了，则干脆使用假山型造景法（图83）。

2.留

（1）尽可能地保留原始地貌中的高低凸凹之势。高处易堆成山，低处可挖成池。用挖池的土堆高处的山，并在其上顺势布置山石。

（2）尽可能地保留自然地貌中的水源并疏通水路，交待出水的

图80　背

来龙去脉。

(3)尽可能地保留和利用园址原有的大树,特别是古树名木。

(4)尽可能地就地取材使用地产石料和地产苗木。

(5)尽可能地保留当地的建筑风格和特色,并使叠石造型与当地建筑风格相一致。

3.适

指园中的山石布置要适合自然规律和现象。

(1)大凡叠石造园,应遵循先见石而后见山,再见主山主景的一般自然规律和现象。这就要求在建筑布局上首先要有一个让游人从喧闹的城市环境向幽静的山林环境过渡的空间,让游人先见石后见山而逐步深入到主山景之中。

(2)山水的造型布局要与周围的空间环境相适宜,使所造山水给人以自然形成的感受。因此要尽可能地保持并利用原有的地形地貌、古树名木外,还要调节好山体、水体、绿化与建筑之间的共同造景造园的共性组合关系。例如,传统叠石布局讲究"山要吃边,水宜居中","山要环抱,水要萦回"。所谓山要环抱,意即山要形成环抱之势,使人感到山外有山。所谓水要萦回,即是水要有来龙去脉,亦如水自山中来而往山下去,有不尽的流动之意。

(3)在绿化树木的安排上不仅要为山形山意增势,同时也要适合树木的自然生长之理。如松柏类因其耐旱,故多植于高处山石之中,柳树因其耐涝湿,则多植于低凹池水旁等等。

4.定

根据园址地形地貌和建筑风格及空间环境特征,选择相应的石种后,确定主山主景的大体形态以体现某种境界。过程如下:

(1)定位置

开门见山为中国传统叠石造园的一大忌。所以山水园林主体山景的位置适宜放在园子的后部,前可见石后能进山,形成渐入山林的过渡。只有"假山型"的主山景常常处于入口最醒目的位置。

(2)定面向

山石造型无论品种或规模大小,无论是叠石还是造山,都有一个最佳的观赏面叫大面。大面的朝向必须对准园中最利于观赏的方向,如是造山则背面又必须利于寓意山后有山的境界。

(3)定主山主景

主山指主体山的造型,源于模仿自然山川的各种形态特征,如峰、崖、峦、岗、涧、岫、矶等。

图81　抬高山体并用建筑遮挡园外不协调景物

图83　山石如雕塑般的造型,既能自成一景,又起到画龙点睛的作用

图82　地势虽已抬高,但由于山上和亭后的树木密度稀,故未能起到遮挡功效(对比)

主山与主景之间既有联系又有区别，主山是指主体山的总体形态，包括山涧、山峰、山洞、山中的桥、路、矶……等，主景则是指主体山有意突出表现的具体的形态内容。

叠石造山造园的技艺特点之一就是通过表现山的局部形态寓意全部，只有主景突出，主山才能生动，山脉(副山)才能呼应，才能寓意山外有山。所以相地设计表现主景是第一位的。例如，扬州个园的湖石山，洞景为主景，洞景以外的其他造型，包括主山的山形，副山山脉的造型以及建筑物的安排、树木的配植、水体的流向、观赏的大面、游览的线路、桥的造型走向等等都是为了山洞这个具体的主景的形态和意境服务的。今后如叠石施工，也是先从主景开始起脚造型，由主景逐步扩展到主山造型、副山山脉的造型等等。

由于叠石造园中的主山和副山山脉的关系是一座山中的主景与配景关系，所以，凡相地设计必须先定主景的内容和形态、占地范围和空间大小，然后再依主景形态扩展，以同一座山的高低起伏变化为造型基础，构思出主山的内容和外形、山脉的内容和外形，使主山主景的形态特征、纹理变化、造型风格统一起来，以一种山形为主，其他形态内容为辅，形成有主有次，主次呼应的表现大山局部景物的造型设计框架。

(4)定层次

叠石造山层次的表现是极其丰富的。就山体本身而言，尽管它的造型立意仅是一座山的局部形态变化，但从山脚到山顶，从山外到山内，从山前到山后，从高远、平远、深远，大到山体之间，崖面凸凹，受光明暗，小到一石一洞一缝一纹，无不可以表现出丰富的层次变化。这些诸多的层次变化主要是在山石拼叠造型的具体施工过程中逐步表现出来的，而决不是依靠相地设计就

能规定得了的。但并不是说相地设计就无法考虑山的层次了。恰恰相反，就主体山的主层次而言，相地设计至少要考虑五个以上的层次框架。

叠石造园如表现真山型造型立意，那么，无论山形如何变化，层次如何丰富，都是一座山之中的高低起伏变化，这不仅作为造园相地设计的指导思想，也是决定所造山水境界大小的关键。有些设计施工者不明此理，把叠石造山设计成多座山、多个山的形态在园中的组合造型，因此在表示山的主层次时就出现了前山与后山、主山与次山的层次关系，这样的设计立意和造型表现了群山大山亦如模型在园中，体量再大也是园林中的山水形态，而不是山水中的园林境界，属假山型造景造型范畴了。

叠石造园表示山体层次时，同样要依据主山主景及其内容进行大致划分。例如，表现的主景是山洞和天桥，那么可先将山洞与天桥先错开，注意既不要平行又要有前后高低变化。这样洞口为一层，洞内又为一层。天桥在洞景后上方，天桥外为一层，桥洞又为一层。山洞与天桥不可能凭空出现，总要有山体道路将其相连接，连接处横向切面的山路又成层次，这个层次加以变化处理又可成为山体的前后层次。天桥后面还有山体又是一层等等，这样至少已有五层以上的主层次框架。其后再以主层次为基础，便又可以创造出无数的层次变化了。

层次划分不仅只是山石的造型，建筑、绿化、水体等皆可成为丰富层次变化的重要因素。例如，将洞景做成水洞之状，洞前水边形成山石驳岸即为层次，洞内形成撑柱变化又为层次，天桥下山体的突兀又有层次……，再加上建筑物安置其中，各种树木穿植其间，风吹枝摇，忽隐忽现，将更丰富层次景物的变化，等等。

叠石造山主层次的划分必须以山的构成内容为依据，最忌盲目弯曲无端造出层次。

(5)定观赏点和观赏线

主体山的观赏点是主体山景大面朝向的集中点，它不仅是主体山景的最佳观赏点，同时也是相师从相石叠石到造山造型的"定点"位置。这个点往往最集中、最充分地体现了该山，甚至该园的主要景观和境界。

主体山的主景观赏点首先强调以静观欣赏为主，所以它要求以这个观赏点为中心，适当形成一个较为宽敞、平坦的地形空间。例如，扬州个园的湖石山，是以水洞为主体山的主景，其观赏点处则形成较为宽敞而平坦的空间，既有石凳安置其间供人坐憩，又可让游人静心品赏主体山景的大面。

主体山主景前的大面朝向点，为主要观赏点，其他若干的景面位置可谓是配景的次观赏点，并分布于园中各处。

观赏线也就是山水园林中的游览路线，它不仅能将各处的观赏景点串连起来，而且富于高低起伏曲折的变化。观赏线路规划设计得好，山的艺术境界也就越大、越深远。

(6)定配景山水

配景山水是为主体山的主景服务的。主体山如果没有配景山水的辅助造型，就成了孤山，主景也就成了孤景，境界也就不能达到深远。

配景山形是要以主体山的形态进行造型的。所以，当主体山的形态没有造出来时，配景山也就谈不上确定具体的形态特征。

5.估

根据主体山、配景山的占地范围与造型等，对用料、造价、工期进行估测和预算，这就是估(表1)。

二、备料立基

(一)备料

1.石料的种类

叠石造山所用石料的品种，最主要的有以下两种：

(1)太湖石。最早开发于苏州洞庭的太湖一带，外形泽润，线条柔和，皱纹圆转，石形玲珑，孔窍多端，奇形怪状，多呈青灰色。

(2)黄石。外形重拙，线条刚硬，皱纹多硬直，石形多方折，无孔窍，多呈赭黄之色。

除以上二种外，还有河北房山石(今属北京)，其形如湖石，富于曲线变化。皱纹有弹子窝的特征。石色泛黄赭，形态重拙而浑厚，常用于皇家园林的叠石造山。另外，安徽宣城一带曾出产一种宣石，皱纹似黄石无孔窍，石色却又洁白晶莹，用之叠山如残雪覆盖，别具一格。

可用于叠石造山的石种很多，随着现代交通运输及开采技术的发展，会有更多的石种将被挖掘并用于叠石造山，但无论选用何种石种，只要掌握了湖石与黄石这一柔一刚石种的基本拼叠造型技艺，都可以使得叠石造山变化无穷。

2.石料的选购

石料的选购工作是在相师相地设计后，根据山石造型规划设计的大体需要而决定的，相师本人需要亲自到山石的产地进行选购，并依据山石产地的石料的各种形态于想像中先行拼凑。哪些石料可用于起脚、用于山体，哪些石料应用于大面、用于封顶等，均要求通盘考虑。

相师选购石料，必须熟悉各种石料的产地和石料的特点。中国地大物博，石头产地很多，有的地方已经开采，如长江中下游一带的安徽巢湖、广德，江苏宜兴等地。黄石沿长江中下游一线又都有出产。这些产地，地方山民已有了丰富的开采经验，当地政府也有相应的组织管理条例，且交通运输较方便。当然，还有较多地方尚有待开发，这是相师需要特别注意的。如笔者在山东施工，就在山东费城、枣庄、微山一带选购湖石。就各种石料而言，没有开发也不等于就没有货源，一是在于发现，二是在于核算。

石料有新、旧和半新半旧之分。采自山坡的石料，由于暴露于外，经常年风吹雨打，天然风化明显，此石用于叠石造山，易得古朴美的效果。而从土中扒上来的石料，表面有一层土锈，用此石堆山，需经长期风化剥蚀后，才能达到旧石的效果。有的石头一半露出地面，一半埋于地下，则为半新半旧之石(图84)。

石料又有枯、润之分。枯石多处于高山顶部暴露处，虽风化明显但干枯易脆裂，石角多锋利逼人。用此石造型，扬州人称"火爆曝的"，意为轻浮锐气未脱。而润石多处于两山夹道或水源充足阴湿处，常年经水冲刷显得滋润，石角柔和，石形沉稳，有的石上还生有青苔。《长物志》云："石在水中者为贵。"故用润石造型更能得自然古朴生动之气。

到山地选购石料，又有通货石和单块峰石之别。通货石是指不分大小、好坏，混合出售之石。选购通货石无须一味求大、求整，因为石料过大过整，在叠石造山拼叠时将有很多技法用不上了，最终反倒使山石造型过于平整而显呆板。过碎过小也不好，石料过碎过小，拼叠再好也难免有人工痕迹。所以，选购石料应该大小搭配，忌均匀。对于有破损的石料，只要能保证某个大面没有损坏，就可以选用。因为在实际叠石造山时，大多情况下山石只有一个面是向外，并作

预 算 定 额

表1
单位:吨

定　额　编　号		单位	102	103	104	105	106
项　　　　　目			湖石假山(高度以内)				黄石假山(高度以内)
			1米	2米	3米	4米	1米
基　　　　价		元	62.81	76.15	92.10	106.05	30.19
其中	人　工　费	元	10.91	13.91	19.10	21.82	9.82
	材　料　费	元	51.81	61.10	70.86	82.07	20.28
	机　械　费	元	0.09	1.14	2.14	2.16	0.09
人工	假　山　工	工日	2.50	3.30	5.00	6.00	2.10
	普　通　工	工日	1.50	1.80	2.00	2.00	1.50
	其　他　工	工日	0.40	0.51	0.70	0.80	0.36
	合　　　计	工日	4.40	5.61	7.70	8.80	3.96
材料	湖　　　石	吨	1.00	1.00	1.00	1.00	—
	黄　　　石	吨	—	—	—	—	1.00
	C15细石混凝土	立方米	0.06	0.08	0.08	0.10	0.06
	1:2.5水泥砂浆	立方米	0.04	0.05	0.05	0.05	0.04
	铁　　　件	公斤	—	5.00	10.00	15.00	—
	条　　　石	立方米	—	—	0.05	0.10	—
	二　片　石	吨	0.10	0.10	0.10	0.10	—
	毛　　　竹	根	—	0.13	0.18	0.26	—
	脚　手　板	立方米	—	0.0018	0.0025	0.0035	—
	水	立方米	0.17	0.17	0.17	0.25	0.17
	木　撑　费	元	—	—	0.30	0.60	—
	其　他　材　料	元	0.30	0.93	1.14	1.46	0.30
机械	0．5吨木把杆	台班	—	0.05	0.10	0.10	—
	其他机械费	元	0.09	0.14	0.14	0.16	0.09

为大面的，其他的面叠包在山体之中根本看不到。当然，如能尽量选择没有破损的山石料是最好的，至少可以有多几个面供具体施工时选择和合理使用。总之，选择通货石的原则大体上是：大小搭配，形态多变，但石质、石色、石纹应力求基本统一，最好每批通货石采自一块山地，这样，石色、纹理、石质在风格上比较统一，也易于施工时的组构造型。

通货石的价格因采石的方法又有着种种差别，例如，有的黄石购于采矿场现场，由于采矿场的主业在生产过程中是先经过爆破炸山，岩石成小块状后再进行各种细加工成为各种规格砂石料，而造假山的石料只需从炸山岩后的块状中拾取，获取容易，因此价格就低，这种石料称为"破石"。而浮于山地表土的旧石采集过程往往要沿山开路，石料要由人抬肩扛才能运出，而且块型越大越难，因此价格当然就高得多。

单块峰石，当地山民又称之为个头石，造型以单块成形、单块论价出售。峰石石种很多，有灵璧峰石、黄石峰石等。其中如湖石峰石，以瘦、透、皱、漏、奇为特征，以丑作为美的标准，四面可观者为极品，三面可观者为上品，前后两面可观者为中品，一面可观者为末品。山民或一些采购人员由于不懂此理，但见瘦

长石即作峰石买卖，殊不知不少瘦长石并不美，只能作叠石造山中的条石处理。

其次，一块上好卧石造型所具有的观赏价值往往不差于一块好的峰石造型，对卧石的审美大多不以奇形为好，而更重视其浑厚、古拙等意境，故更多为有一定文化艺术修养者所喜好。

3. 石料的采拾与环境的保护

相师采购石料首先要懂得，什么样的石料才适合用于叠石造山。无非三个条件：①旧石，在产地为浮于土层表面暴露的山石形态。其中以纹理清楚石质滋润为上。②无破损，成单独块状。③不破坏原生态环境又便于搬运。

什么样的石料不适合用于叠石造山？如，从土中深挖出来的新石，从山体岩石上或用爆破、或用锤凿开采的有破面无叠面的石料等。

例如，我曾到安徽巢湖银屏采购黄石，在山上将散落于土层表面之上的一块块自然山石做好记号为需要者。此举得到居住于山中的村民欢迎，说：搬掉了这些石头我又好种上果树了。待数月后再去此山，却发现因一些南京、上海、扬州等地的堆山者也来采购黄石，却偏不要旧石，而是要山民挖开山上厚达一米左右的土层植被，露出山中的黄石岩体，然后用大锤、凿子、撬棍等工具，将其开凿成一块块的运走。此举硬是将原本的自然植被

槽踏成一个个大坑，到处是碎石状土堆，惨不忍睹。于是当地居民联名上告，政府不得不强制封山禁止采石。

再如，我到宜兴采石也常遇到炸山采湖石的愚蠢事情，联想到苏州东山著名的湖石历史发源地，因"文革"中大办水泥厂，为了采石而将历史上保留下来的两个著名湖石峰生生炸了作为造水泥的原料的事件，实在令人痛心。而今天又有人自以为财大气粗，跑到泰山搞了一块百吨重的石头运到北京放到自家的草坪上，此举不仅破坏了风景名胜，何况从造型上说石头再大也是一块石而不能成为山。一些专家大声疾呼要限制叠石造山之风气，甚至断言叠石造山总有一天将要被禁止。对此，我一方面对这些专家们为保护环境的责任感表示敬佩，但同时要告诉他们，破坏环境的是外行堆山的结果。这些外行堆山者不仅是在破坏石料产地的自然环境，破坏风景名胜区的自然环境，更有甚者，又由于所堆之山大多形同乱石堆，无美可言，所以又污染了城市的环境，不但污染了国内的城市，而且大量输出到了国外的许多城市，成了国际污染源。

造成这种重重污染，除了因各个城市的各级领导传统文化艺术的知识修养不足外，没有一个对叠石造山施工的监理验收的权威立法机构是重要原因之一。今见梁伊任主编《园林建设工程·招标投标、概算预算、施工组织、施工管理、施工监理、竣工验收》一书，其中假山工程赫然在目，尽管其中尚有不妥之处有待完善纠正，但总的来说，这是于国、于民、于弘扬中国传统造园文化艺术的大有益处的好事，正如我国园林界前辈陈俊愉先生在该书"序"中所说："这本全书性质的《园林建设工程》，就好比久旱逢甘霖——她的问世正是读者迫切需要的。"盼能早日得以真正执行。

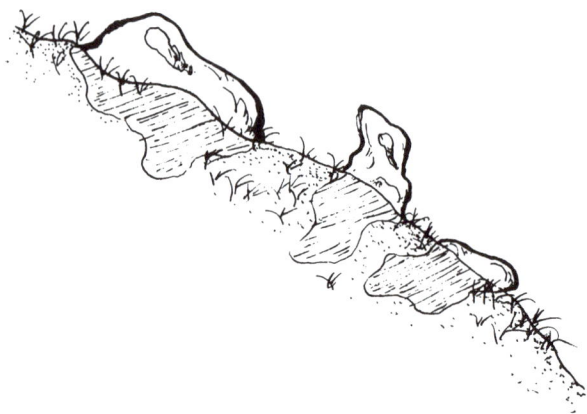

图84　石料有新、旧和半新半旧之分(在土上为旧石，在土下为新石)

4.石料的运输

石料的运输，特别是湖石的运输，最重要的是防止石料被损坏(图85)。

通货石料最易被损坏的运输环节是其中的上下货时的吊装过程和运输车到达目的地的下货过程。例如石料由水路码头上岸装车，一般都是由小型起吊机械操作。常用的方法是将石料置于钢丝网中起吊至运输车中，然后松开两角吊起另两角将石料倒下，此法极损石料。另一易损处是汽车运至施工现场，常常由于施工现场大都还未施工，故吊装机械尚未安装，这时下料，多是从车上向下翻，石料常常被砸坏，甚是可惜(图86)。所以，应特别注意石料运输的各个环节，宁可慢一些，多费一些人力、物力，也要尽力想办法保护好石料。

峰石的运输更要求不受损。一般在运输车中放置黄沙或虚土，高约20厘米左右，而后将峰石仰卧于沙土之上，这样可以保证峰石的安全(图87)。

5.石料的分类

石料到达施工现场后，石料的摆放决非是随便的。相师除了逐块审查并将每一块石料的形态特征熟记于心外，同时，还必须将石料分门别类，进行有秩序的排列放置。一般可用如下方法进行：

(1)上好的单块峰石，应放在最安全的地方。按施工造型的程序，峰石多是作为最后使用的，故应放于稍离施工拼叠山石场地远一点的地方，以防止其他石料在使用吊装的过程中与之发生碰撞而造成损坏。

(2)其他石料。可依其不同的形态、作用和施工造型的先后顺序，合理安放。如起脚石先用，可放在前面一些；用于封顶的，可放在后面；石色纹理接近的放置一处；用于挑石的放置一处；形态较好，可用于大面的放置一处等等。

(3)要使每一块石料的大面，即最具形态特征的一面朝上，

图85　船运石料

图86　此法极损石料

图87　将峰石仰卧于沙土之上可保运输安全

以便施工时不须翻动就能辨认而取用。

（4）要有次序地进行排列式放置，2～3块为一排，成竖向条形朝向施工场地。条与条之间须留有较宽裕的（约1.5米）通道，以供搬运石料之用。

（5）从叠石造山大面的最佳观赏点到山石拼叠的施工场地，一定要保证其空间地面的平坦并无任何障碍物。观赏点在叠石造山施工时又叫做相师的"定点"位置。相师每堆叠一块石料，都要从堆叠山石处再退回到"定点"的位置上进行"相形"。这是保证叠石造山大面不偏向的极其重要的细节。

（6）每一块石料的摆放都力求四面不靠，即石与石之间既不能挤靠在一起，更不能垒成堆状（图88）。

（7）最忌讳是边施工边进料，使相师无法将所有的石料按其各自的形态特征进行统筹的计划和安排。

（二）工具

拥有并能正确地、熟练地运用一整套适用于各种规模和类形的叠石造山的施工工具和机械设备，是保证叠石造山工程的施工安全、施工进度和施工质量的前提。

叠石造山作为一门传统的技艺，历史上都是以人抬肩扛的手工操作进行施工的。今天，吊装机械设备的使用代替了部分繁重的体力劳动。但叠石造山的技法运用仍然需要传统的操作方式及有关工具才能完成。所以，从事叠石造山就不仅要掌握传统的手工操作工具的使用方法，同时又要正确熟练地使用机械吊装工具和设备。

1.手工工具与操作

常用手工工具有：铁铲、箩筐、手推车、镐、钯、灰桶、瓦刀、软质水管、锤、杠、绳、刷子、脚手、撬棍、小嵌子、毛竹片、钢筋夹、三角铁架、钢丝绳千斤扣、手拉葫芦等等（图89）。常用部分工具的使用方法简介如下：

（1）铁锤

在叠石造山施工中，铁锤主要用于敲打山石或取山石的刹石和石皮。刹石用于垫石，石皮用于补缝。

最常用的是2磅左右的小锤，用于敲打山石或取刹石、石皮时要"识纹辨丝"。纹指石纹，是石料的表面纹理脉络。丝是石质的丝路。石纹有时与石丝同向运动，但有时也不一样。所以要认真观察一下所要敲打的山石，识纹辨丝，找准丝路，而后运用巧劲，顺丝敲剥，才能随心所欲取得适合的刹石和石皮。

其次，在山石拼叠使用刹石时，一般避免用锤直接敲打刹石，以免"硬碰硬"造成刹石碎裂，而提倡用锤木柄顶端抵击打紧刹石就可以了（图90）。

（2）刷子

刷子主要有竹刷、毛刷、钢丝刷。竹刷主要用于山石拼叠后水泥做缝口的扫刷。它要求在水泥未完全凝固前扫刷，一般工序是：第一天傍晚做的缝，第二天一早上工即先刷缝。也可以在刚做完的缝口处用毛刷沾清水洗

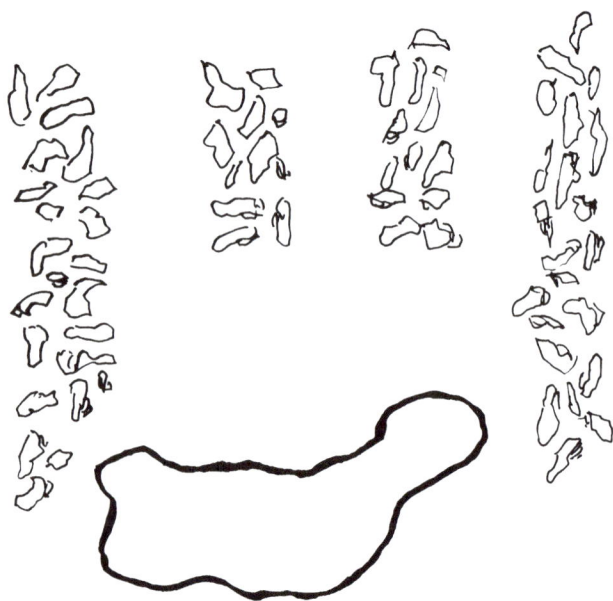

图88　石料的摆放

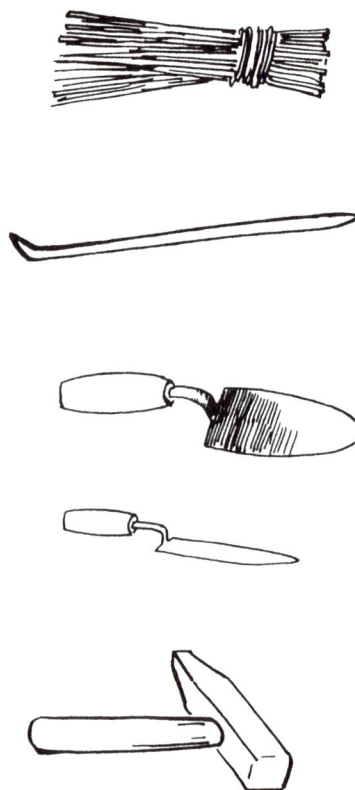

图89　常用部分工具

涤。对凝固较硬的则需用钢丝刷清理了。

(3)粗棕绳

用粗棕绳捆绑山石进行搬运或吊装拼叠,好处是防滑、结实,只要不沾水,则比较柔软易打绳扣。尼龙化纤绳虽结实但伸缩性较大,钢丝绳结实很适用于较大块山石起吊,但结扣较难打,主要是因山石不是任意捆吊,而常常是要根据山石造型的需要进行捆吊的。

石料拼叠时还要使捆绑山石的绳子不能被石料压在下面,要好抽好拿。绳子的结扣既要易打,又要好松,还不能松开滑掉,而是要越抽越紧:即山石自身越重,绳扣越紧。这样,山石落实了,绳子不吃重了,则绳扣自然可轻易解开(图91)。

(4)小抹子

为做山石拼叠水泥接缝的专用工具。

(5)毛竹片、钢筋夹、撑棍、木刹

主要用于临时性支撑山石,以利于山石拼接、拼叠和做缝,待混凝土凝固后再行拆除(图92)。

(6)脚手架和跳板

用于高处山石的拼叠和做缝操作,应用脚手架和跳板,不仅便于山石拼接等操作,而且更加安全(图93)。

施工应头戴安全帽,脚穿皮鞋。高处作业应系好安全带等。

2.机械工具与操作

有条件的地方除了使用混凝土搅拌机,用铲车作短距离运输外,再配备一套使用简便,操作灵活的吊装机械,不仅使叠石造山省时省力,而且大大增加了山石操作的安全系数。尤其是一些大型叠石造山工程,称心如意的机械吊装设备更显重要。

在各种吊装设备中,最经济合算和最适合叠石造山施工的是用两台卷扬机可同时操作的独杆独臂摇头拔杆。

独臂摇头拔杆,是由一根主杆和一根臂杆组构而成的可作大幅度旋转的吊装设备。常用的独臂拔杆可分成4米一节,使用时再将法兰螺丝连接,常用主杆配置可以用高约10米,臂杆长8~9米。卷扬机也可各为每台1.5吨的。其具体的安装和操作方法如下:

(1)定主杆立点

叠石造山造型是先从主体山的主景部分开始的,因此,拔杆必须先保证主体山主景的山石吊装拼叠。吊装的作用范围是以主杆立点为中心,以臂杆为半径的圆内。

(2)打桩拉缆风绳和竖主杆的方法

打桩拉缆风绳首先是布桩,即以主杆立点为中心,将桩点分

错误的敲石法

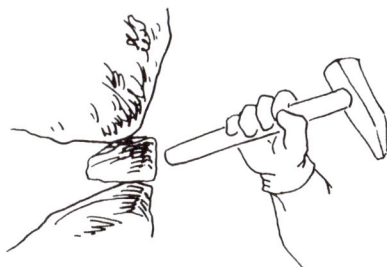

正确的敲石法

图90 石刹不同于木刹,木刹质轻所以要用锤敲紧才能得劲,而石刹只要抵住靠紧即可,过于用力敲打反而有害无益

图91 山石自身越重,绳扣越紧。反之,山石落实了,绳子不吃重则绳扣自然可轻易解开

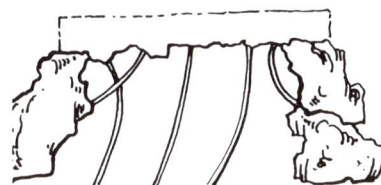

用毛竹片支撑,待凝固后撤去

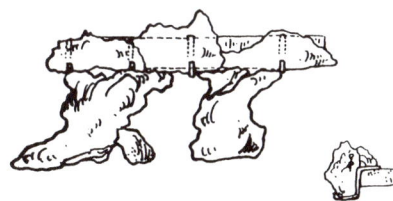

用铁钩连接,凝固后不用撤去

用铁夹夹紧,凝固后撤去铁夹

图92 撑棍、毛竹片、钢筋夹、铁挂件的常用方法,主要用于贴石

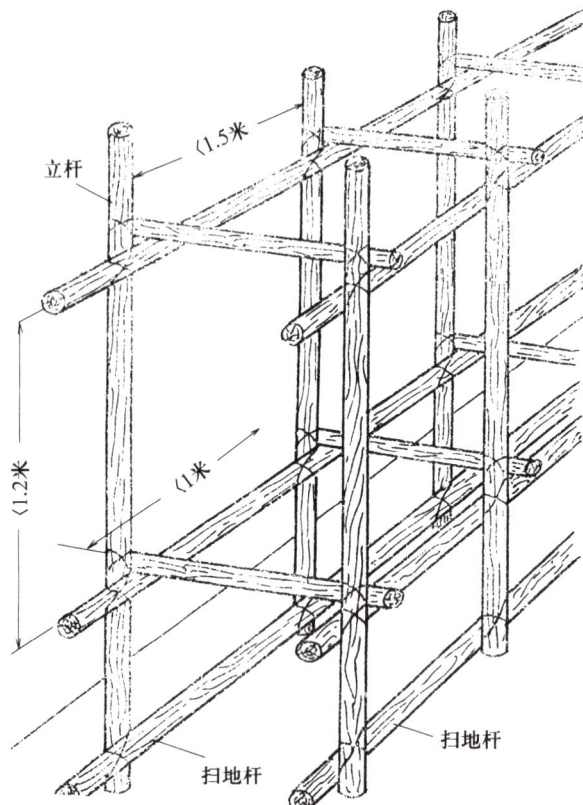

如遇松土或无法挖坑时，应绑扫地杆。木脚手架的立杆间距不得大于1.5米；大横杆间距不得大于1.2米；小横杆间距不得大于1米

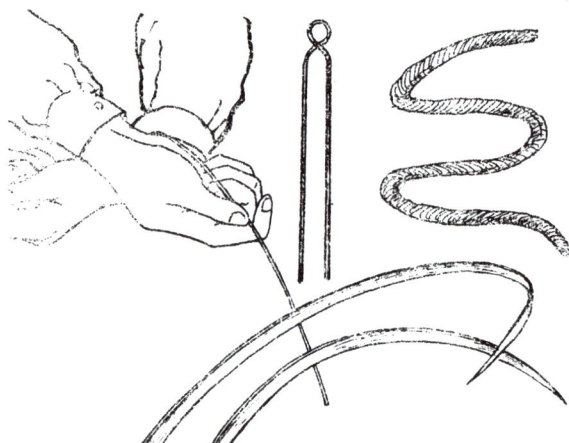

脚手架的绑扎材料可采用8#镀锌钢丝，直径不少于10毫米的麻绳或水、葱竹篾

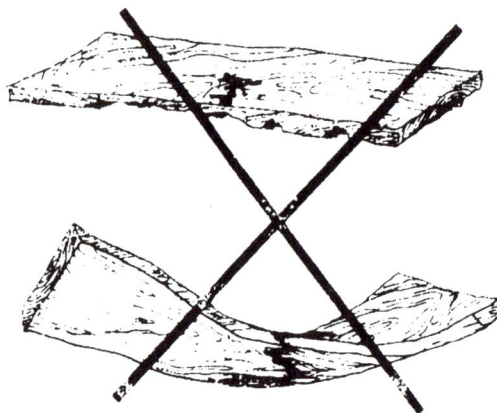

模板支撑不得使用腐朽、扭裂、劈裂的材料

脚手架上不可放石，更不可在上敲石

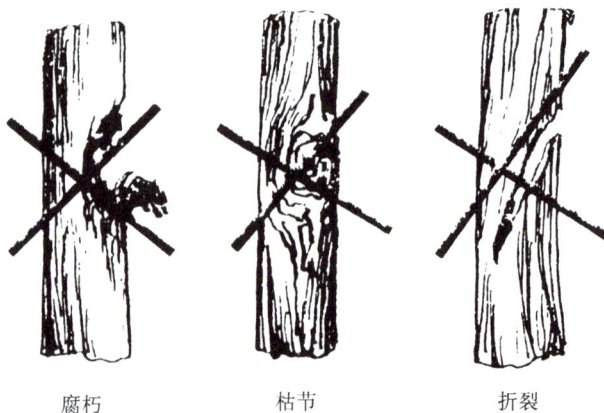

腐朽、折裂、枯节等易折木杆，一律禁止使用

图93 用脚手架和跳板的安全注意事项（一）

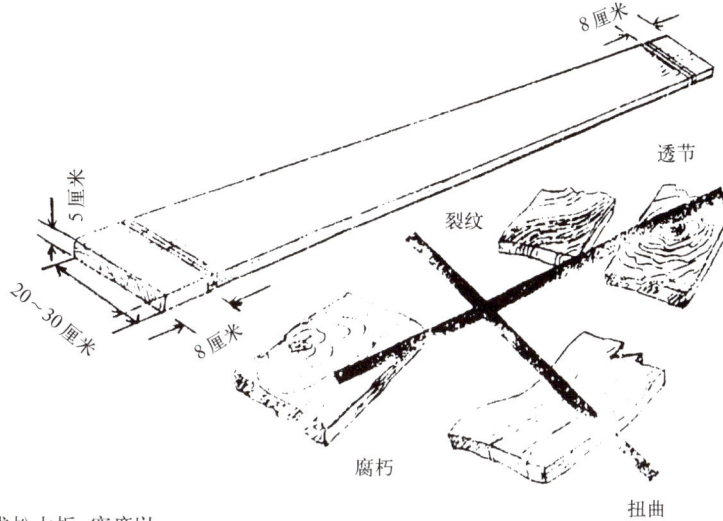

木脚手板应用厚度不小于5厘米的杉木或松木板，宽度以20～30厘米为宜，凡是腐朽、扭曲、斜纹、破裂和大横透节的不得使用。板的两端8厘米处应用镀锌钢丝箍绕2～3圈或用薄钢板钉牢

图93 用脚手架和跳板的安全注意事项（二）（参见龚由睢编.建筑安装工人安全技术操作图册.中国建筑工业出版社，1989年版）

为6～8等分，从主杆立点至桩点应拉开一定的距离。先将缆风绳牢扣主杆顶端，将6～8根缆风绳分向桩点位置，然后用三角架将主拔杆斜吊约成45°角，一头着地固定，而后将主杆拉起至直立为止，并同步收紧缆风绳，固定扣牢（参见第七章第四节）。

（3）安装臂杆和穿引卷扬机上的钢丝绳

先将臂杆一头与主拔杆连接牢固，再将一台卷扬机吊绳由主拔杆根部用单开门滑轮引至主拔杆顶端，从顶端用双开门滑轮引至臂杆顶端，接着用单门滑轮引到主拔杆顶端的双门滑轮，再引回至臂杆滑轮进行夹扣固定，这样就完成了一台卷扬机控制臂杆作上下运动的程序。利用臂杆的上下运动和旋转运动，在石料吊起后可以寻找作用圈内任何一个点。另一台卷扬机，则另用单门滑轮把吊绳由主拔杆根部引至臂杆与主杆连接处，再引至臂杆顶端。向下用双门滑轮两只，引出挂钩用于石料吊装时的上下运动，同时，须在挂钩上先挂好一

只手拉葫芦，再用葫芦上的挂钩吊住需要的石料，以利于山石吊装的微调处理（图94）。

要安全和熟练地安装和使用机械吊装设备，必须要经过正规的吊装工种的培训和长期施工实践。

（三）立基

确定了主山体的位置和大致的占地范围，就可以根据主山体的规模和土质情况进行钢筋混凝土基础的浇注了。

浇注基础，是为了保证山体不倾斜、不下沉。如果基础不牢，使山体发生倾斜和危险，也就无法供游人欣赏和攀爬了。

浇注基础的方法很多，一般是根据山体的占地范围挖去表层虚土，或用块石横竖排立于石块之间注进水泥砂浆。也可用混凝土与钢筋扎成的块状网同时浇注成整块基础。至于砂石与水泥的配合比、混凝土的基础厚度、所用钢筋的直径粗细等，则要根据山体的高度、体积以及重量和土层情况而定。叠石造山浇注基础时的注意事项如下：

（1）要了解清楚山址的土层情

况，如是否有阴沟、墓窟等。

（2）留白处要确定准确。叠石造山如以石山为主的造型，而山上又要准备配植较大的树木品种，仅靠山石中的回填土常常是无法保证足够的土壤供树木生长需要的。加上满浇混凝土基础，就形成了土层的人为隔断，地气上不来，积水也不易排出，这样使得较大树种不易成活和生长。所以，在准备栽植树木的地方就需要留出一块不浇混凝土的空白处，即是留白。

（3）表现山是从水中生出来的，则主体山的基础就应与水池的底面混凝土同时浇注，形成整体。如先浇主体山基础，待主山成形再做水池池底，则池底与主体山基础之间的接头处极易漏水且极难善后处理。

（4）如果山体是在平地上堆叠，则基础一定要做得低于地平面向下至少2米。待山体堆叠成形后再回填土，这样就看不见基础了。同时，沿山体边缘还可以栽种些小型草木花卉，使山形更加生动自然。

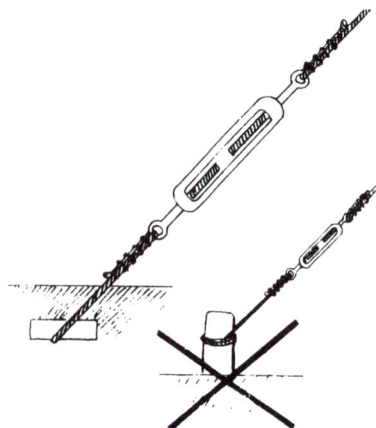

缆风绳与地面的角度应为45°～60°，要单独牢固地拴在地锚上，并用花篮螺丝调节松紧，调节时必须对角交错进行，缆风绳禁止拴在树木、电杆等物体上(缆风绳拴地锚法可参见图381)

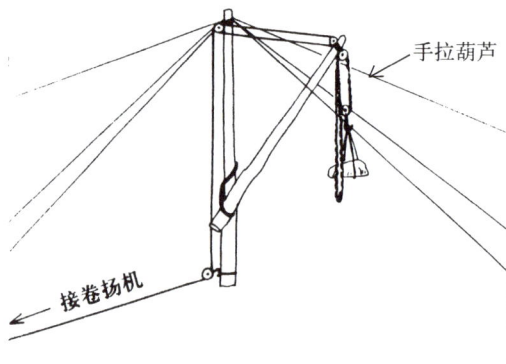

在臂杆起吊钩上也可挂上手拉葫芦，作为石料大体定位后的上下移动微调之用

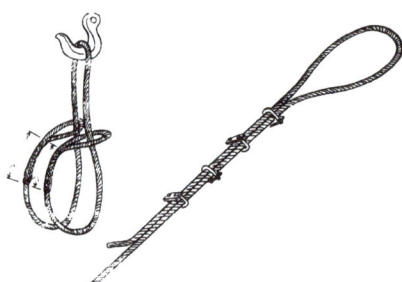

编结绳扣（千斤）应使各股松紧一致，编结部分的长度不得小于钢丝绳直径的15倍，并且不得短于300毫米，用卡子连成绳套时，卡子不得少于三个

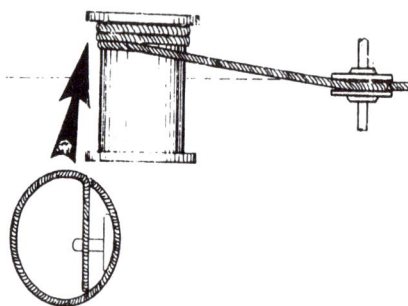

钢丝绳在卷筒上必须排列整齐，尾部卡牢，工作中最少保留3圈以上

卷扬机的使用

卷扬机、独臂拔杆、三脚拔杆等吊装设备是叠石造山的基础机械，其操作方法和规程可参看《建筑安装工人安全技术操作图册》等专业书籍和资料，或向专业技术人员或装卸、起重工人请教

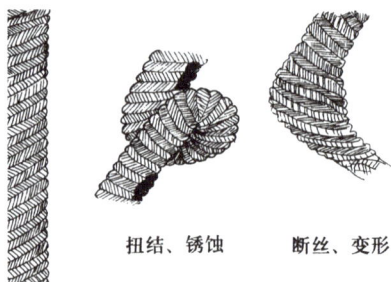

起吊物件应使用交互捻制的钢丝绳。钢丝绳如有扭结、变形、断丝、锈蚀等异常现象，应及时降低使用标准或报废

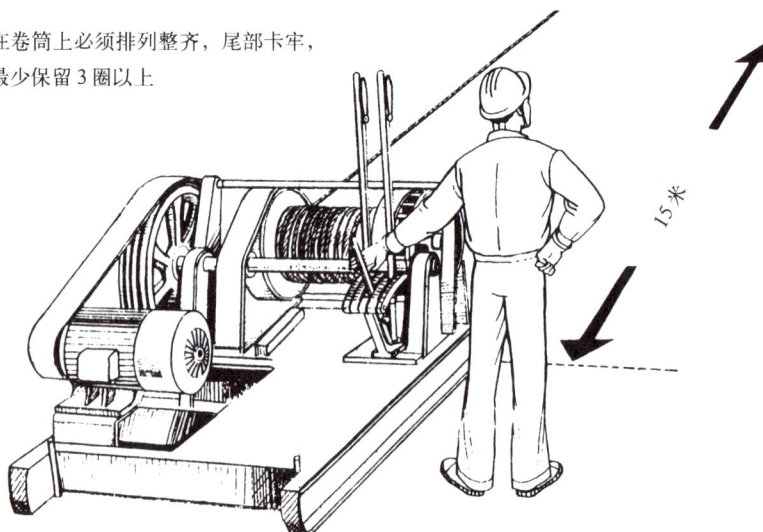

卷扬机应安装在平整坚实、视野良好的地点，机身和地锚必须牢固。卷扬筒与导向滑轮中心线应垂直对正；卷扬机距离滑轮一般应不小于15米

扭结、锈蚀　断丝、变形

图94　吊装机械工具与操作注意事项

‖·第五章
相石拼叠技法·‖

　　叠石造山造型技艺中的山石拼叠应该是相石拼叠技法，其操作的过程依次是：相石造石→想像拼叠→实际拼叠→造型相形，而后再从造型后的相形再回到相石选石→想像拼叠→实际拼叠→造型相形，如此反复循环下去，直到全部的叠石造山造型的完成。

　　从相石拼叠技法的循环操作过程可以看出，相石是拼叠和造型的前提，拼叠造型不懂相石，就是乱堆乱造。相石又是拼叠和造型基础上的起手，也就是说相石又要依据山石拼叠和造型(包括想像拼叠造型)才能实施并进入下一次操作程序。

第一节 相石法

一、相石总论

叠石造山无论其规模大小都是由一块块形态各异、大小不同的山石拼叠起来的，所谓拼，是山石平行相靠；所谓叠，是山石上下摞起来。

对叠石造山的操作过程，前人曾记述清代张涟叠石情景："每创手之日，乱石散布如林，涟蹰躇回顾，主峰客脊，大兴小碛，咸识于心，然后役夫受命，初合顽石，方驱寻丈之间，多见其落落难合，而忽然数石点缀，则全体飞动，若相唱和。"可见，张涟叠石至少具备了如下三个基本条件：(1)掌握了山石拼叠和造型的各种技法。(2)叠石造山总体规划构思大体已出。(3)叠石造山施工准备已做好，石料全部到达施工现场。

张涟能在"乱石散布如林……多见其落落难合"的情况下"初合顽石"，使石料"全体飞动，若相唱和"，首先靠的是对每块石料形态的认真观察和对每块石料用途的了如指掌，然后对应试图表现的叠石造山的主峰客脊、大兴小碛进行想像模拟，将石料于想像中一一拼叠组合，使无秩序的石料成为有秩序、有章法、有布局的叠石造山造型。

由此可见，叠石造山造型技艺中的山石拼叠应该是相石拼叠技法，其操作的过程依次是：相石选石→想像拼叠→实际拼叠→造型相形，而后再从造型后的相形再回到相石选石→想像拼叠→实际拼叠→造型相形，如此反复循环下去，直到全部的叠石造山造型的完成。

从相石拼叠技法的循环操作过程可以看出，相石是拼叠和造型的前提，拼叠造型不懂相石，就是乱堆乱造。相石又是拼叠和造型基础上的起手，也就是说相石又要依据山石拼叠和造型(包括想像拼叠造型)才能实施并进入下一次操作程序。

运用相石拼叠技法进行叠石造山的循环操作过程，主要靠的是相师的脑力劳动。例如，从张涟的相石过程中可知，"主峰客脊，大兴小碛，咸识于心"是叠石造山总体规划的理性思考。"而忽然数石点缀，则全体飞动，若相唱和"则是在理性前提下的即兴创作发挥，正是这种"理性"和"即兴"的高度融合，片石才能生情，意境得以产生。而张涟的实际拼叠尚未开始，想像拼叠即已进行。其过程为：相石选石→想像拼叠→(想像)造型相形再回到相石选石的起手，其中只少了实际拼叠这个需要工匠体力劳动配合的操作过程。等到"蹰躇回顾"思虑成熟了，"咸识于心"了，这才指挥工匠"初合顽石"。

然而，由于世人大都被石料的笨重所迷惑，以为堆山者必是强体力劳动者，故身份地位从来不高，如苏州称花园子，湖州称山匠，扬州称石工，即使张涟这样的名家也只能称为张石匠。岂不知相师所挟叠石造山之相石拼叠造型技艺远非一般石工所能望其项背。即便是堆山者，其中能真正体味到相石拼叠技艺之奥妙者也是极少：张涟算一个，李渔算一个，计成虽作《园冶》，又有掇山选石篇，但仍不足以证明计成真通相石叠石技艺之奥妙，戈裕良拼叠山石技法高超，如过于津津乐道于山石钩连拼叠技法的话，也只能算得半个了。

相石之"相"的奥妙与象棋之"相"可为同理。例如象棋对弈，一来一往、一着一应甚是热闹者是初级。落一子可预先思考三五步者是中级。只有高手才能做到运筹帷幄，把握先机，每走一步都是经几十步的虚拟演习、反复斟酌成熟的结果。相石也是如此，同样是相石拼叠的往返操作过程，技艺的高低相差极大：初级者虽知山石拼叠须接形合纹之理，却只能相一石拼一石，山石拼叠一步一跟，以凑成型。中级者一石未叠好即想下一石，相石能预先跟踪局部形态。高级者相一石想像全形，叠一石思虑整体，善于未雨绸缪，统筹在先。所以，越是叠石高手在相石和相形上所花费的功夫和精力就越多，往往占整个叠石造山工作量的70%以上，所以只有叠石造山行家才能被称为相师。至于外行堆山如砌驳岸，虽有选石但不懂相石，山石拼叠只知凑形，甚至横七竖八只求堆石不倒罢了。

相石与相地又是密不可分的，地貌如战场，用石如用兵，尤其相石起脚，亦如置阵布势最为要紧。例如，日本好组石造园，极诣当推京都龙安寺石庭园，是日本造园名家相阿弥手笔。满院铺白砂，耙纹作波，模拟江河。以15石块分组，每组二、三、五块不等。其造型从任何角度观之，总有一块不见而只见14块。布局纵横交错变化，又暗合"虎渡子"故事……。可见，相阿弥布石造型，同样要根据庭院空间边相石边布置，一一造型。

日本人是肯下功夫肯动脑筋的，尤其对传统文化技艺的研究往往就能达到登峰造极。所以日本的组石造型技艺，虽只相当于中国叠石技艺中的点石、埋石、布石一类，却自成系统，法式严谨，不仅其流派纷呈，又按地势分平庭、筑山庭、茶庭、文人庭等。按手法分真、行、草三体。又有"眺望园"、"回游式"等，其中组石技法又杂以阴阳五行佛教之说，今见路秉杰、汤众《日本园林用石》一文，可见日本组石其法式研究近乎病态。尤其是明确了庭园山石造型以深远不尽为极品，从这个意义上说，能用几块石头经组石布置就能得其深远不尽之意，何苦非得千百石拼叠造型呢？可见日本组石自有其独到之处（图95～图101）。

然而事实是，无论相阿弥相石组石造型技艺如何高超，章法如何严谨，也不过区区15石而已，即便相石组石时有误，却由于石块没有拼叠，所以调整也很方便。这就与中国叠石造山动则成百上千吨，用石成千上万块的相石拼叠技法之博大精深不可同日而语。中国相石离不开拼叠，一样的庭院地貌、空间环境，其中一石相石考虑不周，尤其是起脚石有误，日后再想调整则几不可能——要么将错就错，要么把山扒掉重来。所以只能在相石相

地时做到一锤定音，一石定形，如同君子下棋"落子无悔"一般。然而相师要做到这一点，不仅要具备纯熟的拼叠技法，丰富的造山经验，严谨的统筹规划，渊博的艺术修养……，更需要临场相石时的深思熟虑，其想像力之丰富，之深远，当用得上心智力竭四字。所以《扬州画舫录》中说

仇好石是因叠怡性堂的宣石山时思虑过甚，积劳成疾而亡，果真如此，仇好石可为真通相石拼叠技艺之人。

二、相石要领

（一）识石用途

叠石造山的石料全部到达现

图95　真之山水图

图97　草之山水图

图96　行之山水图

场后，相师首先要目识心记。

相师目识心记石料就如同石涛"搜尽奇峰打草稿"，只不过石涛此话有点虚夸，而相师相石却是实实在在、立马兑现的——现场有成千上万块石料，那也是要一块不漏地看过去，认识它，记住它。

目识心记是在充分掌握了山石拼叠造型技艺的前提下，根据叠石造山的总体规划和拼叠造型的具体要求，对每块石料的具体形态进行观察，确定并掌握每块石料在造型中可能的具体作用，并记住它为以后的实际拼叠造型作随时选用，使每块石料的用途尽可能地得到最佳发挥。所以，相石不懂目识心记就是盲目乱看毫无意义。目识心记的具体要领如下：

1. 识石形

例如，对单块石的形态而言，绘画表现讲究"石分三面"，而相石则讲究"石分六面"。这是因为叠石造山虽然大多情况下只有一到二个面是作为观赏面，其他的面作为拼叠面常常包裹在山体之中根本看不到，但看不到不等于不重要。一块石料如果没有适合的拼叠面，那就无法用于山体的拼叠和造型，再好也没有用。

观察石料除了对石料的长短、大小、轻重、破损情况，以及质地裂缝等要认真观察防止起吊拼叠过程中突然断裂发生事故外，对每块石料还要看六个面，即，正脸面、后背面、上叠面、下压面、左拼面、右接面。具体如下：

(1)正脸面：即观赏大面。

(2)后背面：多为隐蔽面。但有时也成为山洞内侧的大面。

(3)上叠面：一块石料，上面如需再加石拼叠即称"叠面"，不加石拼叠成为脸面的又叫"阳面"。

(4)下压面：石料下面又称压面。石料如处于视平面以上，露出部分形成可供仰视的脸面又叫

图 98　草之平庭

图 99　草之筑山庭园

图 100　枯山水

图 101　龙安寺石庭园

79

"阴面",如挑石、飘石、做洞顶的跨石等底部。

(5)左拼面:左拼面如果无石拼接,即成左脸面。

(6)右接面:右接面如果无石拼接,即成右脸面(图102)。

以上是石分六面的大致介绍,如果石料虽有脸面但其他五面不全,或成大斜角状、椭圆状等使拼叠难度增加甚至无法拼叠的叫做"没叠面"。这种石料可用于埋石或敲碎用于做刹石和刹皮(图103)。

2.找石脸

一般情况下,人们将石料纹理脉络变化最为显著的面称之为大面,扬州人则称之为脸,称呼不同,意思一样。

石料有形无脸,叫做徒有其形,即使拼叠面再好,也只能作基础石或叠裹在山体之中作隐蔽石用。所以相石首先要将每块石料的脸面一一找出,并使之脸面向上暴露,以便拼叠造型时选用。

石料的外形千变万化,纹理脉络也是各不相同,即使同一块石,其阴阳向背、面面也各不相同。有的面突起凹陷,有的面纹理纵横交错,有的面玲珑剔透,有的面平整无奇。更何况每块石头可分六面,有最美的面,也有不美的面,将这六个面一一翻转进行观察比较,找出其中相对最美的面,这个过程即为相石找脸。扬派叠石有有脸无脸之说,其意也是指这块石的面好不好,能用于或不能用于造型之意(图104~图109)。

相石之所以要分清并找出石料的脸面,是因为山石拼叠不仅要将石与石的外形相合——即拼叠面相合,同时要将每块石料的脸面纹理变化相接相通,而不是石料只要是脸面都可以组合的。其次要保证每块山石的大面都朝向观赏点或观赏线,直至将单块石的大面经过拼叠技法处理成为山的大面。所以相石找脸的过程就体现了相师的文化艺术修养,审美眼界的高低和统观全局的能力。例如,有的人相石一味考虑石块的某个角度或某个面的象形特点,这就是工匠的眼光,因为在施工过程中只有工匠常常要等着相师相石选石而闲着无事,于是以看石头的象形为乐趣,并常将其所得提醒于相师。有的人只知寻找石块某个面、某个角度做成单独的审美对象,或只知把石块纹理脉络或空透变化最明显的面作为大面(这面假使确实是石的最好的面),但是,由于缺少统观全局的心胸和眼光,不懂得单独成形的石料的面首先要服从山石拼叠组合造型的整体大面,不懂得石味过重的石面往往会减弱甚至会破坏以气势取胜的山的大面形象,只知局部不知全局,只知石面不知山面,所以仍然是外行。

3.面面俱到

由上可知,一块石料有形无脸叫徒有其形,有脸无形叫无叠面。所以相师相石一定要形纹并重,既要看其形又要看其面,面面要俱到。

相石时的形纹并重,面面俱到,首先是建立在想像拼叠组合造型基础上的。例如,两石相叠成立柱状,那么下石料的上叠面和上石料的下压面的吻合要力求达到最小接合缝,并保证吻合处周边外形相合,同时还要考虑上石料有上叠面以利于石料的继续拼叠。如果此立柱四面可观,那么其余三面又是观赏面。当然,其余三面如大面一样要求不现实,但首先要保证主大面的形纹统一,然后在照顾其他三面时可以适当降低要求,按先接形后合纹的原则进行想像拼叠。

石料相叠除石料拼叠大面外,上石料上叠面的形状大小及走向又是石料再次拼叠组合造型的基础,可见,凡石料拼叠,其形、其纹、其拼面、叠面等等都不是孤立的,其中任何一面考虑

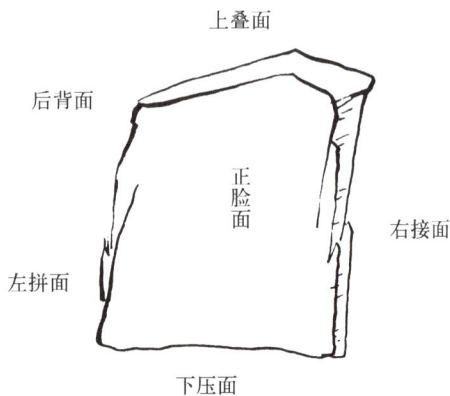

图102　石料的六面

上叠面

后背面

正脸面

右接面

左拼面

下压面

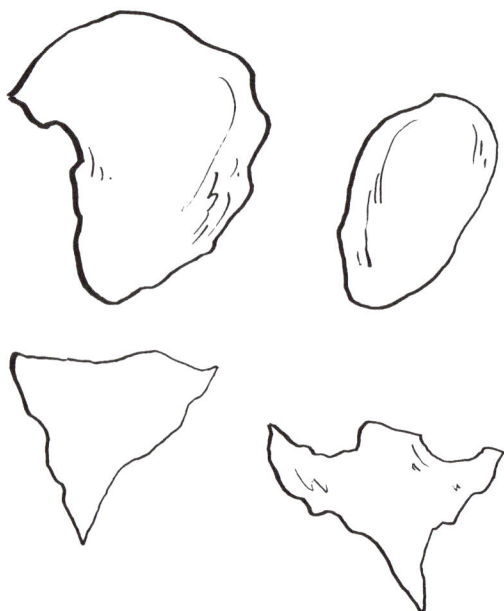

图103　石料的"没叠面"

不到都不行，相石要求的就是面面俱到。

二石相叠如此，十石百石千石万石同样如此。所以，相师相石要求形、纹、面并重，想像拼叠的石料组合的块数越多，造型及其组合变化越广，越能接近叠石造山的总体规划所要创造的意境和效果，则相师功底愈深。

（二）分门别类

千百块石料看过了，对每块石料的用途心中有数了，相师还要记得住，这叫做过目不忘。那么在施工时你就能做到闭目如石在眼前，如对号入座一般将石各就各位，应用时方能信手拿来。例如造一山洞，相石时正好有一长约2米的山石，不仅形纹适合做洞口跨石，两头拼叠面也不错。于是在造此洞时即按洞顶2米的阔度进行起脚和造型，当然，起脚石不一定就是2米，洞的两边也不可能直上直下，否则就成了"门"而不得其生动自然

了。但是如果你不懂相石，或者相师不懂此石的最佳功能和用途，或者看过了也就忘掉了，那么这块石料也就不能尽其所用，就像人不能尽其才一样浪费了。

能用于做山洞洞顶跨石的石料和造型毕竟特殊，也就比较好记。但大量用于各种拼叠和造型的石料也要一一安排记牢，这就十分不易了。例如有的石料适合起脚，有的适合封顶，有的适合左拼，有的适合右接，……可以

图104 呈沟条状的山石纹理

图105 山石呈不规则状

图106 表面光滑只几个洞

说凡石料无论大小长短、有脸没脸、有叠面还是无叠面，皆各有各的用途，要使每一块石料都能扬长避短、各得其所发挥其最佳用途，一套帮助记忆、预先安排石料的方法是必不可少的。

1.对形相石

以主大面的主层面内容选择石料，对应石形进行造型，叫做"对形相石"或叫"造型相石"。反过来，以石料的具体形态来构思创造主山造型的叫"以石造型"或叫"相石造型"。在实际拼叠造型时此二者又常常交换运用，相辅相成。

叠石造山的大面层次和内容虽然很多，却有主有次。主大面主层面内容是指：例如扬州个园湖石山洞是主内容，山洞洞口表面这一个层面就是主大面的主层面，主要表现有洞口的高度、宽度及洞形变化等特征。如果洞口较大可窥见洞内山石形态的，那么洞内可见山石表现层面乃为主层面内容之一。

根据洞形大概，即可对应相石选石，将石料于想像中拼叠，造出此洞之大概造型。例如，洞口正面为大面，其左侧石料当取有右大面造型的，右侧石料当取有左大面造型的，洞顶跨石当取有阴面形态的等等。待石料想像选择拼叠差不多了，可将这部分石料先安排一处，也可大致编号，记忆力好的相师也可以记住它，待用时自可取之而不会乱。当然，实际拼叠时和相师的想像拼叠有时也略有出入，这时候就发挥灵活机动性，边施工边寻找，选择合适的石料进行组合，这叫做"救急"。

2.以形分类

叠石造山讲究的就是造型，其中又有一些主要的、关键的部分。例如，挑、飘造型很重要，选好挑石和飘石就是相石内容。挑石飘石又有如下特点：挑石形长，飘石扁长形，挑飘二石多为组合造型，形纹多统一。其次，挑飘二石一长一薄，在自然界中本就易断易损，在石料中其数量所占比例也就不多，所以这类石料就可以安排一类，以便日后穿插造型。

再如，主山封顶石必选醒目之石，如以气势取胜的则多用块大、形整、厚重之石，可得压顶之势，这样的石料可先安排一类。起脚石质地第一，奇形怪状过于空透的就不能用，这又可分一类。其他的石料如，有左出之形势面纹的石料为一类，有右出之形势面纹的又为一类，凹有收势的一类，进有突势的又为一类等等。

3.以面分类

除了上述"对形相石"和"以形分类"外，用于常规拼叠造型的又可以根据石料的大面纹理结合用途作如下分类：如高处形成仰视的要有阴面，低处俯视的要有阳面，玲珑剔透奇形怪状的为一类，纹理相近的为一类，石色相近为一类，可单独成形的为一类，基础埋石为一类，驳岸为一类，做山洞封顶的一类，做上山踏步的一类，有大面无叠面可用于做刹片补石缝的为一类，适于拼的一类，利于叠的又为一类等等。总之将每块石料的形状和大面纹理特点结合拼叠造型的具体要求统筹安排，同时指挥工人分门别类进行有秩序的排列放置（详见"备料立基·5·石料的分类"）。

图107 呈波纹状的山石纹理

图108 呈涡洞状的山石纹理

图109 呈麻点状的山石纹理

第二节 平衡法

凭感觉将山石堆叠起来而不倒，靠的是本能和经验。但如果要使山石拼叠有一定的造型，则需要有一套保持平衡、掌握重心的方法。

叠石造山的平衡法应该是造型平衡法，如同舞蹈、体操、武术、杂技、书法一样，动似敦煌飞天，巧如行云流水，静如处子，稳如泰山，造型虽出人意外，却又在情理之中。姿态虽变化无穷，却给人以美的观感、美的享受。所以，那种仅仅将石料叠摆起来，或将石竖立起来站着不倒，或者奇形怪状、恶意倾斜使人看着提心吊胆……等等，都不是真正意义上的平衡法。

叠石造山的造型平衡法可分为二类，一类是保证山石稳固、安全的实用平衡法，一类是给人以美感的造型平衡法。

一、实用平衡法

叠石造山的实用平衡法实际上也包含了造型美的创造，只不过更强调其实用性，以确保叠石造山造型美的安全和稳固。

(一)横平竖直

1. 为什么要横平竖直

(1)保持不倒

山石拼叠保持平衡而不倒，首先要求横石拼叠横向叠面要平，竖石拼叠竖向重心要垂直，其中道理就如同用砖砌墙，如果每块砖不能横平竖直砌上去，这墙是要倒的。

(2)体现整体美

用砖砌墙讲究横平竖直才能稳定保持平衡，有一种整体美，而整体美又是任何造型艺术都必须要把握和体现的。叠石造型也要体现稳定的整体感、整体美，那么，山石拼叠除了要求"同质、

同色、接形、合纹"表现整体美外，石料拼叠过程中的横平竖直也是必不可少的。因为山石拼叠七倒八歪没有规矩，给人的感觉就是乱石堆。但如果山石拼叠过于追求横平竖直缺少变化也就如同砌石墙，这座山也就没有什么看头了。所以在二者之间就有一个平衡关系的把握，如何把握才叫适度？一般来说，由于山石自身形态变化的无常，乱易而整难，因此拼叠造型就需要向横竖直方向靠，才能更好地体现出山石拼叠"宜整不宜碎"的基本原则。所以叠石造山拼叠造型讲究横平竖直就不是机械的，而只是作为一种普遍的基本形态。

(3)石石有交代

我们知道，石料只要拼叠便有拼叠缝，这种拼叠缝反映了两个现象：

①拼叠缝反映了人工痕迹，即，无论你的拼叠技法如何高超，人工拼叠的痕迹总是存在，在事实上是不可避免、无法消除的。而这种人工拼叠的痕迹不仅是作为自然真山和人造假山最明显的区别之一，也是叠石造山得以"以假乱真"、"弄假成真"、"虽由人作，宛自天开"、"源于自然高于自然"的作为艺术创作的重要因素之一。

②拼叠缝反映了每块石料的具体形状和变化，而根据这种变化又反映了相师的拼叠过程，即拼叠的构思、目的和技法。所以，拼叠缝一乱则石形乱，石形乱则山形乱，反映出的就是叠石造山者用石的混乱、拼叠技法的混乱、构思的混乱和章法的混乱。

山石拼叠的过程也就如同画家用笔的过程，绘画讲究笔意，要求骨法用笔、中锋用笔、以线写形，所以中国画常常又叫做

"写"意画，笔法也就成为中国画技法的基础。例如看一幅好的山水画不仅是总体气势逼人，画境能扑面而来，使人能不由自主进入画中，更进一步，用笔虽长短粗细不一，缓急轻重不一，浓淡、枯润、繁简不一，却又需笔笔有来龙，有去脉，有交代，使之"笔无虚设"、"无一暇笔"、"无一病笔"。叠石造山也是如此，一座山无论大小，先看石味、石意及石头的组合拼叠，这是叠石造山造型技法的基础，是区别外行和内行的分界线。石味、石意何来？一是源于自然，所以到山地采购石料要求相师亲自选石，尽量寻找石质滋润、石形生动、纹理清晰的石料。二是通过拼叠组合，其中少不了以缝显石，所以，山石拼叠用石虽有大有小、形态万千，拼叠造型虽变化无常、无一雷同，却也要求石石交代分明，来龙去脉清楚，也就是所谓"片石生情"。有情先要有"意"，所以每块石料都不应是胡乱堆叠、七倒八歪、七拼八凑，而是有章法、有目的、有意图的深思熟虑的结果。叠石造山虽强调山形山势，却也要有石情石意石味，而山石拼叠讲究横平竖直是表现石形，体现石味、石意，传达石情的重要手法之一(图110)。

(4)利于带动他法

石料拼叠讲究横平竖直实际上就是要求每块石料都能保持一个可供叠压的，并可连构以形成整体、保证平衡和稳定的叠压面。这样，山石造型无论如何变化，是挑出求飞动，是架空求透漏，是左倾还是右突等等才能随心所愿。所以石料拼叠保持横平竖直本质上就是叠式操作法。而叠式操作法从造型上讲，其优势正是可以最大

限度地带动他法进行造型，从这个意义上讲，横平竖直只是手段，目的也是为了能够最大限度地带动他法进行造型。

2.横平竖直的方法

墙体的整体美体现的是人工美，山石拼叠的整体美体现的是自然美，这就是区别。所以叠石造山又要讲究破平，破平的目的就是要减少人工气，增加自然性。这就要求山石拼叠造型能"平中求变"、"奇中求平"、"乱中取胜"、"统一中有变化，变化中有统一"……。常用的横平竖直拼叠法如下：

(1)横向叠面要就平

石料外形千变万化，但无论如何拼叠，单块石料的上叠面都要尽可能留有一个相对平衡的平整叠面，才能使上石料有叠压落实和保持平衡稳定的生根地方而继续拼叠(图111)。

山石拼叠如果没有一个相对平整的叠面，甚或尖头向上，那么，即便是勉强堆叠起来，山石造型也必是七倒八歪，有一种破落之气(图112、图113)。

(2)竖向(重心)要垂直

竖向垂直主要是指石料拼叠时的重心要保持平衡，而不是每块石料的拼面要垂直，尤其是用于插式竖纹拼叠，保持石形的重心垂直稳定就更显重要(图114)。

(3)错式破平法

①错叠就平：石料拼叠要有大小高低的错落，所以上叠面就不能都在一条水平线上就平，但如果从低到高都不在一条水平线上，石与石之间也就没有勾连组合，如同条条竖向

的石柱变化了。因此"一高二低"、"一大二小"就出叠压平面就是常用的技法。所谓"一高二低"是指一块石料如果是约80厘米高，那么与之相拼的石料就找二块以上的石料(但不宜太多，多则易碎)相叠而就平到约80厘米高，然后再用石料从拼接缝处同时叠压形成勾连整体，这样不断地破平、就平就叫做"错叠→就平"再"错叠→就平"。

"一大二小"也是这个意思，所谓"二"只是个虚数，不一定就是二块石料，"二小"是指大小胖瘦与"一大"的明显区别(图115)。

②错拼求变：石料相拼虽有接形一说，但在山体拼叠造型中又不可拘泥不化，例如将石料呈

图110 这是扬派的山石拼叠的外形示意图，从其山石拼叠组合的各种变化中可见到石的形态、石的趣味和章法

图111 无上叠面

图112 山石拼叠未能交代清每块石料的拼叠面，就显得乱七八糟如同乱石堆

图113 这是一座未完工的山石拼叠造型，每块石料的拼叠面都能一一交代清楚，两山比较，内行和外行一目了然(方惠造)

前后错开相拼形成大面，然后再用稍大石料由上叠面将其连勾叠压形成整体，山体造型就能生动变化而又不失其整（图116）。

总之，于横平竖直中如何"破平"、"破直"是横平竖直操作和造型的关键，"破平"、"破直"的手法千变万化，还要从实践中不断总结，才能运用自如。常用的一些方法有：横叠成竖形，石料横向拼叠造出竖向形体；竖拼成横形，石料竖向拼叠造出横向形体；横中有竖，竖中有横；竖形接环透；横形接环透，等等（具体拼叠手法参见本书"接形"、"合纹"）。

（二）刹

山石相叠或竖立，叠压面多是凸凹不平的。这就需要选用石质较坚实的石料敲打成刹石和刹片，将其垫稳刹紧和卡死，使之稳定、平衡并保持重心。其次，刹石技法的运用又是山石造型的重要手段之一。

1.取刹方法

凡石料除纹理外又有石丝，将形态不好但石丝清晰的山石挑选出来，然后顺丝用手锤敲剥成厚薄不等的片状做成刹石和垫片。刹石要有一定的斜面呈刀口状，但斜面不可太大，垫片是指没有斜面的片状石（一般统称刹石）。刹石片和垫片都要有一定的厚度，才能保证使用时不因受压而碎裂，并集中堆放于山石拼叠处便于随时选用（图117）。

使用刹石操作的同时也就是在造型了，所以，有的刹石虽小也要有脸面，并且与所需拼叠的山石脸面要求相一致。由于有脸面的刹石较少亦难取，往往难以及时保证山石拼叠的需要，因此可用如下方法解决：(1)人工敲剥的有脸面的刹片只用于山石拼叠大面，而将无脸面的刹片用于非大面。(2)到石料产地选购石料时有意采集一批自然剥落的石片，这种自然剥落的石片在产地不仅量大，而且大多有脸面，山民往往还不要钱，可谓省时、省力、省

钱，使用效果又好，何乐而不为。

取刹石时常常会取到一些山石的旧面表皮，这是用于山石拼叠补缝的材料，应随时注意保护收集，尤其不能将大一些的随意敲成小的，而应该在补缝时按石缝的具体形状进行加工处理。

2.刹石手法

(1)送刹

向山石叠压缝口放置刹石，应用拇指和食指拿住刹石左右两边向缝口送进，可防止叠压山石滑动压伤手指（图118）。

(2)刹刹

刹石送到位需要敲紧卡死，应用锤子的木柄头抵击刹石，而不能用铁锤直接敲打，否则刹石片易被敲碎敲裂（见图90）。

(3)敲振

当刹石全部刹好稳定后，对体量一般、不是太大的山石，可在山石上叠面的中部或分大致四个方位用手锤敲击几下，敲击不要用死劲，要把握内提劲，目的是使所叠山石有振动感。也可以用手掌根部对山石旁面击几下，

图114　山石拼叠造型，内容要清楚，目的要明确，用石要有大有小，造型要变化生动，不但石质、石色、石形、石纹相合要严谨，而且要使每块石料横平向的叠面和竖向的拼面重心都能一一交代清楚（方惠造）

图115 "一大二小"错叠就平

图116 错拼求变

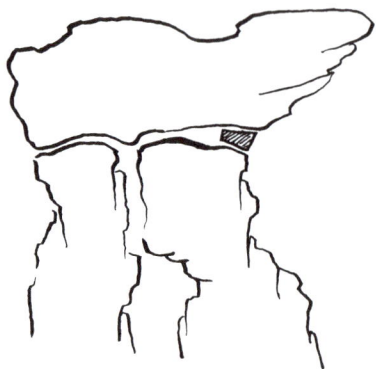

刹片

用垫片就平叠面

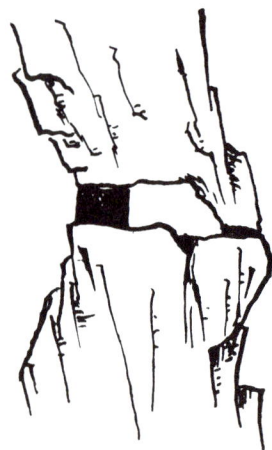

垫片较大又称垫石

图117 刹石片和垫片

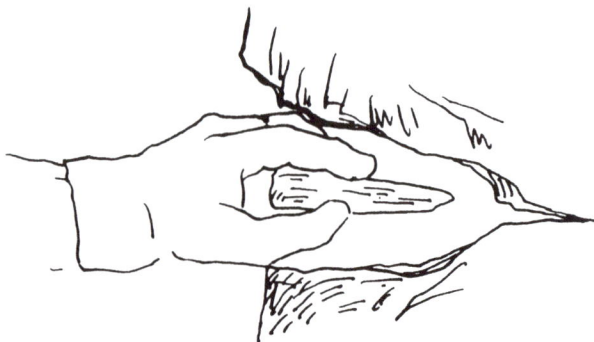

错误的拿石法

正确的拿石法

图118 送刹手法

力度也要掌握好，不能用死力气，然后再检查一下刹石是否有开裂等隐患，并再用手锤柄头抵击一下所刹刹石，使山石与刹石的接触面吻合更紧密，然后再分开双手用悬劲而不可用死劲将山石前后左右晃动一下，在山石上压面外边缘分四面用手压试一下，检查有无晃动，以确定山石稳定万无一失。

（4）避让

要养成这样一个习惯，凡近距离或双手须接触山石，或拼叠或刹石操作时，一定要与所操作山石料保持一定距离，双脚要分开，双膝微弯不可绷紧，弯腰不可挺肚，双手前伸成自然操作状，保持高度警惕性以便随时避让可能突发的危险。

3.刹石技法

刹石技法作为叠石造山造型技艺中的一个重要环节，不仅在于它保证了山石拼叠的稳固性，同时也是山石拼叠能否形成整体而不零乱，造型能否继续、生动和自然等的重要手段。所以刹石虽小，其作用却很大。

（1）刹石面和形

①旧面刹：刹石如是敲剥而成的，那么能保留原山石料旧石面的叫旧（面）刹，没有旧面的刹石叫新刹。旧刹主要用于山石拼叠大面的叠压处。因此它首先要求旧刹面的色、纹变化要与叠压山石相统一。

②转折面：石料敲剥成刹片时，常会取到既有正旧面又有旁旧面的刹石，这样的刹石叫做有转折面，主要用于山石拼叠不仅有大面而且有左大面（或右大面）的叠压转折处。

③形面：刹石是顺石丝层层

敲剥下来的，所以也有上、下、左、右的六个形面（包括旧面和里面）。

● 在具体使用时，上、下形面首先要吃实，不能像瓦片那样成凸起状，否则受压要断裂（图119）。

● 凡刹石无论有无旧面，刹进去的刹石外形都要与叠、压山石的外形相合相顺，不要凸出来，也不要凹进去。尤其大面刹口，如有缺口也要用旧石补顺，像一块整的（图120）。

● 刹石的上下形面受压要均匀，不但合缝而且受力接实。所以，不要用斜度很大的刀口状刹石或成三角形、圆形的小石块做刹石，避免刹石受压时只成线状、点状接触而不成面（图121）。

（2）补缝

刹石旧面与石料大面吻合

图119　刹石上、下形面要吃实，否则石料受压刹石要断裂

图120　刹石外形都要与叠、压山石的外形相合相顺，不要凸出来，也不要凹进去

图121　不要用斜度很大的刀口状刹石或成三角形、圆形的小石块做刹石

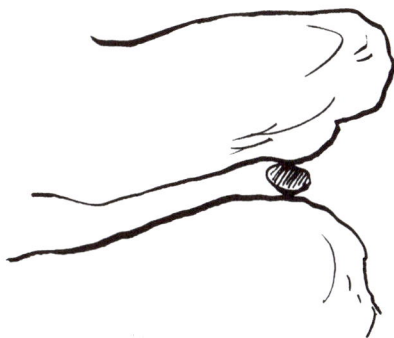

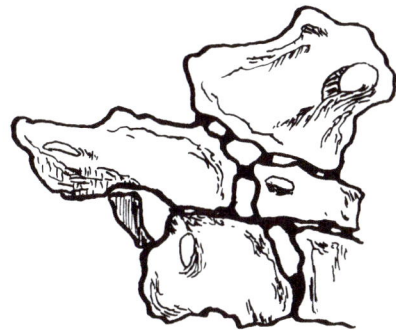

图122　做缝要求自然，使人看不出人工贴补的痕迹

后,内侧面形成的石缝就成了山石拼叠的纹理,又称刹缝,对其技术上的处理又称为做缝或补缝。做缝要依据山石拼叠的大面而变化。例如,山石大面用石多孔洞状或窝状,为使拼叠缝能与其统一成为自然石洞,可再用有旧面的刹石将缝纹分隔做成数个假洞。由于缝纹是依山石叠压面的边形而变化,往往多呈条状,因此要会用刹石外形破其条形,使假洞又有大小形状不等或非条状的洞的变化。最忌用刹石从石缝中间一分为二形成大小对应的洞或排列均匀的一个个小洞。再如,拼叠缝由于刹石内边多呈直角,因此缝的两头易成小方形而不自然,所以要会破其方头。

山石拼叠有缝,用了刹石有缝,于是,大缝做洞、小缝成纹是山石拼叠缝的基本处理方法。但也有用刹皮满贴缝使拼叠石料成为一个整块的情况。所以,缝纹处理要根据山石拼叠的具体造型酌情处理,原则上要求自然,使人看不出人工贴补的痕迹。做缝的技术要求很多,将在后面再作具体分析(图122)。

(3)刹石厚度

利用刹石的厚度来变化山石拼叠的形状叫做"就形",是山石造型的重要手法之一。例如,上叠石左厚右薄,呈侧梯形状,为了使上叠石上压面保持相对水平面能继续拼叠山石进行造型,那么在刹石时右面刹石要加厚,以

就平上石料上叠面。

叠面如此,其他形面也是如此,例如石料大面上部要前倾形成阴面形势,可在背面用厚刹石加高,左面上部要有前倾之势,右面刹石加厚抬高,等等(图123)。

(4)刹吃边

石料叠压,刹石除了要找准叠压山石的最佳吃力点外,还要吃叠压山石料的最外沿边口,这样才能尽可能扩大上石料的重心面。其原理就如同一张桌子,桌腿如同刹点,桌面如同石面。桌腿在中间的,桌面一边受重就要翘翻,桌腿越是分于边角的,如同四腿方桌一样,桌面上的东西无论怎么放都不会翘翻桌子(图124)。

(5)刹石的几种用法

①刹刹:有斜口缝,需用刀口状刹石用锤柄击抵打紧的叫刹刹。

②垫刹:山石叠压处须用撬棍撬开并形成一定的间隙缝,然后将相应的刹石垫放好,再放下山石压实所垫刹石使之稳定,叫垫刹。

③填刹:填刹一般是在刹石或垫刹完成的基础上,为防止刹石或垫刹尚不足以承受上面山石继续拼叠的重压,再加一些刹石以作辅助,或又作为补缝手法之一,其方法与刹石手法一致。

④卡刹:两石相依、相挤,或搭头相靠等,中间的空隙、石缝

需用刹石将其卡住、挤实使之牢固,叫卡刹(图125)。

⑤撑刹:如,一长石伸出,底面用一刹石抵撑牢固,即为撑刹。也有的撑刹往往并没有实际的抵撑作用,只是作为一种造型处理上的需要(图126)。

⑥双面刹:凡刹石应有一定的斜面,故又叫刀口刹,刹石从叠压缝外口刹进,反口常形成刹口空隙,这时可用相应刹石从反口加刹,使其稳固(图127、图128)。

(三)压

"靠压不靠拓"是山石拼叠造型的基本原则。

"拓"是扬州人的土语,其意是指山石拼叠无论是高是低,是数石还是数吨,主要是靠山石本身及石与石之间的自身重量和相互挤、压而牢固的,而不是靠水泥砂浆"拓"起来的。水泥砂浆虽有很大的抗压强度,用于填缝做缝少不了它,但水泥砂浆缺少拉合力,所以山石拼叠就不能将其当成万能胶来使用。

例如,叠石施工常常拼叠顺手来不及做缝,山石拼叠十多块,山形高达一二米也不用一点砂浆的方法叫做"干码"。

常用的压法有:

(1)压后:一块石料伸出去,如挑、出之石,可加撑临时稳定,待后部用石压住后即时拆去支撑,再安排挑石的继续拼叠和造型。先挑后压的原则是,压石部分重量永远大于、重于挑石部分

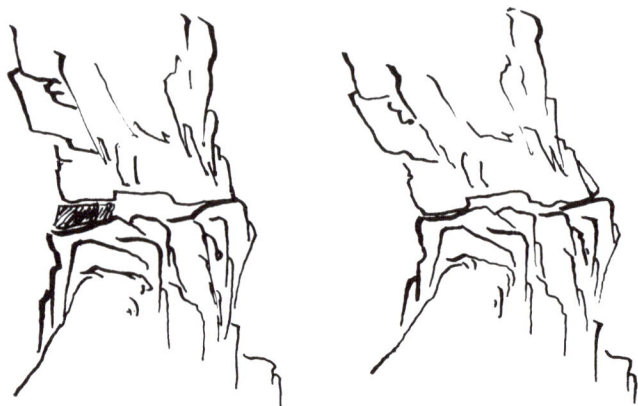

图123　刹石加厚,抬高叠石保持平衡

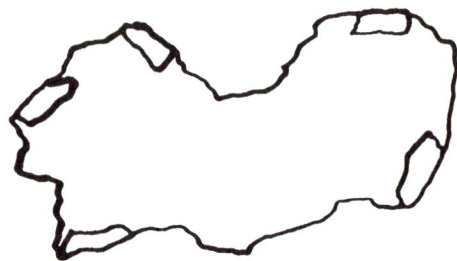

图124　刹吃边分布俯视

（图129）。

（2）压缝：两石相拼，再叠石应压过缝使二石都能受到连压，此法又叫一压二。如上石能同时压住三块则叫一压三（图130）。

（3）搭压：如两石分开需用一长石的两头同时压住叫搭压（图131）。

（4）挤压：如中间一块石料吃边倾头，则此石两边石料一定要挤压住，并用刹石卡死，用水泥砂浆满填，保证此石后部分挤压稳固（图132）。

（5）垫压：一长石伸出，如果下石料上形面本已倾出，这时在此石上叠面外边口垫刹，则石料要翻倒并带动上长石翻倒，此时可用刹石在上叠面中部垫稳，再按先吃内后吃外的原则放稳伸出长石，并用木撑顶住伸出部分，待长石后部压好石料后再去除木撑（图133）。另外，如压面有高低，可在低石上垫刹以保证两石同时都能受压稳定（图134）。

（四）靠

凡石料拼接，除大面形纹相接相合外，其他相近部分能挤靠的一定要挤靠住，尤其山石拼接的背面处有石相靠，还要在挤靠的竖向石缝中加足水泥灰浆，并用刹石抵卡，使之形成整体块状，以确保和加强山体和大面石料的稳固。

（五）对边

竖立峰石首先要保证峰石的重心垂直线，使之不偏不倚，然后将峰石根部叠压处加固，这样的峰石才站得住。但叠石造山就不能再如峰石那样以中心轴线来保持平衡了，而应该以山石起脚石下最边口的吃重点来掌握叠石造山的重心变化，方可保证山体

图125 卡刹

图126 撑刹

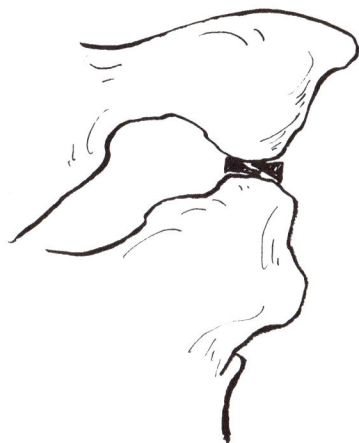

图127 双面刹（又称反口刹）

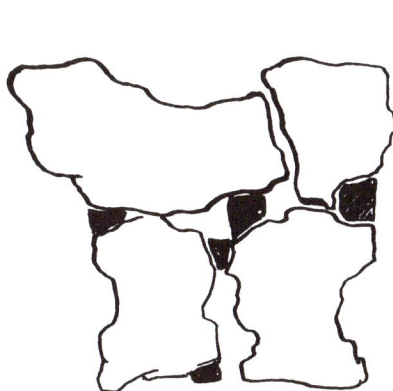

图128 刹石的分别使用

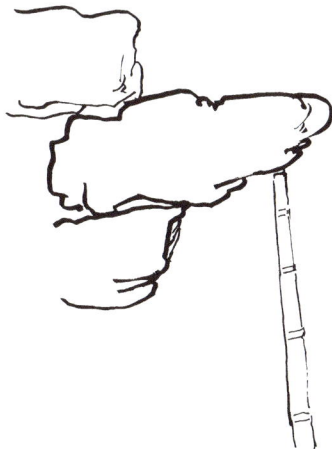

图129 先挑后压，挑头临时加撑稳定。压石部分重量永远大于、重于挑石部分

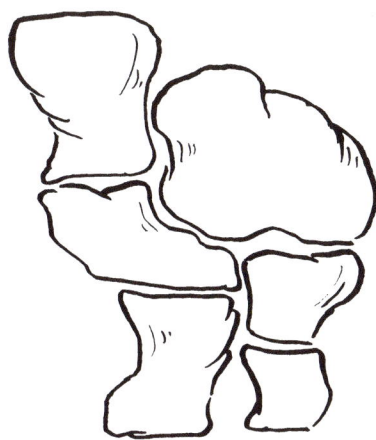

图130 "靠压不靠拓"，压石部分重量永远大于、重于挑石部分是山石拼叠保持稳定的基本原则

稳固，使造型生动自然(图135)。

(六)搭角

石工行业有一术语叫"木投榫，石搭角"。这是指石与石之间相连接，只要能搭上角便如同木作投上了榫，就不会脱落发生危险。例如，石料的发券、两石中间的卡石等，只要山石相接，哪怕是竖向的左接面或右拼面能搭上头并稍有些下收斜面能卡住，便可再用刹石卡刹，就可以不脱落。当然，搭角石的两旁山石务必稳固，以能承受搭石对两边的挤张力为基础条件。

(七)防断

石料宁断不弯，所以石搭住角才不会脱落，可见山石拼叠最怕石料突然断裂。

石料在开采或运输过程中的碰撞，或中间有裂缝，或中间夹有砂层，或过于单薄、漏透等等，都容易在操作拼叠的过程中突然断裂，甚至发生意外事故。所以要有一定的防范措施。

(1)除用眼认真仔细观察外，还可用手锤敲击石料，如有闷声，则须注意。

(2)呈横长条状而石丝纹成竖向变化的，不宜用作悬空挑石或跨石。

(3)过于空透或质地不坚者不能用于起脚和受压。

(4)用于作洞顶或飞跨造型的长条石，应将凸起面向上形成凸桥式(图136)。

(八)忌磨

怕磨不怕压，指叠石数层时再行叠石，如果位置需要就地移动一下，则必须将整块石料悬空吊起再作调整。切不可将石块搁在山体上磨转移动，否则会因一石磨动带动下面石料同时磨动，造成倾斜甚至倒塌发生危险。

(九)吃内

凡山石向外作飞悬状，要先用重石压住后部，叫吃内。吃内山石的重量的大小要依据飞悬山石的情况而定夺，如果飞悬处还须加石造型，而吃内山石重量不足以压住保持平衡，则飞悬石可缓叠，待吃内山石继续拼叠，重压足以承受飞悬山石方可进行(图137)。

(十)曲状布点

如起脚布点以造出空透山石造型，其山石放置最忌成一条线状，应以三角点状或不规则曲线布点起脚(图138)。

(十一)砂浆混凝土的使用

前面介绍的实用平衡法中，之所以很少提到山石拼叠使用砂浆混凝土(简称砂浆)，并不是砂浆对山石拼叠的平衡稳固不重要，而是因为在叠石造山的实际操作过程中，由于砂浆需经数天的凝固期才能真正起到作用，叠石施工又不可能要等砂浆凝固有劲了再施工，所以叠石造山的山石拼叠只能是"用了砂浆却又当没有砂浆"进行操作。

使用砂浆混凝土是加强并确保叠石造山平衡稳固的重要环节，使用的方法原则是：只要不

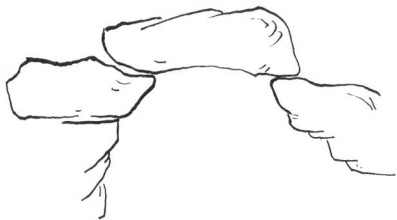

图131 搭压

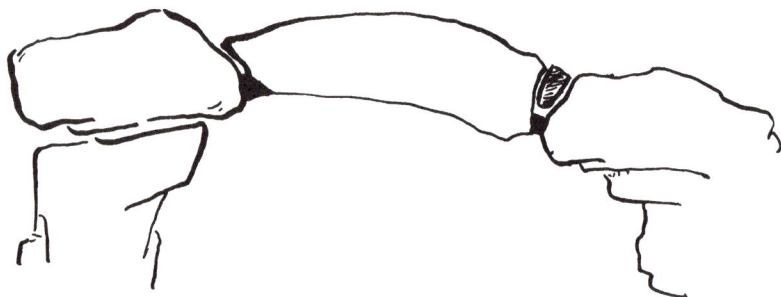

图132 挤压加用卡刹

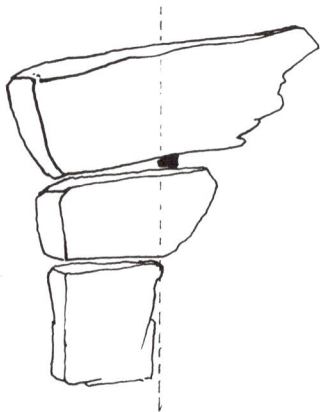

图133 垫压

图134 低石上垫刹以保证两石同时都能受压稳定

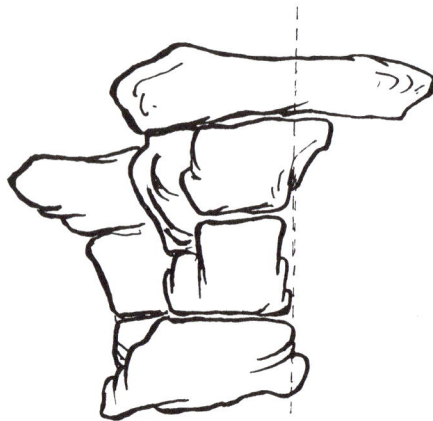

图135 应以山石起脚石下最边口的吃重点来掌握叠石造山的重心变化和保持稳定

暴露、不影响叠石造山的大面观赏效果，山石拼叠的接合缝、拼叠面都要做到砂浆饱满。例如，刹石刹好后，不但刹石外口要用砂浆嵌好缝隙，而且要从刹石的反口，即刹石的刀口面用小号嵌子嵌足砂浆(图139)。尤其做假山洞顶，大多用发券，也有用数块长条石跨架拼接的，但无论用哪种方法，只要洞顶有一定的宽度和架空面积，其发券或长条石上面都要用钢筋混凝土满铺浇注一层，以加强其整体性、稳固性，做到万无一失(具体洞顶操作法后面再详述)。

叠石造山防止倒塌、保证稳固的实用平衡技法很多，这些实用的平衡技法都不是通过精密计算和所谓"等分平衡"的方法可以得出来的，而是在动手操作的过程中，经过了无数次的失败，流汗流血，不断总结教训、积累经验，才能真正做到凭感觉熟练地、自如地运用各种平衡技法。

例如，有的挑飘山石造型在没有其他外力强加的情况下是非常稳固的，但如果你将此挑飘山石过于靠近山体上的山道路线，甚至与山道路线连在一起，那么，游玩者一旦踩上去就要发生危险了，似这种情况即使你的"等分平衡"把握得再精确也没有用，更何况后压挑飘之石大小轻重须按造型美的原则，本无等分约定可循。因此"压石大于挑飘"(指重量)就是山石拼叠造型保证平

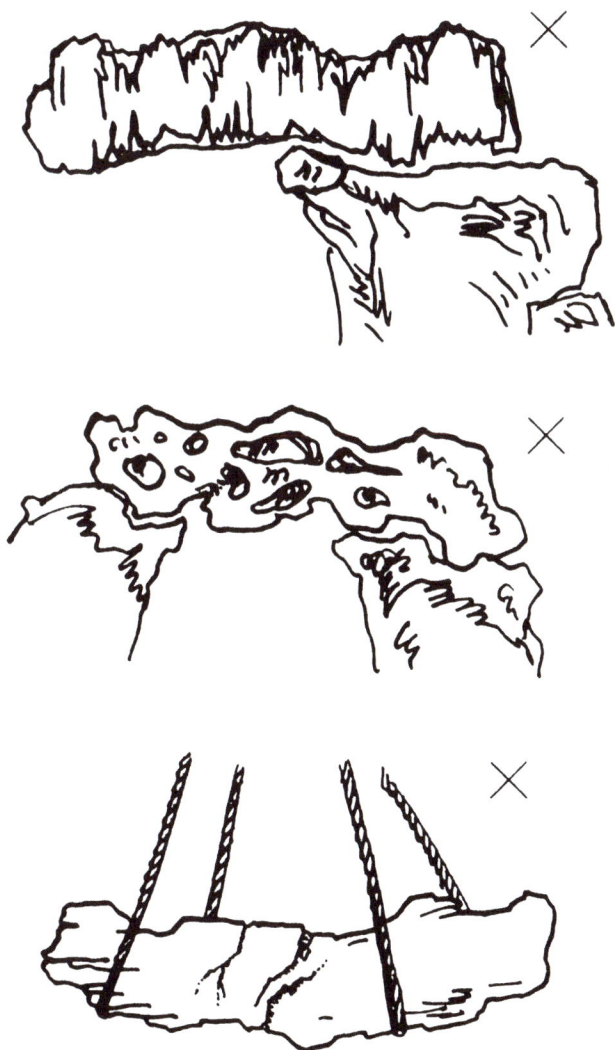

图136　防断

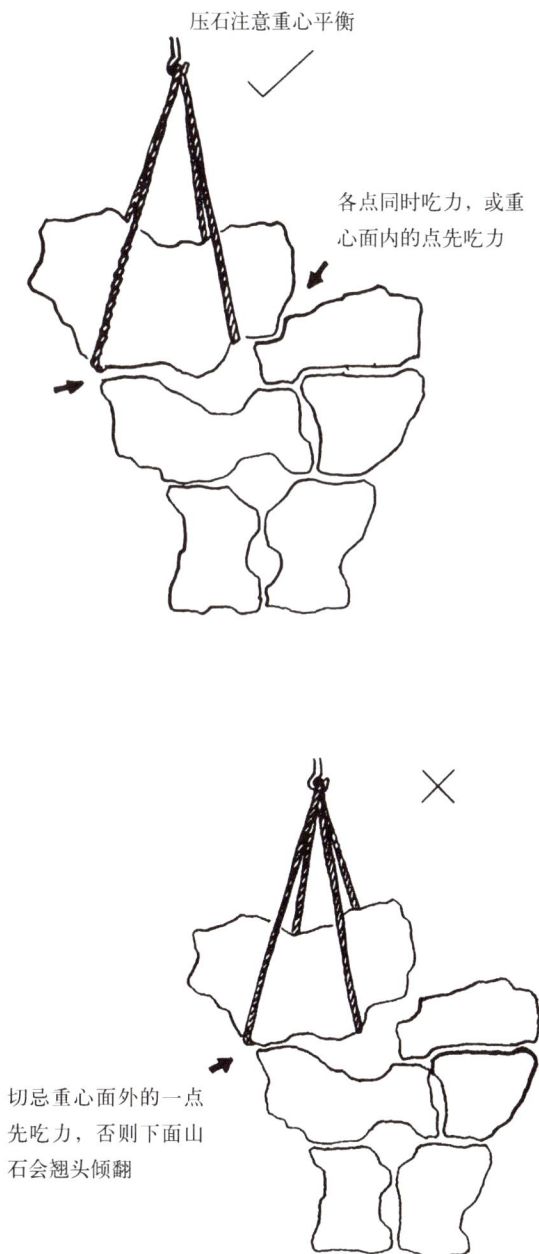

压石注意重心平衡

各点同时吃力，或重心面内的点先吃力

切忌重心面外的一点先吃力，否则下面山石会翘头倾翻

图137　吃内

衡安全的基本要求。

二、造型平衡法(对偶对应法)

(一)造型平衡法的本质是对偶对应

例如,将一块石头竖起来,右面保持大体垂直,而左上部凸突,就其重心而言,石头不会向左倾倒下来,但给人的感觉却失重偏心了。这就如同一个人呈站立状单手拎一重物,人虽不会倒下来,但却叫人感到不舒服,原因就是不平衡了。那么,要使这块石头给人以平衡感,一般采用在其石的下部再拼接山石或点埋布置的方法,使之在观感上给人以平衡感,这就是造型平衡法(图140)。

叠石造山的造型平衡法与中国绘画所用的平衡法虽不同法但为同理,遵循的都是如同中国传统的"秤"法原理,善于不对称中把握均衡,表现平衡。这就与西方"天平"式的表现方法不一样。西方造园讲究有中轴线的对称造型,强迫自然接受均称的法则,于是,花草树木要修得整整齐齐,或成行作对,或圆或方或几何形。于是,西方造园叫园艺,其大量的、整齐划一的、对称的实际造型和操作效果要靠花匠来完成。于是,西方造园术实际上就比较容易理解,并用不着过多

的学识修养,就造型论艺术的单一性使他们难以真正步入博大精深的造园艺术高峰。于是,它才能被许多城市广泛借鉴,或用来道路绿化,或用来营造广场,或快速突击造园……。

而中国叠石造山造园则力求"真实"地再现自然山水的自然生态状,从中反映出自然生命形态的活力、动态、气质、韵味等,并借物拟人,寄托人的情操……。所以,叠石造山就不能死板、僵硬、规矩,但同时它又不能乱七八糟,毫无秩序。于是,不规则中又有严格的章法布局,不均称中又有精密的平衡法则,并由此组构成了中国叠石造山造型的一系列的对偶范畴、对应的形态和相应的各种造型技法。例如,叠石造山除了要表现山与山、山与水、山与石、山石与土、与建筑、与树木等的对应的协调和统筹造型外,尚有局部与整体、有限与无限、石形与山形、有形与无形、有法与无法、具象与抽象、热闹与幽静、人工与自然、统一与变化以及主与辅、动与静、藏与露、开与合、呼与应、内与外、大与小、高与低、仰与俯、重与轻、断与连、远与近、进与出、收与放、挑与压、竖与横、纵与横、奇与平、聚与散、整与乱、多与少、起与伏、深与浅、沉与浮、实与虚、疏与密、简与繁、厚与薄、宽与窄、顺与逆、刚与柔、雄与秀、阴与阳、明与暗、空与实、

曲与直、凸与凹、立与卧、枯与润、雅与俗、正与邪、形与神、真与假、似与不似、平与不平(破平)、平中求变、奇中求平等等。此外还有如,顺势与贯气、节奏与韵律、章法与布局、置阵与布势、格调与意境等这样的因果对偶范畴,诗情与画意这样的艺术效果范畴,古与今、中与外,即传统与现代、继承与创新、中法与西法等这样的现实范畴,还有石料与造型、工期与质量、经费与质量、相师构思和园主意图、相地设计和周边环境、设计意图和实际施工、技术处理和艺术要求等矛盾范畴,以及造景与借景、造型与风水及山、水、建筑、绿化等等,皆有其形与神、气与势、意与境的造型变化、协调统一的范畴。

(二)对偶中的对应技法

构成叠石造山造型平衡法的一系列的对偶范畴使叠石造山的造型变得丰富多彩,千变万化。然而,要使每一对偶之间的对应关系和对偶、对应之间的相辅相成、相互包容以及对偶与对偶之间的相互联系都能交代分明,使之在变化中有所侧重,有章法,有布局,把握对偶之间的对应平衡,掌握对应造型的各种技法就显得十分重要。

对应是对偶范畴中的一种具体的表现形式。例如,主山的高大与辅山的低小是对偶,那么,高大与低小之间的具体呼应造型

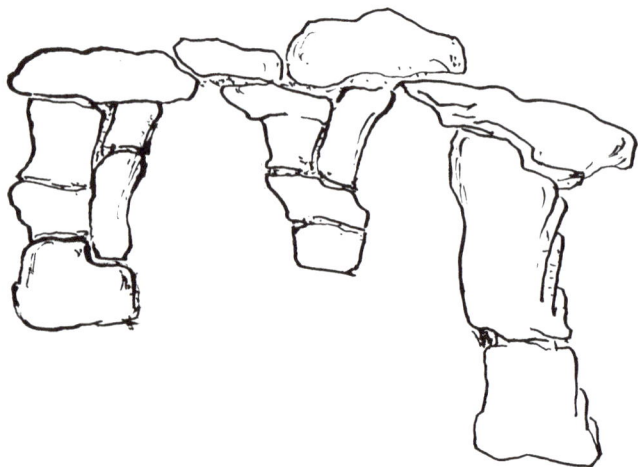

图138 曲状布点起脚

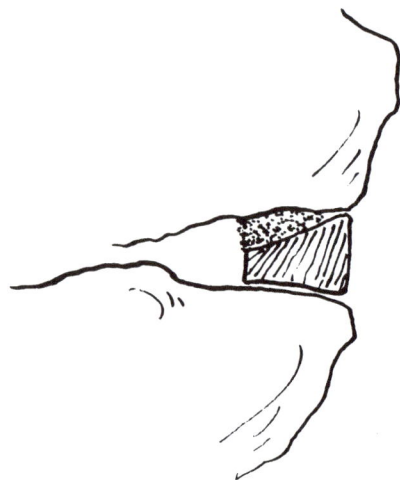

图139 从剁石的反口用小号嵌子嵌足砂浆

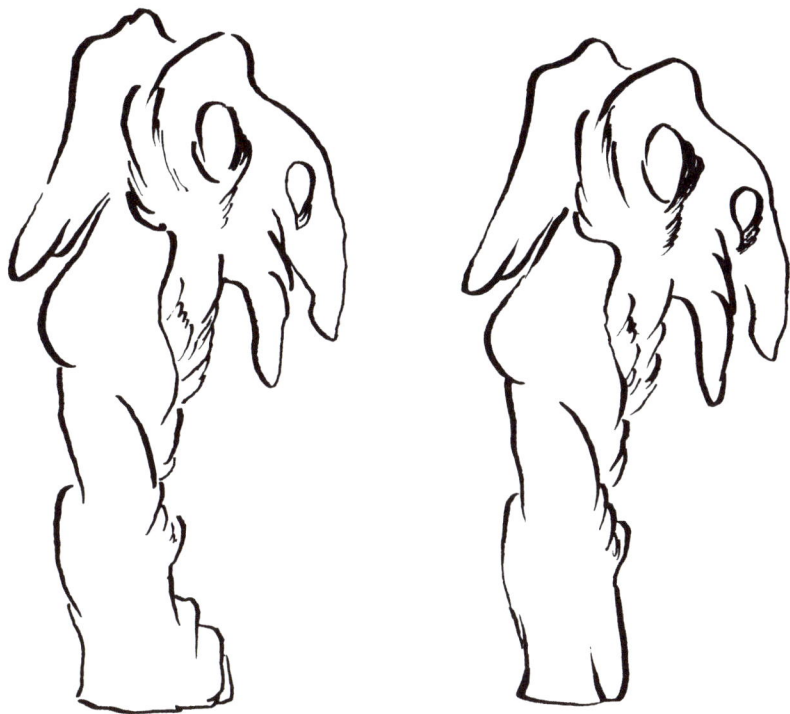

图140 同一块峰石，加脚和不加脚、平衡感和不平衡感之比较

就是对应。其中，高大中又有高大与低小的对应造型，低小中又有高大与低小的对应造型，对应与对应间又有对应变化，……如此层层类推不断演变，使之从主体到局部，从大山到小山，从山形到石形，从大石到小石……，虽越分越细，直至有形的低小对无形的低小，有形的高大对无形的高大(如主山虽高大，但对应想像中的大山它还是低小)，无形的高大对无形的低小(指山脉的延伸不尽)等等。

其次，叠石造山造型的任何对偶中的对应形态都不是孤立的，而是与其他的对偶范畴中相应的对应造型都有或多或少的相互联系。例如，一座山从大的方面说，高为主峰为呼，低为辅峰为应，其中，高与低是对偶中的对应形态，主与宾、呼与应也是对偶中的对应形态。如果只有主峰的高而没有辅峰的低，那么这座山也就成了孤山。如果主、辅不分，或虽有高低，却没有呼与

应的对应形态的话，那么就成了毫无关联的两座孤山，叠石造山将这种现象都叫没有"对应"。

对应的章法原理就如同中国园林中常见的楹联，一幅好的楹联不仅主题明确，寓意深远，而且相互依存，章法严谨，字字对仗工整。

1."闹与静"分析

叠石造山造型的每一对偶的对应关系不仅是相互依存，缺一不可的，而且又要有所侧重。例如，在城市中用叠石造山造园的目的大多是为了闹中取静，创造出自然山林环境的幽静气氛和效果。常用的布局是前为住宅后为花园，叠石造山造园称此为"前喧后寂"法，即进门先见石——见大石——见主山，园林进门处先见石形可以比较花，造型多以生动求趣为主，或点石、峰石，气氛比较热闹，即便堆山也是假山型，越往后越进入主山主景，亦如渐入自然山林之幽静。这里的闹与静就是对偶，如果只有闹而

没有静，这座山规模造得再大，拼叠得再好也是徒有其形。

例如，许多城市的造山在规划布局时好"开门见山"——把假山造在大门口，或建在大路街道旁。如西安某公园把主山堆在了面朝大街的大门口，主山虽醒目，却由于公园大门口的"车水马龙"、商贩吵杂，幽静没有了。而扬州则在市中心商业繁华的汶河路上建"文津园"，园中沿路造假山连绵数百米，其山高低起伏又可供人攀登休闲，于是山上爬的是人，石上坐的是人，山下人来人往，山旁是车辆川流不息，可谓热闹之极，却同样没有幽静了。

规划布局如此，叠石造山拼叠造型同样如此。例如，苏州狮子林假山在规划布局上，运用了中国叠石造山造园的"后花园"传统模式，避免了"开门见山"，这样就形成并完成了从城市喧闹的空间环境向幽静的自然山林环境的过渡，可谓是闹中取静了。然而，在叠石造山拼叠造型时，却由于过分追求山奇石趣，因此，山石拼叠要做成洞，石缝要拼成洞，山中要洞壑宛转使人如入迷宫，山上石峰林立，小石块乱竖又要状如狮形或奇形怪状，可谓热闹太过而幽静不足了。

对这种热闹，儿童最欢喜，好凑热闹的人也欢喜。而文人雅士却不欢喜了，如《浮生六记》的作者沈复说："狮子林虽曰云林手笔……然以大势观之，竟同乱堆煤碴，穿以蚁穴，全无山林之势。以余管窥所及，不知其妙。"可见狮子林的闹迎合了俗，而俗则是雅的对应，雅又与闹的对应——静常常是联系在一起的。可见，叠石造山造型的对偶的对应联系都不是孤立的，而是与整个的对偶范畴之间都有着或多或少的、千丝万缕的联系。所以，当今许多叠石造山者为了凑热闹，有的在山顶上放上陶制的"雄鹰"，山凹处放

上"渔翁"，或放一些假仙鹤、假兔子、假山羊、假梅花鹿等等，都是一种俗的表现(图141)。

闹也不是都不好。闹与静作为对偶，造型时它常常能体现一种气氛，或造出一种气势，关键是要根据叠石造山的具体情况和意境要求而有所侧重。例如，上海青浦某现代公园将体量巨大的黄石大假山堆在大门口，仿的是黄果树自然大瀑布之意将整座山都形成一个巨大瀑布形态。由于它是以水势取胜，而表现水本无所谓技法，所以观此山造型，虽是外行所堆整如砌墙，也并不需要设计者建造者有多少学识和修养，但当满山瀑布自山巅处翻漫而下，水势汹涌，铺天盖地振耳欲聋，热闹之极且气势惊人，给人以"黄河之水天上来，奔流到海不复回"的感受，这叫做"闹助山势"。

叠石造山的"闹"往往又与对偶中的整与乱的"乱"以及"散"、"动"等比较接近，例如山石拼叠乱七八糟，鸡零狗碎，相师称为"瞎闹"。但上述瀑布山的拼叠求的却是"整"而不是"散"、"乱"。这是因为山石拼叠一旦"乱"了或"散"了，山的"整"体感就弱了，山的气势也就出不来，所以"闹"首先要服从山的大势所需。

以"乱"取闹助山势的方法也有很多，例如，将瀑布自山上而下直入山涧，山涧中看似乱石散布，却又能迫使水流横冲直撞，浪花飞溅。这里，山石的"散乱"布置反而增强了"闹"的气氛，并随着山形和水流体量的增大，自能创造出"惊涛拍岸，卷起千堆雪"的气势。所以，叠石造山山石拼叠造型求"闹"的方法并没有一定的程式，"整"要有变化，"乱"也要有章法。例如，山涧中山石的"散、乱"的对偶是聚和整，指主山拼叠要整，主山的形体不仅要与瀑布的大小流量相适宜，不能小山大瀑布，其山势也要有向瀑布出处的聚合之

图141　山头乱立小石头玩技巧，反映了堆山者的匠气
　　　　(上)扬州冶春园内外行所造假山
　　　　(中)扬州大学农学院内外行所造假山
　　　　(下)扬州文昌广场外行所造假山

势，或成沟状有内收的力度，而后通过瀑布将此力度释放出来。这里，收与放对偶又在其中了。有的人造山不通此理，例如扬州文昌广场的湖石假山，其瀑布做法只是将出水口挑出山体，令瀑布规规矩矩悬空落下，既无聚合之力也不自然。其次，山涧两旁的夹道山石拼叠块面要整，与山涧中的"乱"石形成鲜明对应。这样，通过瀑布激烈的动态和山石的静态对应，主山与山涧之间、山涧与"乱"石之间、主山与乱石之间的对应等等，不仅有了"闹与静、高与低、大与小、聚与散、整与乱"等的对应变化，而且"呼与应、曲与直、开与合、动与静、轻与重等等各种对应变化皆在其中了。

2."动与静"分析

"动与静"作为对偶，例如，山中的水交代不清来龙去脉是为死水，为静到了极处。来龙去脉交代清楚了，虽不流动却给人以活水的感受，这叫做"虽静犹动"，但还是以静为主。水使山石湿润，或由山石向下滴，或有些许流淌，这个动还偏向于静。但如果成了激流，或小溪或瀑布又能发出哗哗之声，这才偏向于闹了。山水的这种由静到动的形态，其侧重关系的把握，同样取决于叠石造山造型和意境的需要。

山石拼叠造型也是如此。例如，主峰要求动态造险，最忌成坟头状四平八稳，而要有斜倾之势方可生动造出险势。常用的方法是将山形的上部渐突，并根据垂直对底边平衡线原则，斜倾得愈大、突出愈多，则动势愈强。但太强了，山形上部出了平衡重心线太多了往往又给人以危险感，反而不美了。所以动也要适度。例如，主峰起脚渐向内收，形成一定凹势，然后向外渐出，形成凸突状，呈俯察之形势者，如呼。下石而能成仰视者，为应。于是凹与凸、仰与俯、呼与应自在其中，动势也有了。这种形成俯察仰视险的方法在叠石造山技法中又称

"取阴造险"（图142），阴阳变化也有了。山峰上部凸突，常用挑法，有挑就要有压，这就与山头的上压封顶之石的造型有关了，挑出越多险势动态愈强，压顶之石也就愈重，所以封顶压石的轻重往往能压住险势，控制动势。挑与压的平衡关系又与山峰总体造型有关，挑出太多主峰造型易失衡，挑出太少则险势动态又出不来。压顶太重则山峰造型头重脚轻，压顶太轻则难得气势。

扬派叠石擅于用挑、飘法造出山石的动态造型。但扬派所用挑、飘法首先是为主体山的气势服务的。它既可作为主山"静中有动"的对应造型手法，例如，扬州个园的黄石主山造型是以静态为主，所以挑飘手法不用于主山而只用于配山，并以配山的挑飘动态造型对应主山沉稳的静态造型，从而衬托出主山雄浑挺拔的气势。同时它又可作为主山本身求动取势的一种补充，例如，扬州小盘谷湖石主峰原本就是为求动势而造险，所以将挑飘作为主要拼叠造型手法，它从起脚不久就将挑石安插其中，从而为飘石的使用作了伏笔，尤其到了山体上部的出峰造型时，其山石拼叠

假山的造险主要依靠将观赏点、观赏线(山道)拉近，靠近山体，迫使观众仰视山巅，以获得压顶之势。其次，还必须依靠山体的取阴手法。而不是依靠山体的绝对倾斜度和绝对高度。如果依靠绝对倾斜度和高度，而不将观赏点拉近，照样不能造成险峻的艺术效果。如果依靠绝对倾斜度和高度，弄不好还容易出危险，因此，山体的倾斜和高都必须是有限度的。现代有些相师醉心于研究古人叠山的倾斜度和高度以造险，实是舍本而逐末也。

图142　取阴造险

组合和重心转移变化只是为了运用挑飘法以求动势造险了。

用挑飘技法求动态的造型原理如同树桩盆景的造型。例如，树桩的主干如同叠石的主体形姿，支干如同挑石，枝(叶)片如同飘石。只不过叠石受平衡的限制不可能像树桩那样可以随心所欲倾斜造型，而只能在垂直重心线允许的范围内变化罢了。

内行看树桩盆景有一句俗话叫看"资格"，所谓"资格"首先看主干权，因为主干权的苍古姿态所具有的自然美要经过漫长的岁月，甚至需要数百年的功夫才能形成。其中的人工只是在自然美的基础上将其发挥，使之具有人工美的再创造。所以，树桩的支干，尤其是那些非原生态的支干即使人工修剪得造型再好，其价值也不可与主干权原生态的自然苍古美相比。至于枝片更容易为人工培养造型，价值也就更低了。所以盆景行家的树桩造型，都是力求暴露主干权，炫耀主干权，枝片茂盛或修、剪、扎也只是为突出主干权的美服务的。所以中国树桩盆景都是以枝叶茂盛繁密的向阳处为背面，而以阴面露出主干权的面为大面。

叠石造山也是如此。挑飘法作为增强主体山石动势的一种辅助手法，只有在主体山石形态的搅动之势大致已出后，挑飘手法才能依主山的搅动之势顺势造型，顺势中又需有逆势，以对应、衬托主山，达到增强主山动势的目的。这里，所谓搅动之势亦如蛟龙翻腾，而不是像一些树木盆景那样，只会将主枝干如蛇游虫爬一般只在一个造型平面上左右摇摆造型。例如，扬州何园读书楼处的山，为该园惟一一处出自真正高手的作品。但观其正面主峰造型，却感觉挑飘石的求动造型之势与主体造型求动之势似乎过于一致，叠石造山中称此病为"一顺飘"。按常理，这是一个低级失误，似乎不该是原作者所为。

果然，经仔细再看，原来上部飘石为后人改动过了，而再造者不通顺飘中需有逆动之理。可见外行修整老山只会坏事。

再如，北京恭王府的片石假山，如同架空墙体，主体没有任何扭动之势，堆山者却到处无端挑飘以求其动，结果只能是散和乱。有的人堆山山体本已是肥厚墩实，却偏好将长石外挑再飘一石，这就如同刚从山里挖出来的粗大树桩做的盆景，虽锯掉了主干的头，却也长了一些细细的支权，支权虽造了形也是一样的难看。

有一句俗话叫做"君子文质彬彬，小人肆无忌惮"，这适用于比喻叠石造山的静与动的对应关系也很适合。君子文质彬彬为静，为涵养，好比扬州小盘谷主峰，可称君子山，山峰昂然挺立却自有一股潇洒飘逸之气。而那些乱用挑飘，甚至在挑石头上再玩立石炫耀技巧的假山，不正像没有修养的小人一般肆无忌惮地手舞足蹈、乱动瞎闹吗？

郭熙在《林泉高致》中云："大山堂堂，为众山之主，所以分布以次岗阜林壑，为远近大小之宗主也。其象若大人赫然当阳，而百辟奔走朝会，无偃蹇背却之势也。长松亭亭，为众木之表，所以分布以次藤萝草木，为振挈依附之师帅也。其势若君子轩然得时，而众小人为之役使，无凭陵愁挫之态也。"

郭熙认为："大山堂堂"首先在于"无偃蹇背却之势"。对叠石所造主山而言，要有沉稳雄浑之势，首先在外形上不能乱动。然而，主山造型成了四平八稳也就没有变化了。所以传统叠石造山讲究"以静制动"、"静中有动"。例如扬州片石山房，将山体由东向西渐高形成抵动之势，至主峰山巅到达对底边垂直重心线时突然直下形成陡峭山壁。近观其峭壁，微有突出。峭壁大面纹理纵横，凸凹显著，给人以任凭风吹雨打我

自巍然不动的感受和气势，像这种以主山的"静"对应大自然的"动"的叠石造山技艺，非高手不能为之。又为了增强主峰的险势，在主峰重心线起脚处有意做成空洞状，形成一石顶立起整座山峰的造型立意。远观此山形又似动势在内、一触即发。而扬州个园的黄石主山，可为雄浑沉稳之极，然后山上相应布置立石，使之高矮厚瘦大小变化不一，如"百辟奔走朝会"一般由低渐高造出动势，形成了以石之"动"对应山之"静"的造型艺术效果。

其次，"大山堂堂"又须"无凭陵愁挫之态"。这就要求相师心胸开阔，眼界要高，傲气要足。亦如孟子的"贫贱不能移"、陶渊明的"不为五斗米折腰"，自有堂堂浩然之正气在胸。而后将山拟人，亦如王国维之"以我观物，故物皆我之色彩"，我即是山，山即是我，才能使所造之主山有君王的风度，大将的气魄，成为全国景观之主。所以自古叠石造园，主山是决不依靠堂屋而造的，以避免与堂屋争雄。所以扬州二十四桥在主建筑熙春台旁堆了个大假山，曾把个假山爬到了屋面上就是失败的，等等。

3."厚与薄"分析

山石拼叠能不能在有限的空间环境中，以有限的石料和人工、有限的假山体量创造出深远的境界和效果，或使人观之感到山后还有山，而且是更大更美的山等等，皆与叠石造山造型的"厚"度有关。

叠石造山的这种"厚"，并不是要真的把个山堆得厚实高大，而首先是在厚的对偶——薄的基础上的一种造型艺术效果。例如，扬州个园的湖石主山，山形如画面朝南，成扇面状由西向东展开，其主景水洞大面正对南主观赏点。为体现洞景之幽深不尽之形、境、意。造型时便将具有山洞立柱实用功

能的山石取其"薄"面形态，或横向拼叠，或立石造型，由洞口向洞内一一错开变化，拉开距离，既留出曲折道路，又形成开合层次。这样，人在洞外观洞，山洞套山洞，洞洞隐现通达，洞景由明到暗，又有桥路向洞内曲折延伸，虽明示此洞有路可通，却又目不能及，不仅令人深不可测，更激发了游人的好奇之心、探幽之情。至此，深远大势已出，"厚"度即在其中。

而扬州个园的黄石山的大面却是由北向南成扇面展开，但它不设面西的中心观赏点，而是将主观赏点置于南山之下，这样就使人只能由南向北观其山势的纵深起伏面，从而体现出黄石假山的层层叠叠深厚不尽的气势。这叫做"以纵求厚"。同时依其山脚顺势理出南北观赏线，逼使游人近观其山而不得窥其全貌。这叫做"近观求厚"等等。

从扬州个园叠石造山中可以看出，山石通过薄面拼叠和横向造型构成了层次的变化，由层次所形成的开合变化中又取得纵向的延伸变化，从而创造了深厚的效果，激发了观赏者的联想。所以叠石造山造型技法中就有了"横为层次、纵为延深"的说法。

"横为层次"是指石料或山体成横向拼叠、横向造型时错出的层次，分出的层次，拉开的层次，挑出的层次，透出的层次等等。

例如，错出形成的层次可表现出山体岩石形态的厚度变化。

分出的层次可成为一座主山的前山和后山的造型变化。例如，利用山中横向的游览线创造出"一（山）道分出两重山"之意（图143）。

拉开的层次主要表现山的主宾关系，或一座山的近景和远景的关系。

石料从山体中悬空挑出又有飘状山石造型的为挑石分出的层次，可用于表现山体、山峰的厚度。如扬州小盘谷主峰，横向挑飘山石可着重表现外形变化，正面挑飘山石可着重体现纵深层次。

透出的层次指山石拼成洞又能透过洞看到洞后山石形态。此法如用于表现山的厚度，最忌透到漏光。例如南京原国民党总统府假山，山上虽厚可建亭，但山体拼叠空透到漏光，可从山前看到山后了，所以这种山堆得再厚也是薄（图144）。

而"以纵求厚"主要指山体拼叠成纵向的各种造型。例如，个园湖石山洞向洞内延伸的石桥、黄石假山的上山蹬道、河道及驳岸的延伸、山体正面前突的凹面、光线由明到暗的变化等等，都是一种用纵向造型的内容将横向层次有机串连起来表现山体深厚的方法（图145）。

层次要能体现出纵深才能表现出厚度。例如，两山夹道的层次不仅要于对峙中有呼应、开合、交错等变化，又要使延伸的道路有藏露、曲折等变化，这样才能使山形山势在层层叠叠的变化中有深远不尽的深厚意境（图146）。

在空旷之地造孤山，山后无遮无挡，山后无山一目了然堆得再大也是小。所以要体现山的深厚，最后这一道层次是十分重要的。叠石造山将这最后一道层次称之为背景。一座山有了与之相适应的背景作掩护、作衬托、作呼应、作延伸，那么山后有山的深厚境界即出。反之，没有好的背景，前景、中景的假山层次做得再好、再丰富也没有用（图147、图148）。

无论是横向造型还是纵向延伸，又忌薄而不厚。例如南京原国民党总统府假山，其山形如同在园子中间砌成一道道左进右出的透漏石墙一般，既无山意又十分俗气。南京灵谷寺用湖石做了一个孤零零大山洞，据说和英国某山庄的假山很像（见童寯：《造园史纲》图25），北京景山上也有类似的假山洞，像这种随便叫个石匠都能做出来的东西哪里还有深厚之境可言。再如，扬州友好会馆的前面有一座自然山林态的土山，市领导要求在土山前再堆一湖石大假山，堆山者虽是顺土山山脚而造假山，却不懂得假山只有与自然土山的地势浑为一体，借真山的自然形态顺势而造才能显得自然、得其厚度、体现气势的道理，而是脱了节，真山前面又堆假山，等于是在关公前面舞大刀，所以该假山堆得虽高耸，并经再次加高加大却仍然显得单薄而假气十足。又曾见南京某园假山建在了城墙脚下，且不谈假山堆得乱七八糟，即使你假山堆得很好，在城墙的高大厚重的对比之下，假山只能见其小气。

叠石造山中将那些无端凸凹弯曲以求层次，或无端拉长以求深远的无病呻吟现象都看作是浅薄的表现。例如扬州文津园假山水道，弯弯曲曲长达数百米，最窄处不足一米宽，如同城市下水道一般等等。

"厚"蕴含着一种历史的悠

图143　横为层次。横向道路的变化是山的层次划分的重要手法

图144 从山前的山洞看到山后了，叠山中称此现象为"透光"，所以这种山堆得再厚也是薄

图145 以纵求厚。纵为延伸，此为竖向山道向洞内的延伸效果，以造出深远境界

图146 层叠遮掩显出深远效果

久。古人说：石令人古，水令人远。所以叠石造山要有"厚"意"厚"境，用料选石首先要旧，有苍古之形态。大凡未脱火气的或棱角分明的新石是无法表现"厚古"意境的。

"厚"又体现着一种文化的积淀和博大。例如，扬州个园叠石造山之所以能在有限的庭园空间中表现出山的深厚的、浑厚的、无限的境界和意境，首先是扬州个园的叠石造山集清代叠石造山造园技艺的诸多成就于一园。而清代叠石造园技艺又是中国两千多年叠石造园的成熟期。所以，从扬州个园的叠石造山中可以看出，它为了创造其"厚"，体现其"厚"，其山石拼叠造型的各种对偶范畴的应用，如主与宾、开与合、藏与露、实与虚、疏与密、明与暗、简与繁、曲与直、阴与阳、凸与凹、挑与飘、透与漏、纵与横等等无不运用得恰到好处。而尤为重要的是，无论是造石形还是造山形，其造型创作的厚度与相师的文化艺术修养的底蕴深厚是一致的。例如扬州个园叠石造山不仅集传统叠石造山的各种求厚技法于一体，最大限度地激发了观赏者山外有山的联想，更进一步，创作者将笋石、湖石、黄石、宣石四石种的分峰造型立意对应春夏秋冬四景四季，体现了一种物质与时空的对偶，其中又有如冬眠与春醒，夏荫与秋阳的对应等等，从而形成了万物生生不息周而复始的浑厚境界，体现了创作者心胸的博大和文化底蕴的深厚。可以说，掌握了扬州个园叠石造山的"求厚法"，也就掌握了中国叠石造山的"求厚法"。心中狭隘者、修养浅薄者是永远无法创造出"深厚"意义上的作品的。

4."有法与无法"分析

技法应当是层出不穷的。对传统技法，贵在心领神会，应用得体，切忌生搬硬套，更重要的则是技法的创新，这就叫"变法"。其最高境界乃是有法无

式，或"无法而法，乃为至法"（《石涛画语录》）。臻此境界，已不是一个技法问题了，而是一个学问修养的问题，非大家手笔而无法想见。

然而，当今叠石造山大多是直接从"无法"入手，却又标以时髦曰"创新"，唬人以"意境"。这类假山从1980年代开始在全国各地泛滥。即便如曲阜孔庙这样的圣地，北京颐和园，扬州个园等这样的园林名胜都未能幸免。至于如无锡蠡园、唐

城，南京原国民党总统府等等以及许多城市中的新造假山更是不计其数了。

所以，凡叠石造园者无论他有多大的名头，多高的学历，都必须从最基础的技法入手，由"有法"而渐入"无法"，在艺术本体学范畴内是没有捷径可走的。郑板桥之谓"生而后熟"、"熟而后生"（《郑板桥集》），就是这一道理。

由"有法"而渐入"无法"的表现是，例如，假山叠到高格处，

图147 这是扬州大学校园内所造假山，体量虽高大，但在大楼作背景的情况下再高再大也是假

图148 这是扬州市在运河边空旷之地所造孤山，由于山后无遮无挡，山后无山一目了然，所以，虽石块很大，体量也不算小，却毫无自然山境山意

不见挑飘，不见环斗，不见卡挂，不见拼叠，只见山势，只见境界，只见自然。而细一推究，又处处运用了传统拼叠造型技法，甚至有不少意外之法。或本来违反常理，此处却意外贴切；或前人未曾用过，此处却意外创新；或前人用得很谨慎，此处却意外地大胆；或前人用之很一般，此处用之却出奇。看起来逸笔草草，似乎漫不经心，而事实上却处处精到，一丝不苟。如扬州片石山房主峰、颐和园中的"云窦"等可为此类"无法而法"的佳作。

技法的从"有法"到"无法"，反映的是叠石造山技法从匠技到艺术，从人工到自然，从有形迹（人工痕迹）到无形迹的个人技法"有法无式"的不断成熟的创作历程。有法是为了"无法"，"无法"是为了获得更大的法，像这种从有到无，从无再到有的辩证法存在于叠石造山的各种技法范畴中。例如，中国造园因叠石造山才讲究隐现、藏露。其中，隐景是为了现景，藏景是为了露景，而经过多次的一隐一现、一藏一露的有形造景造型，最终的目的是为无形的隐现藏露之形之境，露是为了更大的藏，藏是为了更大的露。例如《红楼梦》描写大观园："只见迎面一带翠嶂挡在前面，众清客道'好山，好山！'贾政道：'非此一山，进来园中所有之景，悉入目中，则有何趣。'众道：'极是，非胸中大有丘壑，焉想及此。'"可见叠石造山造园最忌一览无余，主张含蓄隽永（图149）。

5."统一与变化"分析

叠石造山讲忌平、破平，其中一个很大的原因是统一有余而变化不足。

例如，山石拼叠只知接形而不敢进出凸凹，只会横叠而不会竖形，纹理只知顺纹而不知纵横交错，用石大小一致，做洞均匀，石缝宽窄一致，石形山形只知对称对应而造型一致，挑飘一致，曲折一致，只知满铺不知散点，

山中植物品种一致，大小造型一致等等都是不可取的。例如苏州狮子林假山的环透技法拼叠不可谓不熟练，但过于统一反显得石气太重而少山的变化了。

所以讲统一同时也要求变化，反过来，求变化又要讲统一，否则就成了乱石堆了。

6.格调与意境分析

格调是通过技法的运用实现的情趣韵味。格，就是技法，就是程式；调，就是格所体现出来的味道、效果。例如，古曲诗词讲格律，格律规定了每一首诗词的句数、字数、平仄、韵脚，这就是格。不同的格必呈现出不同的调：七律、七绝，节奏分明，铿锵上口；沁园春、满江红，大开大合，潇洒自如。再例如，京剧唱腔，有西皮、二黄、快板、慢板，这便是格，不同的格其调不同。西皮古朴浑厚，二黄流畅委婉，快板势如破竹，慢板从容不迫。这些所谓"铿锵上口"、"潇

洒自如"、"古朴浑厚"、"流畅委婉"、"势如破竹"、"从容不迫"等等，就是情趣、韵味。在叠石造山技法中同样也体现韵味。例如，北方堆叠法，质朴无华、稳重厚实；扬派挑飘法，活泼灵动、变化多端；苏派环透法，空灵透漏、秀丽多姿；立峰石，或华贵高雅，做山洞，或神秘幽深；大跨度发券，用巨石压顶，则气势磅礴；小跨度做洞，小石料造型，则空透圆转；乱石铺道，古朴野逸；人工台阶，工整规范等等。

格调与意境有着密切的联系，也有一定的独立性。意境强调的是人（相师、观众）的情感实现，是通过设计、联想来实现的。而格调强调的是技巧本身所呈现出来的味道，是相师在叠石造山中有意无意间必然地流露出来的。格调的偶然性和必然性都大于意境。意境可以精心设计，精心策划，而格调却在无意中显现。虽说无意，但它又全由相师

藏、露

中国园林最忌一览无余，主张含蓄隽永。藏露手法是达到这一意境的重要手法。在叠石造山中，一般将主景、主山、主峰藏在后院深处，而在前院先露一些引人之景，让游人循着引景（露景）逐渐深入，最后看到主景（藏景）。藏景可用建筑、树木等遮挡，亦可用门、窗等关藏半露。引景要能引人入胜，使人每见引景，便情不自禁前往游览；每至引景处，却又发现新的引景，由此一步步深入主景。

图149 藏与露

的人品、学问、艺术修养来决定，所以说它的呈现又是必然的。

例如，挑飘手法容易出现灵动活泼的效果，于是有的人在叠石中便到处挑飘，或竖一石便立即跟着横形飘挑一石，例如，在扬州大学校园内有两处相隔不远的湖石拼叠造型，一处是笔者在1990年代初所造，当时正是我师从美学专家郑奇老师，并潜心研究和学习前人叠石造型的关键时期，在看到元代李衎的"双勾竹图轴"(图150)和元代顾安"竹石图轴"(图151)后，受其影响，于是从某工地的近百吨统货湖石中精心选石，想像组合拼叠达七天之久，当时将所选山石一块块装车并运往扬大校园施工现场时，旁观者无不讥笑："有那么多比你挑选后装车的石料要大得多、好看得多的石料你不选，却选了这些看起来每一块都平平无奇的石料。"但当我将这几块石料组合拼叠成形后，观者皆称有"高雅灵动之姿"，令人赏之有趣，品之有味(图152)。而另一处则是扬大校园内近期由匠人所造山石，中部除挑石强行拼凑加头外，在顶部又横着挑飘一石，动势是有了，但却不美，从当初叠石者的主观愿望来说，他无疑是想显示自己的水平的，但却不期而然地显示了自己的拙劣，暴露了自己文化素质和审美修养的浅薄，而能够对此劣作首肯的领导，自身的审美素质也不会高了(图153、图154)。类似这样的不能给人以美感的劣质作品在北京恭王府内也有。相比之下，北海公园静心斋的枕峦亭假山，虽无一处挑飘，却山体大势雄壮浑厚，酷似真山而实是假山，尤其封顶处理，几乎看不出人工雕琢的痕迹(图155)。

可见，格调追求中最大的两个范畴是"雅"与"俗"。人品雅则作品雅，人品俗则作品俗。所以"雅"和"俗"这两个大范畴中不仅体现了叠石造山者个人的修养，体现了一种境界，同时又处处体现在阴、阳、主、宾、繁、

图150 元·李衎 双勾竹画轴
从土坡中埋石，拼石和植物的组合造型中可见元人组石技艺已很成熟（摄徐邦达编·《中国绘画史图录》1981年11月版）

图151 元代顾安"竹石图轴"

图152 该组山石为笔者1990年代初所造，就其单块石而言，并无十分奇特之处，但经精心组合拼叠，造型便有了元代李衍画意的"高雅灵动之姿"，令人赏之有趣，品之有味。其中绿化本以竹木等精心衬托背景，今为外行绿化工改之

图153 扬大校园内由匠人所造山石，中部除挑石强行拼凑加头外，在顶部又横着挑飘一石，动势是有了，但却不美。从当初叠石者的主观愿意来说，他无疑是想显示自己的水平的，但却不期然而然地显示了自己的拙劣，暴露了自己文化素质和审美修养的浅薄。而能够对此劣作肯首的领导，自身的审美素质也不会高了

简、曲、直、呼、应、藏、露、平、奇、真、假、有法、无法等一系列小范畴中。当然，真正高格调的作品决不是看过本书便能解决的，必须在理论与实践中不断提高主观修养，在个人技法、风格的成熟之际方可获得。

7. 阴与阳分析

阴与阳也是两个较大的对偶范畴。因为中国古典哲学中贯穿一切的大道也就是一阴一阳。今见无锡水秀饭店内一处清末民初假山，在叠石造山中就以阴阳太极八卦图形布局造型，全山用太湖石按环透法叠成，主山占地虽少却按阴阳图形布置，使游人或上山、或下山、或洞内、或洞外，变化无常如入迷宫，却章法严谨，较之苏州狮子林山洞做法要高明得多，洞中有许多道家景物可观，张三丰石像供奉其中，山体内又设露天空间，并用石巧妙分之为二，一为阳形一为阴形，阳中有阴"眼"，阴中有阳"眼"成太极图形状(图156～图161)，甚至又有佛家面壁山石造型生动自然。

图154 扬州大学内到处可见由素质不高的外行所造的这种一竖一横的假山石

叠石造山的阴阳造型，小可具体到：凹处为阴，凸处为阳；藏隐处为阴，露现处为阳；曲处为阴，直处为阳；背光处为阴，受光处为阳等。其要在于阴与阳平衡中又有变化，对立中又有统一。例如①取阴不取阳：有的石料凹处美大于凸处，于是大面用凹不用凸。②取阳不取阴：石料凸处美，则让凸面向上，尤其埋石处于视平线下，更需如此。③阴阳转换、过渡。④亮处有景暗处有路：如寻路、藏路、做洞等(图162)。

图155 北海公园静心斋的枕峦亭假山，虽无一处挑飘，却山体大势雄壮浑厚，酷似真山而实是假山，尤其封顶处理，几乎看不出人工雕琢的痕迹

图156 山腹中的阴阳造型

图157 阴洞入口

图158 阳洞入口

图159 道家始祖张三丰像供奉处

图 160-1　面壁造型

图 160-2　面壁造型实景

8.平与奇分析

人心好奇,因而不少人叠石造山好奇。殊不知,奇,不等于离奇、奇形怪状,必须掌握好奇与平的辩证关系。

最奇的山体,山石拼叠也须接形合纹,宛如天成方不失离奇。这叫奇中奇。如扬州个园贴壁山四面飞升,却衔接自然,堪称奇中极品。

最平的山体,也要有参差错落、阴阳向背,方不失呆板。这叫平中求奇。平与奇的关系将在具体操作技法中详细分解,这里仅用图形以示意(图163)。

其他手法不再赘述,见图164、165。

图 161　无锡水秀饭店内的古假山,它既是"阴眼",又是炼丹泉

自上而下,由取阳到取阴,再转为取阳;由出而收,由收而出;中间最阴,向四面扩散取阳

图 162　阴阳转换关系

黄石山平中求奇（苏州网师园）

黄石以平求奇（扬州个园）

奇中求平（苏州环秀山庄用此法，外形取山
势总体之平，内纹保持湖石涡洞之奇）

大平大奇（扬州片石山房，几乎不做孔洞，不着挑飘，一味垒、叠，
全部手法朴实无华，而总体气息高古静逸，无一丝俗气。大平中见出
大奇）

奇中奇（四面飞升，奇到极点，但因石纹衔接合理，山形转折自然，势
如行云流水，虽假而胜真，虽奇而不怪）

图163　平与奇图说

主、宾

主宾关系的处理是叠石造山中一大重要技法。石有大面、山有主峰、园林有主景。主，是最重要的。但宾又不是可有可无的。因为没有宾，主从何来？主、宾正是在互相对比、衬托中才能实现。最忌者为宾欺主、宾压主、主宾不分、一盘散沙。无锡水秀饭店有一座黄石假山，堆叠山体像金字塔，山巅没有主峰，全以峰石均匀排列，没有疏密、主次、大小之别，山的背面挑石和悬挂石也是均匀排列，无主次对比，完全是一个乱石堆。像这样重要的宾馆，居然出现这样拙劣的假山作品，是令人难以容忍的。

主宾关系常体现在大、小、曲、直、疏、密、繁、简、聚、散、藏、露、前、后、虚、实等对比中。以大为主者，必以小为宾；以曲为主者，必以直为宾；以密为主者，必以疏为宾；以藏为主者，必以露为宾。以后为主者，必以前为宾。凡此等等，反之亦然，以此类推，一切章法都在其中。

以高为主，以低为宾，宾密主疏，宾远主近，宾平主奇，宾整体大而局部小，主局部大而整体小，相辅相成

主宾的转换：正面观赏，山为背衬，以建筑为主，山为宾。背面观赏，见亭不见阁，则成为以山为主、以亭为宾的组合

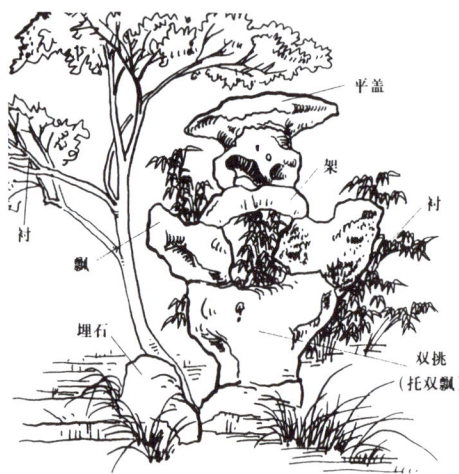

整体以山石为主，以植物为宾。山石部分以主峰为主，以峰脚埋石为宾。植物部分，以树为主，以竹为宾。树疏而竹密，以密衬疏

湖石为主体，笋石为主景。笋石为点缀，宾不压主；湖石为背景，宾不欺主。互为主宾，相得益彰

路左以竖峰为主，路右以横石为宾。石为主，植物、建筑皆为宾。主奇峭、宾质朴

图 164　主与宾图说

庭院深深，藏主景于内，露主景之一角

图 165　藏与露处理

第三节　常用拼叠技法

一、拼整四原则

将石料拼叠组合，使之由散变整、由小石变成大石，首先要求学会"拼整"的基本技法，再过渡到一般的拼叠造型技法。

"拼整"法是在掌握实用平衡法基础上的一种操作技法。其基本要诀是"石不可杂，纹不可乱"，将其分解即为：同质、同色、接形、合纹，俗称拼整四原则。

（一）同质

指拼叠组合的山石其品种、质地要统一。不同的石种有不同石性特征，如果将不同石质的石料混在一起拼叠造山，也就违反了自然山川岩石构成的规律，即便因造型特别需要用其他石种代替的，那也要用相应小石料将其包镶使之看不出。例如，扬州何园很多地方用条石穿插在湖石中拼叠造型，因年代久远，原本用于包镶条石的小石料大多脱落。而何园老假山虽经多次修缮和扩建，却从未见有将包镶条石脱落的部分修补恢复的，笔者曾询问那些雇来维修扩堆假山的民工为什么不修补，民工说：领导说修旧要如旧，此处原来就是这样的……。

大凡老园假山，包镶条石的石料是最容易脱落损缺的部分。这个地方不修好就如同古建筑的屋檐倒塌，墙壁或油漆剥落是一样的道理，给人以一种破落气。所以修旧如旧首先要修其破落，然后才谈得上恢复、保留和再现原风貌、风格。而何园老假山任用外行扩建维修，恰恰保留的是破落气，这与外行不懂山石拼叠的"同质"原则有一定关系，也就更谈不上新增的假山能保持原来的老假山的传统技法风格、特

色和面貌了。

（二）同色

即使是同一品种质地的石种，其色泽也相差很大，如同样是湖石种类，也有偏黑、偏白、偏灰、偏黄、偏青等。黄石中也有老黄、淡黄、灰黄、暗红等的变化。所以在组合拼叠时也要力求保持统一。

石色中又有新、旧、枯、润之分别。叠石首选陈旧之石，而陈旧之石中又以润石为上。何为润石？亦如老玉与新玉、老壶与新壶（指紫砂茶壶）之差别。老玉、老壶经人长年岁月把玩，外表形成包浆，虽色彩各异却不刺目，老成凝重而不失滋润。石色也是如此，它虽不是由人抚摸把玩出来的，却也是常年经水冲刷而形成的自然滋润。初学叠石者如一时分不出来，那最明显的标志是石上常常能长有青苔，山民多称"石花"，用此石堆山最能得其古朴自然。

另外，旧石虽好但不可太脏，所谓脏，即石色不清、不和。例如，湖石以墨色为上，因接近于水墨画色彩纹理。黄石以赭色中的老成凝重为上，石色宜清亮，有的如同表面有一层蜡油一般。不宜浑浊，如同表面有一层细沙子，俗称糙石。最忌因质地酥松而黄中泛淡白色夹层。

（三）接形

山石外形拼叠组合时，首先要使拼叠形成的面、缝都能达到最紧密接合状态，相师俗称"柳叶缝"。拼叠面如有凸凹不平处，应以垫刹石为主，万不得已才用锤击打拼叠面使之吻合。其次要使拼接山石的拼接面的外形变化大体一致，使接合处的外形能"一抹顺"（即两石于拼接处用手抹上去顺平），吻合自然，看上去浑

然一体，这叫"接形"。

石缝外接形的接合处要做到"一抹平"，拼叠石料的外形接角处就要求有一定的直角，而不能像有的人用卵石拼叠造型那样使接缝口成三角缺口形状。如果用湖石拼叠缝口出现三角形状，则须用小石块补贴成"一抹平"（图166）。

"接形"还要考虑多块石料拼叠组合的自然变化效果。例如，用石决不能一味地求石块形的大，因块形大了则变化就少了。也不能多用一样高低大小的石料，因块形一样则缝纹一样，给人的感觉不是山体岩面而如同砌墙了。石料的块形太小了也不好，块形小，人工拼叠的石缝就多，接缝一多，山石拼叠不仅费时费力，而且在观赏时易显得琐碎，同样也是不可取的。所以正确的接形除了要按照造型的要求选择石料，使之有大小、长短、凸凹、转折等各种变化外，尤其重视用石料自然形状形成的石料的拼、叠面的变化和外形的变化来顺势接形造型。如向左，则先取有左势形面的石料造出左势。如向右，则先取有右势形面的石料造出右势。欲向高处先取有向高势的形面石料。欲向低处先取有出低势的形面石料，

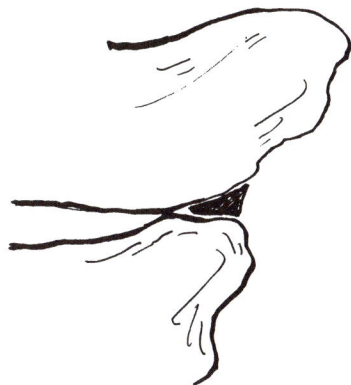

图166　用小石块补贴成"一抹平"

等(图167~图171)。

(四)合纹

形是山石的外轮廓，纹是山石表面的纹理脉络及内在的窝洞形态。将山石的这些纹理变化按其特点和共性一一相合，或对接、或叠接、或拼合，通称为合纹。

由于拼叠山石时，合纹不仅要将山石原有的纹理脉络和窝洞变化统一相合，它实际上还包括山石的外轮廓的组合拼叠形成的接缝或洞状的处理。叠石造山将这种"以形代纹"的造型变化称之为"缝纹"，是叠石造山创造山石纹理脉络变化的重要手法之一。

又由于石料的石形与纹理的变化大多具有一种随机性，如石形为横长形，则纹理也多呈横向变化。如石形为竖立状，则纹理也多呈竖向变化。如石形变化宛转奇形，则石纹机理也多窝洞变化。所以讲"合纹"也就包含了"接形"，叠石造山也就能够以形就纹，又能够以纹放形，做到依皱合掇，形纹统一进行造型。例如，叠石造山的"横平竖直"的平衡法决定了山石拼叠只能以横形或竖形造型为主，而不可能多成倾斜形状拼叠。所以山石纹理大多也只能非横即竖为主要形态，并在此基础上发挥演变形成了"合纹四法"，即横、竖、环、扭四法。

1.横纹拼叠

石料成横形作层叠状组合，石纹也就多呈横向变化，如同山水画中的折带皱法(图172)。

横纹表现山石造型，重心相对容易掌握，不会变化者或叠石如砌墙，或多留孔洞，形同漏窗。而会用者叠石势如行云流水，潇潇洒洒，动势强烈。

横纹拼叠收顶虽多为平势取胜，但在具体山石拼叠时却要力求避免层层都要设法就平石面进行叠石的毛病，而要于平势中处处见其高低错落、凹凸大小不一等各种变化，叠石造山称其为"破平"。更强调横势中又有竖向造型，或内竖而外横，如扬州个园洞口外形为横纹而洞内立柱为竖纹。或支立为竖，连接为横，如个园宜雨轩湖石贴壁山，支点起脚如竖形，架跨连接为横势，再顺势挑出加以横飘造型，于是开合动势即出。或半边竖半边横，如何园读书楼旁假山，竖石撑立拼叠出左半边山形的挺立之姿，

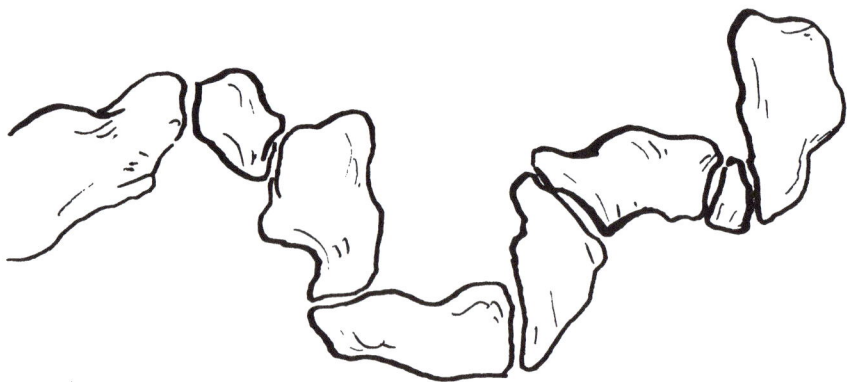

图167　利用石料的自然外形接形造型

图168　石料的收势

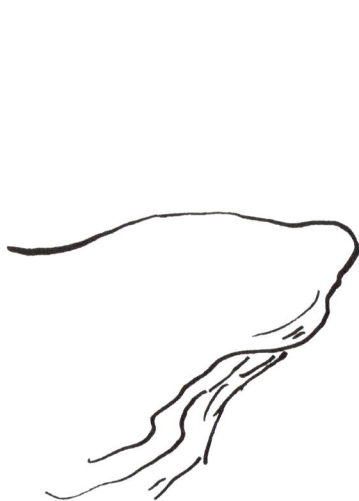

图169　石料的出势

图170　错误的接形：妄生圭角，七拼八凑，形如乱石一堆

图171　正确的接形应过渡自然，浑然一体，神完气足

横石夹于右面又顺右势挑出体外形成横飘造型，如果说左竖山石形纹如枝干的话，那么右出挑飘山石就如同伸枝展臂一般，是为静中有动也。或大形为竖，其状如山峰，而岩面纹理却成横向层叠，如片石山房的险峻峭壁造型即此。或干脆全以横纹造出岩面，如苏州耦园的凝重山势等等。其他较为成功的作品，如扬州小盘谷主峰的飘潇自如，苏州网师园的黄石假山等(图173)。

与横纹有关的具体拼叠手法有：叠、挑、飘、跨、担、券、盖等。

2.竖纹拼叠

竖纹拼叠可表现山体脉络的竖向运动，体现峻秀、气势挺拔、刚劲有力之形态。

竖纹拼叠可分立式和插式两类。立式拼叠是指将石料依石形石纹的竖势呈直立状拼叠，常用以显示石缝、岩面、山形或山体中的沟状、条状变化。如，湖石用此法，则近似于山水画家巨然的长披麻皴法。黄石用此法，则类似于马远的长带斧劈皴法。采用此法须注意将石纹石形错开拼叠，避免一竖到底。尤其在表现较高大岩面时，如要有暗沟条形的阴面变化显其坎坷，除暗沟形成要有竖向

图172　山水画中的折带皴法

a

b

c

图173　以横纹为主要手法的拼叠

曲折凸凹隐现等变化外，其中又可用有较薄的横形状山石隐现在阴沟形中，既可使竖沟阴面变化"阴中有阴"又避免一条阴形一竖到底。其中如再用些许水自山上沿沟自然滴落，或用些垂枝藤本植物凌空挂落，或用松树造出凌空平枝或倒挂与之配合造型等等，更能使其生动自然。

而插式拼叠虽强调将山石呈竖立状拼叠，但却是层层下插，即，上层石料插在下层的空隙之中，这样的拼叠十分容易贴近自然，它充分利用了石料本身的自然外形，以形代纹。其纹理脉络的变化如同绘画中的"荷叶皴法"、"解索皴法"。南京瞻园可见到竖纹拼叠的一些造型特点(图174~181)。

用竖纹拼叠须注意，由于挑、飘、环、架等手法很难同时表现和运用，因此造型容易呈规律状，或大面过于平整而显得板实。所以用此法要尽可能地将石料错开拼叠显示出沟条状纹理变化，边拼叠边用水泥砂浆挤足拼接面缝，并用绳索作临时捆绑或用竹、木支撑好山石，然后用小抹子将缝口的水泥剔去一层，使石形形成的拼叠缝明显暴露出来，以突出形纹变化，待水泥凝固后再继续插叠。

其次，插叠时最底层竖形山石要有一定的厚度，插口要大一些。除了石与石之间要挤靠稳固，最外两头山石还要有抵撑石料，以防下插石料时产生挤压膨胀力而发生危险(图182)。

用插叠法多适合表现一些体量较大的山体岩石形态。

3.环透拼叠

环透拼叠多用于湖石类造型，讲究顺着湖石的圆浑和弧形的环透之势进行拼叠，使山体及岩面能呈透漏和涡状变化，其拼叠形纹似山水画中的"卷云皴法"(图183)，尤以苏州的环秀山庄最为成功。

环透拼叠是一种最接近于表现湖石石性特点和纹理的拼叠技

图174　山水画中的荷叶皴法

图175　山水画中的斧劈皴法

图176　用斧劈石立峰造景

图177　竖纹拼石

图178　立式拼叠

图179　南京瞻园山石的竖纹拼叠的侧面表现

图180　南京瞻园的竖纹正面拼叠

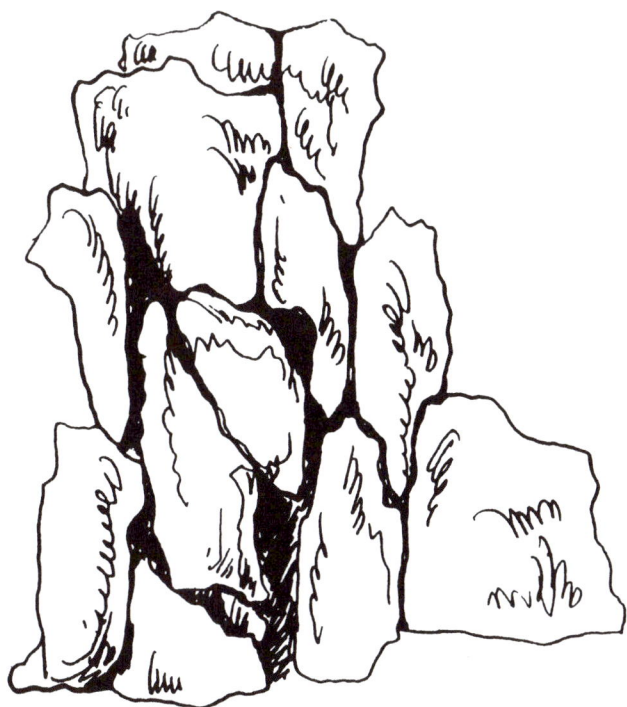

图182　竖纹拼叠中的插式拼叠

图181　横竖形纹的对比造型

111

图 183　山水画中的卷云皴法(又称鬼脸皴法)

图 184-1　环透拼叠最成功的当为苏州环秀山庄

图 184-2　苏州环秀山庄环透拼叠法

图 185　扭曲拼叠

图 186　上海豫园湖石主山

法，又有蜂蚁或炭碴纹的说法，如《扬州画舫录》中形容湖石山是"蜂房相比、蚁穴涌起"。传统上又是先用炭碴做出山石模型再进行施工的。

环透拼叠是最古老的传统叠石技法，尤其重视拼叠技巧，做得好能有古典优美形态，反之则做作气甚重。这是因为过于讲究环透效果，处处求洞求窝，则石气便重，很容易将山拼叠成一块大的湖石，结果是见石不见山，缺少山的气势和境界。类似这样的失误即使像苏州狮子林这样由众多名家参与的叠石造山也难避免。所以只有真正高手方能用环透法表现湖石的玲珑剔透之美同时又表现山的气势和境界。环透拼叠最成功的当为苏州环秀山庄(图184)。

4.扭曲拼叠

此法是技艺要求较难的一种山石造型。以"欲擒故纵"的手法为基调，特别强调扭、转、曲的形态和造势。横向扭曲有左顾右盼之姿；竖向扭曲有扶摇直上之势；旋转扭曲有龙腾浪卷之势。如上海豫园湖石主山已有扭动之势在内(图185、186)。

以上四大合纹手法在堆叠一组山石造型时，只宜选用一种手法为主，兼用他法为辅进行造型。这样，拼整时就可以在"同质、同色、接形、合纹"的四大原则下保持同一种拼叠技法，使其风格统一了。

二、过渡法

在千百块石料中进行山石的"拼整"操作，即使石料是同一品种质地，我们也无法保证其石料在色泽、纹理和形状上的统一。虽同质而不同色、不同形、不同纹是一种普遍的现象。所以，一方面，如果机械地按照"同质、同色、接形、合纹"的拼整原则拼叠山石，则易显呆板而难得生动变化和自然。另一方面，充分利用山石同质而不同色、不同形、不同纹的特

点，使山石拼叠组合的岩面既有变化而又不失其自然。其中的过渡方法是非常重要的。

(一)色渡

色渡即山石色泽的过渡手法。山石的色泽，不仅有枯涩、泽润，尚有灰黑、青灰、灰白、赭黄等色。如果仅是按照"接形合纹"的手法进行拼叠，则由于石料色彩上的差异，同样不能求得"整"的效果，这种现象在山石拼叠造型中叫做"太花"。因此，需要采用过渡的手法，比如，可先将色泽发灰黑的石料用于一组或于一处先行拼叠成"整"，而后选择与灰黑石料颜色相接近如青灰色的石料与之相接，再逐步过渡到色泽发灰白的石料，这就既可以避免石色"太花"，又能变化自然。

(二)形渡

山石外形过渡叫做形渡。它是保证山石各种造型变化生动、平衡和自然的手法。例如，局部山石拼叠造型，如欲向左飞出，则下口的山石必先形成向左的姿势，使之如同有一抛物线状的过渡形势。从整组造型上看，山形上部造型如向右出，那么，下部分的造型必须先向左去，以成"欲擒故纵"之势。其次，形渡还包括分组造型的过渡，例如从主体山到配山，中间用低矮山石相连的则为山与山之间的过渡。从低处向高处拼叠山石进行造型，或由石、大石至山，或由山脚到山腰，由小山至大山等等，都有一个形体的过渡造型处理的过程。

(三)纹渡

石料所表现出的纹理脉络的变化除了可以使用如上述石色过渡的方法将山石近似的纹理分组、分段进行拼叠和过渡处理外，最为精彩的是将山石的纹理脉络进行各种转换变化的造型技法。例如，仅仅是将山石纹理呈竖向进行拼整或呈横向进行拼叠，尽管其纹理是相合相通的，但往往会给人产生一种缺少活力变化的僵硬感。所以高手在造型

时，会用过渡的方法将山石的纹理处理成宛转自如、或上或下、或纵或横、或粗或细、或断或连的各种变化效果。

(四)其他过渡法

1.渐渡

山石拼叠纹理的过渡，须由粗纹过渡到细纹，中间又用由较粗到渐细的石料使之逐渐过渡到细纹山石组合拼叠中去。再如由横向纹理过渡到竖向纹理时，同样可以在横向纹理的山石基础上将山石的纹理逐渐引为斜向，再过渡到竖向纹理中去，这就是渐渡。

2.突渡

利用不同纹理、形状和色彩的单块石料，使岩面色彩、纹理形成突然的过渡，这种突然的过渡主要利用了天然单块石料自身的变化因素和成分，方能过渡自然而避免生硬。

3.连渡

指主、宾两个山形的造型虽各有变化，但可用较低矮的山石在连接起来的同时使用过渡造型，使主、宾山型得到合理的造型变化，即是连渡。

4.点渡

两组山石造型之间并没有用山石将之直接串连起来，而是在其之间仅点放了数块山石，这就叫做"点渡"。点渡之山石不仅要求如同出于土(水)中，同时要求点渡山石在造型上既要有自一组山石出来之势，又要有向另一组山石走去之意。

5.意渡

即为石断而意不断。例如两组山石一高一低，高处飞出之石为呼石，低处突出之石为应石，如将两石拼叠起来，其石色、石形、石纹完全统一，形如一块整体。若将两石分断开来，使两石虽能顾盼相望又不能直接拼接，这就叫做石断而意不断，又叫做石断而意连的过渡手法(图187～189)。

苏派叠石传人韩良源老先生曾对我说过："(20世纪)50年代刘敦桢老师曾拿着一块纹理纵横变

石纹由粗糙向光滑自然过渡

石纹由弧纹向涡纹再向真纹的过渡

a

方形石料向圆形石料的过渡

b

俯视

立

撑

接

压

托

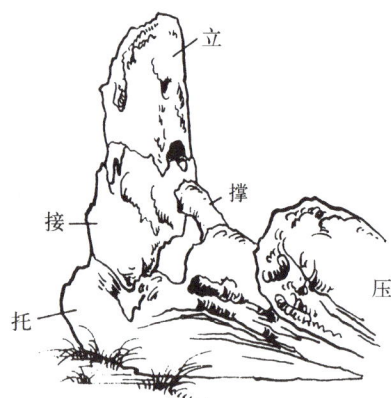

横纹与竖纹的连接、转折（自然过渡）

平视

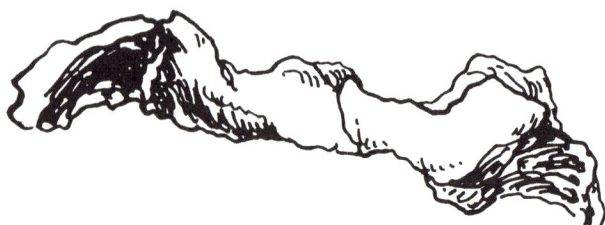

阴阳面的转折、过渡

环透型过渡

图187　过渡要求在形、色、纹三个方面都要做到有衔接自然之势

化的小石料说：'叠石造山的纹理变化可以从这些小石料的纹路中得到启发。'"所以，从小石中见大石形态，多看多研究各种纹理横纵生动，而外形又有变化的整块石料，对掌握山石的合纹拼叠、形纹关系以及从中反映出的各种相应的美学效应等是简便易行的学习方法之一（图191）。

三、顺势贯气法

顺势和贯气是紧接着接形和合纹后的一种造型技艺，其法如下：

（一）顺势

绘画讲究置陈布势，置陈(含章法构图)的目的是为了布势。所谓势，或如高屋建瓴，或如泰山压顶，或势如破竹，或开阔平远……是实现意境的基础要素。没有势也就没有意境。

绘画如此，叠石造山亦然。只不过绘画是以纸为天地，在纸上布势，可得"卧游"之眼中势、幻中势，乃至心灵感应之气势。叠石造山则是以天地为纸，在天地中布势，可静观更可游赏，所以更能得其身入其境的、真实的山形山势。因此，虽同为表现山形创造山势，绘画可以先上天后入地，即可以先从山巅落笔，由上而下渐渐顺势勾画出主山主形的山形山势，再统筹安排布置山脚和辅山等种种形、势。而叠石造山却只能先从入地着手、起脚造型，而后渐向高处拼叠造型，所以叠石造山造型造势是先入地后上天，并由此形成了自身的造型造势的创作规律和技艺特点。

1. 入地造势

虽都是从地面上开始叠石造山，俗者用石再多、造山再高也

山形虽假，乃至贴石于墙，但纹理衔接，过渡十分符合常理，虽假而胜真

图188 似断似连

图189 断中有连

图190 将山石放置于池壁的水泥驳墙上是无根之山的表现

115

奇而透

灵动

浑厚

瘦而皱

透漏

灵秀

奇巧丑皱

瘦秀劲利

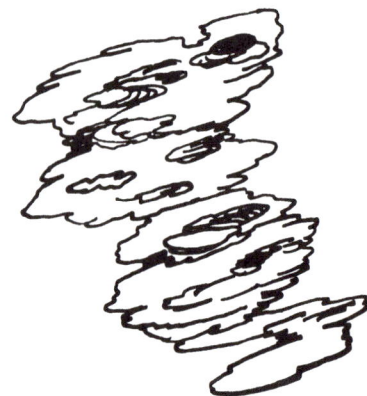

飘逸皱透

图191 山石的形纹关系以及从中反映出的各种相应的美学效应（一）

峻峭挺拔

灵巧漏透

雄壮稳重

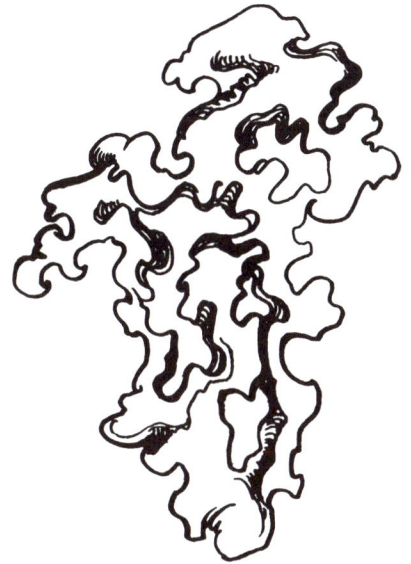

华丽透漏

拙重浑朴

雄健刚劲

图191 山石的形纹关系以及从中反映出的各种相应的美学效应（二）

往往显得轻浮。而高手造山即便是随意点布数石，山势也能即出。其中一个关键在于，凡落地石、起手石首重"入地"之效果、之意境。例如，今许多人叠石造山皆好模仿广东房地产商人做法，用水泥加小卵石满铺地，使人观其山石如同浮于小卵石之上，这种山石即为无根之山、无根之石，无论怎样造型也出不了势。再如扬州片石山房和卷石洞天的假山，很多地方只是将山石放置于池壁的水泥驳墙上再向上拼叠进行造型，同样也是无根之山的表现(图190)。尤其是扬州市在市中心造了个文昌广场，其主景是用两根水泥柱悬空撑立起一块巨大石头的造型(水泥做假)，成为当今扬州城市中心最显要地段的标志性景物。然而，这样的石头造的再大也是一种轻浮的表现，所以被人称之为"文昌楼的巨石——假、大、空"。

2．顺势造势

虽都是接形合纹叠石造山，但在如何造型造势上却有着很大的差别。这是因为接形合纹只是作为一种拼叠技法，仅仅掌握了山石拼叠的接形合纹法，能把单个石料由散乱变成一块块整的、大的，却因不会顺势造型，也只是停留在匠技、小技阶段，上不了艺术的档次。只有将接形合纹作为顺势贯气造型造势的一种手段，才能创造出叠石造山造型的气势和意境。所以，接形合纹造型的技法在实际操作中就有两种表现形式。一种是属于"就形凑石"法，它属"按图施工"范畴。其具体表现是，按照已经设计好、规定好的假山的具体尺寸和外形图形用石料凑合拼叠出来。此法亦如搭积木拼图之原理，熟练者虽也能尽力按照"同质、同色、接形、合纹"的拼叠要求操作，但由于不得"放任自由"，也就不能顺势而造型，因意而创造，所以山石造型常见"勉强""凑就"成形，山形山势大多也只能粗看而不能细细品赏，经不住

推敲，可看而不耐看。

可见，"就形凑石"亦如画家只能描图一般，其中虽又有高级和低级之区别，但总体上还是属于匠技阶段。

另一种是"顺势造型"法，即根据地形地貌所设想的主体山势山境，按照石料拼叠过程中的形纹组构的起势、走势、去势、动势、奔势、直势、曲势、仰势、俯势、阴势、阳势、开势、合势乃至逆势等等，然后顺其形势而放出形势，使之由局部的、具体的种种拼叠造型的小势而成为相应的山的大势的造型。由于该法具有极明显的因石而造型的随机应变性，其最大的特点可使创作者能够无拘无束自由创作，也就更能舒发和表达出创作者的心胸意趣。于是此法中便又有了"找势"一说，即相师常常堆了好几天山石，却一直结结巴巴，犹犹豫豫勉强拼叠。突然有一日，一块石头上去顿时拉出了形势，明确了形势走向、去势，于是相师顺势"放势"叠石造型，一时势如破竹，块块顺手。这就叫做"找到势"了。

山石拼叠，接形造出山形，其形如同人的外表形体。合纹而成山皴，其皴如同人之经脉走向。其势又如动作姿势，如太极拳术，首先下盘要稳，扒根入地，落地生根。而后动作套路才能不轻浮，虽变化无穷，却招招有出处，式式能连贯，其奥妙首在顺势而出势。

纵观顺势操作过程，由起脚拼叠开始顺势放成主峰"大"势，由主峰之势顺势拉出辅山"中"势(施工过程中又称此法为"拉"，即向两边"拖")，形成呼应主山之势，然后依次顺势拉出山脚、余脉等小势，归纳起来即，大势对应中势，中势对应小势，由大到小再由小到大，围绕主山或由高到低，或左右逢源，往返呼应，其中无一块孤立之形态的山石造型存在于山体造型之中。当然，其中免不了要利用建筑、植物、水体来顺势助势和造势。

3．顺中有逆

顺势中也需要有逆势在其中，否则即成一顺飘显得软弱，虽顺而不能得势。但逆不能孤立，更不能压顺，才能于顺势中显其气势。常用的逆势造型如欲擒故纵法、开中有合法、左右对峙法、回应法、中流砥柱法等等(图192)。

(二)贯气

1．要知气得气

要使作品能有气势，创作者首先要知气、得气和运气。即，不仅能真正体悟到气的存在，了解气的运行规律，懂得气的各种表现形态，而且掌握气的表现方法。这样你的作品才能因气而得势。

例如，我曾在居家堂屋见一行家打太极拳，此人身材虽只一般，高不足1.65米，甚至可列于矮瘦一类，但太极起手式刚出，便顿觉气势迫人，动作虽缓慢移动，却令人感到堂屋要膨胀开去一般，这就是气和势的作用和表现。于是我为了体会气，便也跟行家学练道家太极功法，几年下来也体悟到了气原来是有周天可以循环不已、生生不息的。形、意、气是统一的，气走形随，意到气到形也到。又有正气、邪气的道理等等。将此体悟到的气与叠石造山的造型联系起来，贯通起来，于是相石叠石时自觉便有一股气在其造型的过程中畅游。于是对各种石料及其造型的恣态、动势等也就常常能体有所感，心有所应，知道什么样的石形、石纹的组合拼叠可以造出什么样的造型。什么样的修养、心态可以造出什么样的形态、境界。什么样的心境、境界和形态可以表达出什么样的意境和造出什么样的气势。也就体会到为什么画家、书法家创作时一定要等到神完气足方肯动笔，为什么古人练字作画要用悬劲运笔，还要平腕坠肘，以腕带指，指实掌虚……，因为惟此方可将意、气运于腕，达于指，传之

于笔而造其型。于是其字力度可直透纸背，画当得气韵生动……。当然，其中还必须加强各种艺术的修养，才能使底气充足而不虚也。

为了更好地说明气与山石造型的利害关系，我再举一例，1990年代中期我在无锡公共场所造一贴壁池山，此山靠墙的池底基础是园主早已安排瓦工做好的，于是我便在此基础上造山，十多天后此山完成，虽高约三米，用石如以块计大小约50块，却造型生动自然令来往观者无不叫好。待放水时却发现山基础贴墙根处严重渗水，无法堵漏。于是园主只好请人拆山重做基础。园主为保证此山能拆后原样恢复，拆前不仅拍照构图，又将每块石头及其组合的关系一一做好记号，然而在恢复时却不断走样，于是再请我来恢复原样，哪知道我按记号恢复时虽大致有数，却无论如何也达不到原先的效果了。究其原因有三：1.先前造此山经相石选石拼叠造型，其精、气、神已与山石浑然一体而附之于山石形态之

内，山一拆则精、气、神即散，再要恢复原精、气、神当然非常困难，即使连我这个原创者也难以做到了。2.虽同样石料拼叠山石进行造型，山石的大面多偏移或少偏移一分，石料多磨动或少磨动一分，刹石多垫或少垫一分等等，也就是说只要有一点儿微妙变化，全局都会跟着变化。3.通过上述一拆一复的经历，可以得出：为什么有的人造山只能是徒有其形？其主要原因就是堆山者本身就没有可与山石形态相通相合的精、气、神。

艺术作品只有在与创作者意气相通的情况下才有可能产生出形神兼备的好作品。例如郑板桥画竹之所以画得好，是因为郑板桥画竹虽千枝万叶，却能够"一枝一叶总关情"（郑板桥语），叠石造山也是如此，无论是一座山的造型，还是一块石的拼叠乃至一条缝的处理，只有是经过相师亲自构思，亲自相石选石，亲自指挥，亲自动手操作，进入与作品完全情投意合的情况下才能产生好的作品，片石才能生情。所

以，当今天有些人山还未造就先忙着用大量美丽的词汇吹嘘一通就是胡说八道。例如扬州文津园假山多次修来改去，未改之前先吹方案，什么意境如何深、境界如何高，报上登电视上放，结果是叫来一帮民工乱堆一气，所造之山既不见其气势也不见意境。再如当前到处搞的"园艺博览"，实际上大多如同由许多小拼盘构成的大杂烩，或西式的底子加一点中式的佐料，或是学一点日本组石的皮毛，有的因时间仓促甚至连支撑树木的三角架也没有拿掉就急着展示……，如此造山造园怎么能出好作品。更有甚者，那些只会在纸上画些规划示意图，然后将图交给一帮石工民工施工，却偏能冠以造园专家，而实际一块石头也未堆过，这不就等于画家不会用笔是一个道理吗？

2.气要正

叠石造山的气有正、邪之别。例如，北宋画家郭熙在《林泉高致》中说山水有可行者，有可望者，有可游者，有可居

图192　顺势中也需要有逆势

者。"可行可望，不如可居可游之为得。"这是对山水画创作所提出的写实性要求。其实，艺术作品的可行可望，尤其是可居可游，惟有叠石造山造园方能臻此境界。

可居可游既然是叠石造山区别于其他山水造型艺术最鲜明的特点，那么，如果把个山堆的到处危机四伏，使人游之提心吊胆，例如，造山峰恶意倾斜，头重脚轻，使人一靠近便生出"不要倒下来"的感觉。挑石过长过薄，挑头山石或山上立石如玩杂技般惊险，使人观之便生出"不要掉下来"的感觉。山石拼叠横七竖八，石形尖头横空处处指向游人，使人游时需处处防止划伤。行走山路高低凸凹无规无矩，游人行走只看脚下谨防绊倒。做山洞黑咕隆咚，游人至此要犹豫半天不敢进洞，生怕里面

有鬼怪野兽。洞顶莫明奇妙悬挂一石或突出山石、架跨山石、挑飘山石太低让游人吃足碰头撞脑之苦。山中野气太重，叠石七倒八歪、散乱无章，缝口开裂不补，且杂草杂树丛生，游人至此生怕其中有蛇虫出没等等，都是恶气、死气、僵气、破落气、腐气、瘴气等等不正之气的表现。所以叠石造山造型，气首先要正，使人感到有可居性，有亲切感，才能可游可赏，给人以美的享受（图193、194）。叠石造山不但要求"真"，而且还须求"善"方能美也。

3. 气要贯

气和势是连在一起的，势顺了才能贯气，得其气势。例如，山石拼叠如果内在纹理不合、不顺，则如同一个人血脉经络不通，气就受阻，就不能达到贯气的境界。所以贯气必先要使

山石拼叠能够接形、合纹、顺势。不仅只是山石的外形变化要顺、纹理要顺，更强调内在气势相连相通，才能使石石有来历，缝缝有交代，反之，山石造型不能顺势而贯气，便显七零八落。所以一切技法的应用最终都应在气势的统帅之下形成一个完整的整体。

由接形合纹至顺势贯气，同时还要求能够聚住气。气聚不住就不能贯通，即为跑气。山石造型，起脚即为放纹行气，气由山脚开始向上跑，至山顶时开始收头、封顶，也就是封住气。不会收头封顶实际上就是跑气。气封住了还要使气能够回到山下来，这如同中国太极图形，一气上升，一气下沉，使之能循环不已，永不停息，这就是贯气。

叠石造山造型讲究大开小

图193　倒塌山石表现出的破落气与山石拼叠造型没有章法，缝口开裂不知修补，只见一块块石形石气而不见山境山意……，从本质上都是不正之气的一种表现

图194　做山洞洞内阴暗，洞顶低矮，又因悬挂山石，游人有遭撞头之苦，此乃败笔之作

合、大呼小应、顾盼生情、石断意连，它使其中的气势在山体拼叠的各种造型形态中或上或下，或阴或阳，若即若离，贯穿一气。例如，开合、聚散、整乱多表现为造型中的一种势，如开势、合势、张势、敛势、聚势、散势等。而虚实、疏密、繁简、阴阳等多表现为一种气，如湖石用环透法造型可得阴柔之气、灵动之气。黄石如山岗挺立可得阳刚之气、雄壮之气。清新如画者、飘逸者可得书卷之气。山石凝重老成可得古拙之气等等。具体操作原理可用如下图式表示：

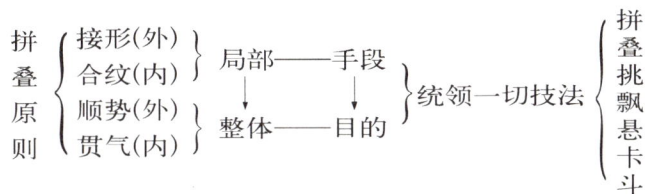

由上可见，接形、合纹、顺势、贯气四个方面，前两个方面为手段，后两个方面为目的，形主外而纹主内，势主外而气主内，形、纹主局部，势、气主整体，构成了拼叠山石的全部原则。一切技法便在这四项原则的统领之下进行千变万化的发挥，乃至创新和变法(图195、196)。

四、一般拼叠手法图说

1. 拼

将石料立起来组合为拼。拼时应注意高低错落(图197)。

2. 接

将石料横向成条状组合为接。运用时应注意弯曲变化自然(图198、199)。

3. 叠

山石呈横状层层上铺为横叠，须注意在错落有致中掌握好重心。山石呈站立状为竖叠，堆叠时应注意石纹和石缝之间的交叉，并防止如砌墙一般的刻板生硬和规律状(图200、201)。

4. 盖

下竖上横、下窄上宽为盖。运用时注意横纹和竖纹过渡变化的自然，切忌生硬拼凑(图202)。

5. 竖

直式站立者为竖。单独造型时由于其石味较重，故在造山时要谨慎使用，过多了则易破坏山势(图203)。

$$\text{拼叠原则}\begin{cases}\text{接形(外)}\\\text{合纹(内)}\\\text{顺势(外)}\\\text{贯气(内)}\end{cases}\begin{cases}\text{局部——手段}\\\text{整体——目的}\end{cases}\text{统领一切技法}\begin{cases}\text{拼}\\\text{叠}\\\text{挑}\\\text{飘}\\\text{悬}\\\text{卡}\\\text{斗}\end{cases}$$

图195　湖石宜环透法造型，或以峦势取胜，可得阴柔、秀美、灵动之气

6．埋

下段在土中，上部露出土外者为埋。此法多用于山脚或点石。用于山脚的埋石必须下重上轻，有下沉之势，尤如自土中生长出来的一般。这样的埋石，山意极浓。用于点石造型的埋石，可以上重下轻，点缀平衡，增加趣味。

7．挑

堆叠时，将横长形山石伸出山体之外为挑(图204)。

8．压

为保持挑石的平衡，须在挑石的尾部压上一块山石，此为压。

9．飘

在挑石上再用山石，如呈横长纹理形状变化的为飘(图205)。

10．扣

扣有正扣、反扣之分别。石形宽大面向下，窄小面向上拼叠造型称为反扣，多用于山洞洞顶封顶。反之，石形宽大面向上，窄小面向下的山石拼叠造型称为正扣，此法多用于取阴造势。

11．卡

两块石之间夹一较小的石为卡，多用于两石拼叠搭头相接之间(图206)。

12．斗

二石并立而内成空洞或弯势，其势相对，称之为斗(图207)。

13．挂

卡石时下悬者为挂，多用于表现如垂挂钟乳石的造型(图208)。

14．收

叠石逐渐向内形成凹势为收

15．出

叠石逐渐向外形成凸势为出(图209)。

16．环

斗势相接为环，多用于表现山体的石洞形态，以显空透(图210)。

17．券

如做拱桥那样，将山石拼成拱形，此法多用于山洞的封顶，也可用于桥的造型(图211)。

18．架

两石之间用一长石相搭头为架(图212)。

19．贴

紧靠墙壁叠石造山又叫贴壁山。其次，用较薄的石料作贴补之用者为贴，如用于墙面表层，能创造出山石如同从墙内伸出墙外，却又未能隔断墙外山体。此法大多用于高处山石的悬空造型(图213)。

20．撑

起支撑作用的较小石料，多为配合创造险势而用(图214)。

21．别

22．错

石料或前后或上下或左右等错开拼叠，或主山、配山或主石、配石错落布置造型都常称之为"错开来"(详见"错式拼叠"章节)。

23．刹

主要起稳定山石作用(详见"刹"章节)。

24．连

(1)可以起连接作用。如，个园黄石山两山夹道如山涧，上部用一根长条形山石将两边悬

利用挑出石料的下突斜面别住后石凹斜面为别(图215)。

图196　黄石如山岗挺立可得阳刚之气、雄壮之气

图197　立拼。十分重视正大面方向的形纹接缝的吻合处理

图198　接。除了要注意弯曲变化自然外，如处于视平线以下则十分重视上大面的形纹接缝的吻合处理

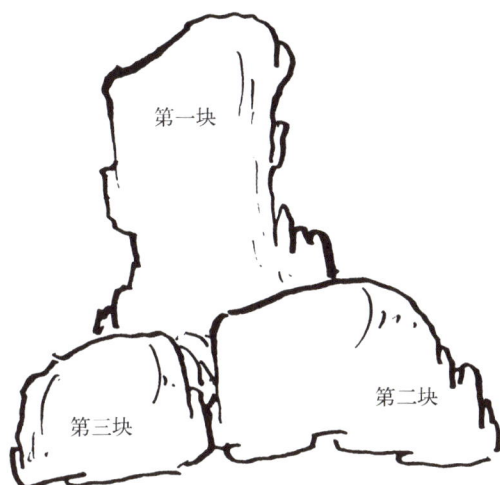

图199　拼与接法如多块混合运用时，应注意操作顺序，常用的方法是先单拼单接，即，先定主形后接拼副形，先定大石后接拼小石

图200　横叠

图201　竖叠

图202　盖

图203 竖式拼叠

图204 挑压和垂挑

图205 飘石与挑头石

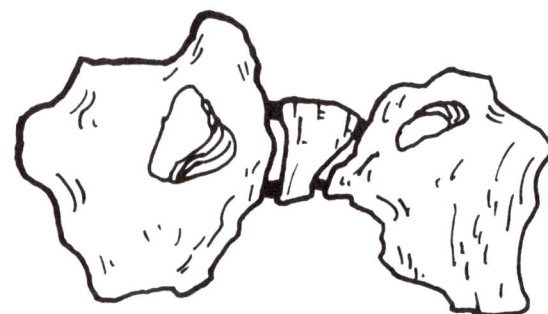

图206 卡

图 207　斗

图 208　挂

图 209　收与出

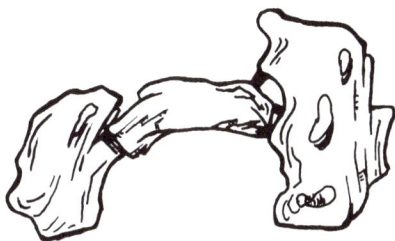

图 210　环

图 211　券

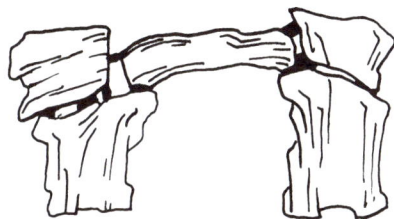

图 212　架

图 213　如墙面高处需悬空贴石，可顺着贴石下口重心边缘寻找砖缝打进铁件，以挂住山石使之稳定，然后用水泥砂浆与墙体砖面焊牢

←撑刹

图 214　撑

图 215　别。一般用于山石造型不足的补救手法

岩状山体连接，不仅起到了支撑、连勾作用，使两边岩体相互连成整体加强了稳固性，又使游人观之如巨石悬空，增加险势。(2)可使山体造型的重心外移扩大，使"对底边"保持垂直重心向连石突处扩展，更利于出势造型(图216)。

25．留头

山石拼叠至一定高度后抽出一头，以备以后连接山体进行造型之用，可避免前后接山体之间形成明显的竖向拼接的人工痕迹。

26．做缝

将山石拼叠时的缝隙用水泥砂浆进行粘接，使之与所拼叠的山石成为一体即为做缝。它要求山石吃重外砂浆应饱满，刹石内口处尤需填充，且缝口水泥暴露愈少愈好。如果缝口水泥缝太宽则需用石皮补贴。黄石水泥粘缝常用黄粉掺于水泥中作调色以求与黄石色彩一致(详见"做缝")。

27．拖

凡山石拼叠需向旁势、出势或斜下之势等继续造型的常称之为"拖"(图217)。

叠石的常用技法还有很多，必须通过长期施工才能掌握它，并从中体会到各种技法与造型的关系。

扬州个园黄石山峡道堆叠山体，叠辅山道，平铺冰裂地纹，空中飞架横石。游人至此，顿感泰山压顶、巨石凌空、一线见天多种险峻之势，是中国园林叠石中雄壮之美的极品。

横石的运用，不仅创造了险峻之势，而且起到了连接山峡，支撑、稳固山体的作用。建筑结构上达到了绝对的保险，而意境创造上又达到了最佳的造险

图 216-1　连。个园黄石涧道悬空连石

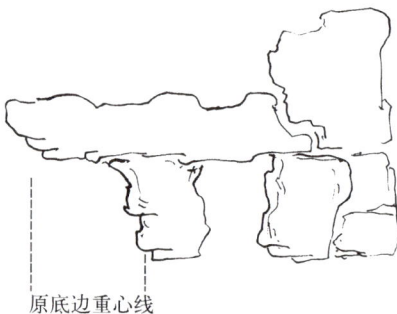

图 216-3　连。使"对底边"重心线向外移动，可使上部山石造型更加险要

图 216-2　连。个园黄石涧道

图 217　拖。山石由高向低顺势拖出

‖·第六章

山体造型技法·‖

　　叠石造山中有句行话叫做"看山看脚"。意思是说，看一座山堆得好不好，首先要看山脚是否处理好。可见叠石造山山脚造型的重要。

　　叠石造山山脚的立意和造型有广义和狭义两大内涵。

　　广义的山脚是指叠石造山造型本就是做山脚的立意和造型，可称为"山脚造山法"。

　　狭义的山脚则是指叠石造山造型中具体的、低矮部分的山石处理和造型，可分为"起脚"和"布脚"两大类，统称"山脚拼叠造型法"。

　　山体造型如人体，一是骨架(间架、结构、内容)，二是经络(山皴纹理)，三是外形(轮廓变化)，四是贯气(精神气势)。四者缺一不可。

第一节　"看山看脚"

叠石造山中有句行话叫做"看山看脚"。意思是说，看一座山堆得好不好，首先要看山脚是否处理好。可见叠石造山山脚造型的重要。

叠石造山山脚的立意和造型有广义和狭义两大内涵。

广义的山脚是指叠石造山造型本就是做山脚的立意和造型，可称为"山脚造山法"。

狭义的山脚则是指叠石造山造型中具体的、低矮部分的山石处理和造型，可分为"起脚"和"布脚"两大类，统称"山脚拼叠造型法"。

一、山脚造山法（广义）

传统叠石造山，无论所造之山是大山还是小山，是高山还是低山，是主山还是辅山，是叠石、组石还是埋石等等，只要它是为了创作表现出真山的形态、特征、境界、意境和气势，那么，它的创作立意就都是山脚的一种造型方法。因为惟有如此才能寓意山后有山，激发出观赏者的"更大更美的山"的联想和想像，使有限的景观蕴含无限的意境。惟有如此才能使叠石造山"通过局部寓意全景"、"通过有限表现无限"，使"以少胜多"的叠石造山造型技艺得到最大限度的发挥和运用。

例如，扬州个园的黄石山，山的主体居园子东北角，山势连绵一路向南延伸并又形成山头，一路向西延伸又形成山头。观此山可以明显看出造山者的本意就是创造一座大山的某一局部的，形成环抱状的，高低起伏的山形山势。试想，如果按照山水盆景的"小中见大"法，山水画"透视"原理造型此山，那么，主山

居北为第一高山，次山居南为第二山，辅山居西为第三山。并由此形成三座山的组合造型的话，黄石山的深远雄浑的境界就没有了，因为区区庭园中都能装下三座山，这三座山再大也可怜得很。但由于该黄石山的创作立意本是体现某一座大山的某一部

分，是大山的某一部分延伸到园子里面，或是园子本建于山中某一块地方，园子外面还有更大的山，那这个山的境界可就大了，大到随你怎么想像其大、其美都不为过（图218、219）。

扬州个园的湖石山处理也是

图218　扬州个园黄石山自北向南效果

图219　扬州个园黄石山自南向北效果

如此。山形连成一体，只有主洞主景而无明显主山次山之区分。苏州的耦园、留园表现的都是一座山的高低起伏延伸关系。拙政园中部的三组黄石山，很难说得出谁是主，谁是副……。因此，在中国传统叠石造山造园的造型技艺中，这种不分一座山与另一座山之间的主次关系，而只强调同一山中的主景、主形的高低起伏的"山脚造山法"，实在是中国叠石造山造园规划设计、布局造型的灵魂和精华。

二、山脚法（狭义）

"山脚法"（狭义）是指主体山根部的及其园中的各种低矮部分的山石造型。它包括"起脚类"和"布脚类"两部分。

（一）起脚类

"起脚"类多为直接承受山体叠压的山根处的山脚造型。具体操作中又有"垫脚石"和"起脚石"之分。其操作特点是：1.叠石或造山造型的起手。2.垫脚石主要用于单块石类造型，如峰石造型。3.起脚石多用于山石造型起手或山体造型根部起脚的操作造型方法。

1.垫脚石

垫脚石多用于峰石根部的山石造型，有露脚、埋脚之分别。

露脚石的造型不仅起到稳固峰石，抬高峰石的作用，同时又要配合峰石的造型选用合适的石料作垫脚石。例如，苏州冠云峰形态潇洒灵动，瘦、皱、漏、透奇特。故选用一块与之成对偶的稳重浑厚之顽石作垫脚石，不仅形成对应，突出了冠云峰傲然凌空的造型姿态。更由于此垫脚石形如石供台，明确了冠云峰作为石中贡品之神圣寓意（图220）。

埋脚石主要起稳定上部峰石和调节峰石高度的作用。埋脚石有露面和全埋之分，露面即露出向上的石的表面一层，多与土平。全埋的一般应于土下0.2米，然后回填土，这样在其上可栽植

些花草，以配合峰石生于土中的造型。最怕埋得太浅，使回填土太薄而无法种植花草使之成活，结果经风吹雨冲形成凹陷，似乎因峰石太重而使其下沉的感觉（图221）。

垫脚石常用的操作技法有：

（1）投榫法

即在一块较大的横平状山石中间凿出一榫眼并安放稳固，或利用原石料自然形成的凹状、窝状、洞状将峰石根部也凿成小于榫眼的榫头状，然后于榫眼或凹洞中倒些稀湿水泥砂浆，将峰石插立于垫脚石的榫眼中或凹洞中，用刹石卡住形成稳固站立状。其峰石垂直重心控制仍采用刹石法或垫刹法（图222、223）。

图220 垫脚石形如石供台，明确了冠云峰作为石中贡品之神圣寓意

图221 扬州史公祠内的埋脚峰石，虽是拼叠而成却能浑然一体。峰脚生自土中如从地下自然生长出来一般

以石片凿洞作底座

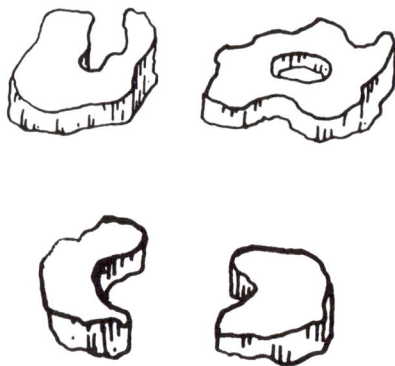

石料作底座的几种做法

图222 投榫法做法

图223　南京瞻园内峰石用投榫法，呈半埋半露垫脚

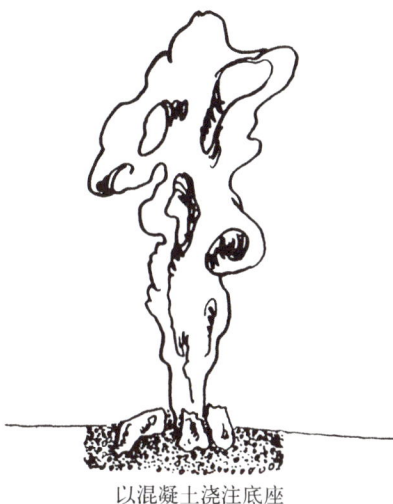

以混凝土浇注底座

图224　夹挤法

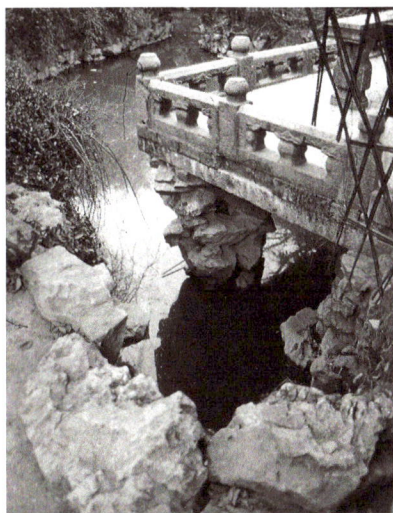

a　建筑物基部的点脚处理

图225　点脚起脚

（2）夹挤法

将峰石先立于基础石之上，而后用石料从四面挤夹住峰石根部，用刹石使之暂时稳定，再用木撑四面支撑，再用水泥砂浆将峰石和夹石接缝处灌实，待牢固后撤去木撑（图224）。

（3）单立法

即利用峰石根部的平压面直接叠压，使之立于垫脚石上保持垂直稳定。此法峰石越高大，自身重量越重，则越是稳固。

2.起脚石

起脚石要求质地坚固、少有空透，以保证能承受山体重压为第一要素。其次才考虑根据主体山的要求进行造型。常用方法如下：

（1）起脚原则

①宜收不宜扩

山体起脚要收拢，不能大于准备拼叠造型的山体外形。这样既可避免脚重头轻难以造出山的险势，又留下了山体大致形成后的补脚造型的空间。

②宜小不宜大

大凡用于起脚的石料块形体量应小于山体上部，尤其是结顶、封头的山石块形的体量，才利于创造山形险势。

③落点要准确

起脚石落地的位置往往是山体凹凸曲折和造型变化的依据，因此起脚石的落点要尽可能深思熟虑使之准确到位。既要保证大面不偏向，同时山体立面造型无论怎样变化，其重心垂直线一定吃在起脚落点石上。

（2）起脚三法

①点脚起脚法

从平面造型上说，此法如同绘画中的点，主要用于起脚空透的山体造型。例如扬州个园宜雨轩前的湖石山就是点脚起脚。使用此法石料除了间距上要相互错开使之曲折，在用石上又要大小高低厚瘦不一。不仅要考虑拼成石洞后的间距变化、大小变化、透漏变化、外形变化等无一雷同，同时还要事先考虑好向上的山体造型及山洞造型等各种因素。最忌讳如同桥桩一般成直线点状或均匀等分点状的形态（图225）。

点脚法还常用于如曲折的石板桥下、水山廊下、亭下等空透造型。

②连接起脚法

将山石成条形曲线变化状连接起来作起脚造型，此法平面如

b　山体灵秀者起脚空透（扬州个园）

同绘画中弯曲变化的长线，它是主体山形表现曲折、凸凹、进出等造型和变化的基础。如扬州个园黄石山，起脚为条形曲状变化，连脚条形的外侧发展成为山体岩面变化，里侧形成山洞内的岩石变化，运用的即是连脚法（图226、227）。

③块面起脚法

此法平面如同绘画中的面的处理。一般用于起脚厚实，造型高大，雄伟浑厚的大型山体。如苏州耦园主山，扬州平山堂水边黄石主山等，强调外轮廓的形状与主山岩面变化一致。也有用于水边大块面的表现横断层面的岩石造型（图228～230）。

图226 连接起脚施工方法

a

图227 连脚法做成的山道、山洞

图228 块面起脚的山体厚实、沉稳，多用于表现山形的雄壮气势

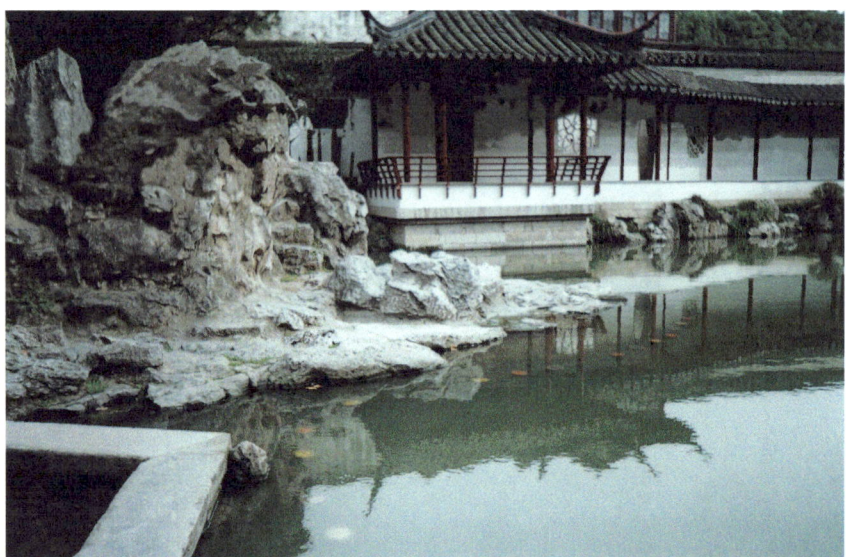

图229 南京瞻园山体的块面起脚

（二）布脚类

"布脚"类泛指不受主山体叠压的、低矮处的山石造型。主要表现为：1.用于主体山形基本完成以后的各种低矮部分的山石造型，属于主体山造型大致完成后的后手造型技艺。2.它虽不直接承受主山形体重压，却是辅助主山造型之不足的一种造型技法。3."布脚"范围广泛，如山体余脉、池边驳岸等等，以及立石、点石、埋石等等，也是创造山境山意的重要的布局手段之一。分述如下：

1.补脚法

补脚是在山体部分造型大体已出，然后在紧贴起脚石的部位再拼接山脚进行造型，以弥补主体山型的不足。它虽然无须承担山体的实际重压，但却是依据主体山石的上部形态，既要表现出山体如同土中生长出来一般，又特别强调增强主山的气势，为主山服务的一种操作造型技法（图231）。

2.布脚法

布脚常常表现为规划设计在先，而实际操作在主山完成后，再根据主山的实际造型效果进行放样造型的技法。所以它又是作为主山山脉延伸的造型并分布于全国各个部位，其表现内容形式也是千变万化多种多样的。

叠石造山造园，山脚的布脚处理得好，主山就不孤，山形山势山境山意就能达到深远，园林就能成为山水中的园林。叠石造山常讲"山贵有脚"，"看山看

起脚空透者，基础尤须严实。起脚宽大实心者，基础要求可略放宽

先用砖砌再全部粉刷后贴石，切勿用石料直接堆叠池壁，否则将不能断漏

图230　池底起脚注意事项

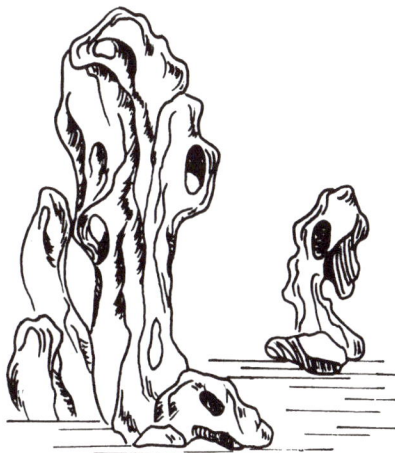

图232　布脚依建筑而延伸

图231　补脚

图233　山石布脚向土中延伸

133

脚"，在很大程度上就是指布脚的处理。

常用的布脚技法大致如下：

（1）延伸法

布脚的延伸可以陆续分布到园子的各个空间、各个角落的各种山石形态。例如，从一进园门所见到的石，再进见到大石，再至见到小山等等，都是主山山脉的延伸造型表现。所以，一般情况下，大园子中虽又有小园子的空间分隔，其分隔空间中的山石造型也各有其变化，但由于其中的山石都是作为一座主体山的山脉分布进行造型的，所以，石虽断了而延伸连接之意不能断。因此延伸法十分强调山水园林中的用石要一致，拼叠手法要一致，造型风格要一致。这叫做"虽隔犹连"，"虽分犹合"，"景分而山连"，"石断而意连"。

例如，山石靠墙而建的，寓意延伸墙外去。建于池边的，意向水中延伸去。建于土上的，意向土中延伸去，等等（图232～234）。

（2）环抱法

延伸必须要表现出山的环抱之势，才能体现出人在山中、园在山中的境界。然而，大凡叠石

图234　布脚与道路、水体和建筑形成的山脚延伸效果

图235　环抱于建筑物体的山石

图236　环抱水体的山石

图237　山石环抱树木

造山不可能都将山体堆得高大雄伟来形成环抱造型，而是用布脚延伸的方法在园子的各个边缘创造出山的环抱之意，这也是叠石造山之所以能用较少的石料创造出大山的环抱之势，使人进园如进山中，达到叠石造山"以少胜多"的艺术欣赏效果的造型技法之一。

布脚的环抱法很多，如，建于墙基脚下的为环抱园子的手法，建于水边成驳岸的是环抱水源的手法，建于树木根下的是环抱树木，使树木如同从山石中自然生长出来的一般，等等（图235～237）。

（3）平衡法

利用布脚来体现山体造型的平衡，这是布脚的又一个重要方面。

保持山体平衡的布脚技法大体上有二种形式。一是与主体山形同处于一个观赏景区内的平衡布脚法，叫做近山布脚法。另一种则是在远离主体山，或者说与主体山并不同处于一个景区内的造型，此法多用于保持全园布局以及山体总体构图布局的平衡（见"造型平衡法"一章）。

（4）层次

叠石造山不仅可静观，而且可以游观，让人身入其境和步移景异。于是它除了要造出山体大面的观赏层次，还要表现和处理

好旁视的层次。不仅只是由低及高，即是从山前而窥山后，使山石处理时能前不遮后，以显山体层层上升的高远层次，而且还要由高及低，即由山上看山下的山脉延伸的平远层次。不仅只是由外向内——即由山外窥视山内、洞内以显深远层次，还要由内向外——即由山体内部经山洞向外观其层次变化，等等。所以，叠石造山的层次是多方位、多角度的造型技法。

山脚的层次处理，例如，一般造山多采用山前布水以创造出山水一体的效果。而水边四周的围石驳岸，就是山体的山脚布脚的造型。对驳岸的高低曲折所表现出的层次变化，很多人不知怎样处理，常常是将驳岸随意弯曲，盲目高低，结果驳岸或如同蚯蚓弯曲，或整齐划一，其高低变化也缺少与主体山形的因果呼应关系。

以驳岸表现层次应以主体山形为造型依据，常用的方法可先采用"透视复位法"，然后运用"以点成线"法即可（见"以点成线法"）。

（5）应势

主体山形为呼，则山脚布脚造型为应。如山之主体向左为去势、呼势，则山脚可造成向右的接势、应势。有呼有应，开合变化也就在其中了。其他造型如山顶端悬一石，山脚出一石，可为

上呼下应。岸上山体为呼，水中山脚为应，则为岸呼水应。两石造型一大一小，则大为呼，小为应，乃大呼小应。

（6）以点成线法

此法多用于山前水面驳岸造型。其操作要领是：以主山造型为依据，利用绘画的平面造型和透视的距离感。如，先将主山看作如画平面，而后在其山下布山脚，进行大小、前后、左右、高低、轻重等低矮的、局部的、点状的布置，然后用山石将其成条形状拼接串连起来，高低曲折自在其中，待水面形成即成驳岸造型。用此法者必须要懂得画理和画法的构图、章法、布局及透视的复位距离感，即平面与立体之间的对应造型方法，懂得立体造型艺术的构成特点，懂得山石组合造型中的呼应、平衡等基本造型美感和原理。

（7）未山先麓法

即先用土山造出高低起伏状，然后点埋山石创造大山山脚境界（图238）。

（8）前喧后寂法

即先见石——见大石——见主山，使人有渐入山林的感受。这里的先见石——见大石即是布脚法之一。

总之，布脚的技法很多，只有多实践才能更好地掌握布脚的方法。

图238 未山先麓法

第二节　山体岩面造型

山体造型如人体，一是骨架（间架、结构、内容），二是经络（山皱纹理），三是外形（轮廓变化），四是贯气（精神气势）。四者缺一不可。

一、利用"共性"进行造型

构成山体的内容很多，如山峰、山岗、山峦、山涧、山道、山洞、悬岩峭壁等等，相师用石料拼叠山体具体内容，首先要明确山石拼叠山体与自然山体有哪些共性特点。

（一）还原性

叠石造山的石料实际上又可以看作是自然山体岩石层面的一种成块状的脱落或分裂，因此石料表面的自然纹理就是自然山皱的本来面貌的一种分割或块状的表现形式而具有了一种可"还原"性。

可"还原"性的基本特征是，例如，一块蛋糕用刀分块切好，换个地方再原样拼出来。或一件瓷器摔成几块再设法将其拼好等等，这就是"可还原性"。所以，从理论上说，你能将安徽天柱峰一块块切下来运走，我就能换个地方按原样把天柱峰再一块块地拼叠还原出来。

可见，叠石造山由于所造山体的石料的质地没有变，山体的表面纹理还在，石料也就具备了"还原"山体岩面及其内容的基本条件。也就是说山石造型无论是表现石还是表现山，其纹理都是一样的，既不存在放大，也不存在缩小，并由此决定如下的创作规律和特点：

（1）石料要"还原"成山体，只有靠"拼叠"技法。

（2）由于石料具有可"还原"性，于是师法自然叠石造山使之"由真为假、弄假成真"不仅成为可能，而且叠石造山的"真"较之其他山水造型艺术的"真"更真实，更具象，甚至没有区别，也就决定了人在山水园林中观赏叠石造山和在大自然中游山玩水所具有的一种共性和特点，例如，石就是石，再大它也是石。山就是山，那怕山在园中比石头还低它也是山。例如苏州冠云峰很高，但它是石。苏州狮子林山顶立了很多峰，但都是石峰，只不过是立于山头的石峰，与黄山顶上的"猴子观海"、"飞来峰"同理，都是石的造型和特征（图239）。

例如，1990年代初我到苏州拜访了《中国造园史》的作者张家骥教授，期间张教授接待一批美国造园界客人一同游留园。游至冠云峰前，见世人争相与此峰拍照合影。美国客人即问张教授："众人皆好此石，请问此石好在哪里？应如何欣赏此石？"张答："从此石中可见黄山之形，泰山之境。"待送走美国同行，我即表示反对张教授观点，理由是石就是石，山就是山，各有其特点各有其奥妙，更不能认为一块石头只有像山或具有山的外观形象或境界才是好石头，所以指石为山一说实是误导外国人也。

张教授的观点在其《中国造园史》中也有说明："狮子林中的所谓狮子峰、含辉峰、吐月峰者，即云（倪瓒）共尚'叠成'……。所谓峰者，已非自然山峰的写照，而是飞舞欲举体现山峰精神的峰石，即'一峰则太华千寻'之峰。"张教授称此石形山为"写意式"的叠山。

与张教授观点或近似的、或相同的学者还有不少，如彭一刚教授在《中国古典园林分析》中也认为叠石造山"颇近似于近代流行的抽象雕塑"。至于古代将石形寓意山形的说法最明确最精彩的莫过于白居易在《太湖石记》中看太湖石一说："则三山五岳，百洞千壑……尽在中。百仞一拳，千里一瞬，坐而得之。"

看一块太湖石真能有如看名山大山的感受吗？大家去看。我的观点是：

（1）大凡文人都善于艺术夸张，用工匠的话说："能吹。"例如我小时看《水浒》、听《水浒》，武松景阳岗打虎那是何等的威风，后来我真的到了景阳岗，看到景阳岗原来只是个小山坡，直感到施耐庵真能"吹"。就像扬州有个说书名家王少堂说武松斗杀西门庆身手如何了得，一招一式交待得清清楚楚，结果引得外地拳师到扬州要找王少堂比武。可见艺术夸张的"吹"大多不能太当真。

（2）所以，我们搞叠石造山施工的人千万不要盲目按文人

图239　立于山中的石

"吹"出来的路子去做，即使你与文人一样看到这块石是像泰山，像黄山，也不要指望别人也能看出来，更不要在造山的时候东放一块"泰山"，西放一块"黄山"，否则你造的山永远不可能"弄假成真"。

叠石造山，石气代替不了山势，石气太重了往往破坏了山势，压倒了山势，所以叠石造山中称石气过重的山为石欺山，将那些将造型奇特峰石立于山头炫耀石形的称之为石压山，尤其反对将一块石头放在山巅搞得似掉非掉来造险。

正因为石料有了这种"还原性"，造型欣赏有了这种"共性"，那么叠石造山的创作就同样要遵循在自然山中近距离看山体时的真实感受进行山体造型，这就是，眼前可见到的山体局部。

（二）看不全

什么叫做局部山景？不全也。"横看成岭侧成峰，远近高低各不同。不识庐山真面目，只缘身在此山中。"（苏东坡诗）人在山中看大山，所以看"不全"山。叠石造山也是如此，如果你在园中一眼就把个山体都看清看完，那么这座山也就如同沙盘模型，无趣无味了。更何况叠石造山还要受到种种条件的限制，堆得再高再大也不及黄山、泰山一个角。

可见，叠石创造山体越全越露境界越小，越是看不全的山境界反而往往越大。所以传统叠石造园山体造型，第一就要造"不全"山。这里的不全有二个含义：一、是山形不全。即山体造型既不能形成完整的八字形式的全形全景山，又不能表现前山后山大山小山等山与山的造型组合，而是一座山中某一部分的山体形态和景观。二、是看不全，即所造山体能使游人无论是站着看，还是走着看，是山下看还是爬到山的高处看，怎么看都看不全山。

（三）看不尽

山体造型即使表现了"截溪断谷"的局部形态，或者只是徒

有"不全"之形还是不行。还要使人由"看不全"到"看不尽"，不但感觉到山的景色"不尽"，内容"不尽"，而且给人以无穷之想像，使人强烈感到眼前之山外还有更大更美的山。正如老子说"物大莫过于言"，即便是黄山、泰山之高大也不及人之想像之无穷。

以不全之山形求其不尽之崇高意，常用的方法是：

（1）山体起脚就要造出大山、高山之气势，就不能让人一看到山脚就感到这座山很小。所以起脚讲究扒根入地，沉稳而忌轻浮。

（2）让人贴近山体看山，贴近的方法就是将游览线、观赏点靠近山脚。因为在自然山中，人越是贴近山脚看山体，则视觉越受山阻，只能看到眼前山体之形态，这叫做"以近观求不全"。

（3）将山体堆至一定的高度后在其上部用繁密树木遮挡，既挡阻了人的视线，使人看不到树后其实无山，而且又生动自然，符合人们在自然山中因树木遮挡而看不到大山更高处的一种自然规律现象。这叫做"以遮挡求高远不尽之意"。

再如，山体的山后本无山，又可用墙体相隔，古称"贴壁山"，山后有山意境即出。这叫做"以隔阻求平远不尽之意"。

再如，做山洞越向内越看不清，使人感到深不可测。这叫做"以隐藏求深远不尽之意"等等。

"山重水复疑无路，柳暗花明又一村"，造山体之不全之形是为了得其不尽之意。不全才能求全，才能寓意不尽、创造不尽，它不仅是叠石造山造景和造园的区别，是叠石造山造园表现山体造型的基本原则，也是中国造园为什么要讲究藏而不露、隐中有现、曲折蜿蜒、分隔遮挡、疏密有致、深邃通幽、扑朔迷离、盘回不尽、变幻莫测、承前启后、开合呼应等等的根本原因，是中国造园和西方造园最本质的区别，

从这个意义上说，造园不造山，你造什么园？不会叠石造山，你是哪一国的造园家？

（四）依石性而造山形

无论山体的形态和内容如何丰富变化，相师都要依据山体所用石种的石形创造山形，以石种的石纹放出山皴。这叫做依石形石纹掇出山形山皴，计成将叠石造山称为"掇山"，山水画讲究"依皴合缀"都是这个道理。

例如，石料如以横形横纹拼叠，那么山体两边形态多呈不规则凹凸进出变化，上部也少有尖头多呈平势。石料如以竖形竖纹拼叠，那么山形两边多直上直下，山顶也多呈峰状高低造型。再如，黄石形态方正且刚硬有力，多用于岗势取胜，表现出各种刀削斧劈般有阳刚之气的岩石变化和山岗气势。湖石石性柔润、外形宛转，多应用于峦势造山，使山形变化如蹲狮卧虎，或如蛟龙翻腾，或秀美典雅……。

二、山体的层面造型

（一）分层的概念

山体的层面首先要处理好山体表面分层的造型。它分静观类和游观类，例如，静观类主要指处在山体主观赏点观山的大面层次面。游观类多指人进入山中所见到的层次造型，例如人在山洞中看洞外山景等等。常用的分层方法有：

以内容分层面。造山体先要确定你想表现的山形构成内容，然后依据内容分出主层次大面。山体的内容有外露的和隐蔽的，大面的和侧面的，静观的和动观的分类表现，可先定外露的、大面的、静观的内容层次，然后通过串连外露的、大面的、静观的内容层次的过程中处理隐蔽的、侧面的和动观的层面造型。没有内容硬分出的层次属于无病呻吟类。

以结构分层面。山体有了内容便有了结构，结构也有外露的

和隐蔽的，外露的结构也是层面划分的重要手段。

以纵深分层面。山体有了内容有了结构便有了纵深。例如，扬州个园湖石山主内容主大面是洞，也是主层面。洞内外露的结构分出了层面，其中配合表现内容、深度、厚度等的种种造型就是纵深层面，它包括水体、水中倒影、石桥、驳岸、山上的亭、树木等等都是纵深层面的表现（图240、241）。

（二）分层的技法

山水画在平面的二度空间中表现山体层次和层次与层次之间的相间距离，主要是通过表现与岩面皴法有明显不同的长线条、粗线条以及明、暗等用笔技法进行划分，形成视觉错觉上的层次

图241 从个园黄石假山的前山和后山的层次表现法可见：近山为辅助山，后山为主体山。辅助山的下半部分以山形山势起脚，以应对后山主山的山形山势，给人以大山山脉的感觉。上半部分则用挑飘法造型，其形态顺势自然，于动势中反映出一种大气的石形造型变化，这样就与后山的主山形态的雄壮之势形成强烈对比，于相互映衬中不仅使前后山的层次交代分明，而且于山形山境中又有石趣石味。这种造型突破了一般传统造山的在主山前立一峰石的造型手法

从扬州个园湖石山大面可见：层次首先以山体内容和结构的形式划分为主，其中间以其他内容形式，如建筑、绿化、水体等。这种划分法在叠石技法中又称之为"道"，这个"道"不仅指道路分出层次，它包括"一道道"的具体内容，如：以主山体最大的表面形态这一层为"主面道"，向前为"近面道"，包括驳岸、水体、峰石、石桥等，以及处于其间的如桥基石的前后形态，树木形态，水中倒影等。从"主面道"向后（山上高处）为"远面道"，它包括山头山石造型，树木、建筑物等形态，并渐渐向远处一道道推出，直至目不能及，从而达到高远意境。而山洞之中的山石形态的层次，又为"阴面道"的各种造型，即由少阴向大阴逐渐深入，直至目不能及达到深远之境。

"道"的分层不仅要有内容，有目的，还要有章法，有高低、大小、轻重、曲折、隐露、开合、呼应等各种变化，又要道道交代清楚，使之协调统一、浑然一体。

图240 扬州个园湖石的层次表现

感、前后感、距离感及大小轻重高低厚薄等变化。而叠石造山的层面是实实在在的，它不仅具有三度空间的、立体的特点，看得到摸得到，而且具有对真山的"还原性"所有的"共性"的形态和特点。

山体层面的拼叠分层造型技法可分为"剖面"、"切面"、"断面"、"阴面"、"阳面"、"透面"等。其法如下：

1. 横剖面

剖面主要指山体与山体形成的前后分体、分隔的造型。如同传说中开天辟地时用斧头劈开一座山形成的剖面。它从山体大面看上去又如同山水画用长线拉出的前后山体大形的轮廓。

山体剖面有沟条状分层，凹进内收式分层和山体立面的曲折变化形成层次剖面造型。

一般来说，山体与山体之间的剖面分层要简洁分明，之间距离要有内容拉开才能更好地显示出山体的厚度，而不能形成如斧劈石盆景那样成一片片剖面状显得繁琐、单薄。但表现山体局部呈竖向剖面变化时则可以重视成深沟状造型，可使剖面层次变得分明而有力度。

2. 纵断面

横剖面与纵断面的区别是：从山体大面看过去，山体横向的层次是横剖面，山体纵向的分开如断开的造型为纵断面，如山体中间形成的一线天造型，山石对峙、呼应造型等。

例如左山体（石）和右山体（石）原来相连，因地质运动而强行断裂分开，这在叠石造山中叫"石断而意连"，此外大块面直上直下的山体造型有时也叫断面。

3. 切面

切面表现山体岩层面变化，有横切面、竖切面之分别。

（1）横切面

石料拼叠山体因错开造型形成的横向如刀切般的层层变化叫"横切面"。"横切面"如果是在山石造型的上面形成渐高般的层层推切的变化，称为"阳切面"。如果是在山石造型的下面形成层层内收的形势，称为"阴切面"。

（2）竖切面

石料拼叠山体因错开造型形成竖向如刀切般层层变化的叫"竖切面"。

例如造山洞，洞顶山石拼叠层层内收形成了层次叫"横切面"，又叫"阴切面"，可表现出山体的厚度和洞的深度等变化，这时，洞内的底部就可以不需要再有如向上的踏步层次变化。如果洞左边有层层内收的"竖切面"造型，洞内的右边一般就不需要了。此法又叫"切半边"，是避免造型对称的常用技法。

无论是横切面还是竖切面，要避免如厨师做菜刀片干丝那样整齐、均匀，而要有厚薄、深浅、长短和正斜不一的变化，方能生动自然。其次，横切面讲究的是流畅、节奏。竖切面讲究的是利落、力度。

4. 阴面

（1）贵在取阴

"贵在取阴"是叠石造山拼叠造型得其生动、自然的基本方法。

明代顾起元在《客座赘语》一书中引用意大利传教士利玛窦的话说："中国画但画阳不画阴。"这是将中国画与西洋画相比较而言的。其中一个很重要的原因是中国人看山好登高而望远，所谓"会当凌绝顶，一览众山小"，即从高处远处看山，其目之所及大多为阳光所能照到，故多表现为阳面山形山势为主。画山也善用远距离透视法，亦如"三远法"等，以表现出山体形势的壮美、阔大、旷远的大形大势和阳刚之气。而大形大势、阳刚之气最显著的特点就是远视、俯视的阳面阳势。所以中国画可以忽视山体岩面的，只有近距离看山、仰视看山才能见到的，山石形态的具体组织结构和石质纹理的那种突兀凸凹、窝形洞状、纵横坎坷的、局部的、细部的阴形阴面变化，尤其是大阴——山洞结构变化等。

而叠石造山属近距离看山创作造型，又有仰视效果可见其岩体阴面形态变化，可以想像，叠石造山如果只知模拟真山大山阳势的局部面状岩石形态，即便是拼叠得天衣无缝，却没有具体生动的山体岩面的凸凹阴面变化，这座山也就真成了石墙了。

山石拼叠造型有了阴面，不仅岩面脉络显著，纹理纵横，而

图242　取阴造险

且凸凹突兀生动，有仰视压顶之气势，便于造险造势，更可使山体"薄"中见厚，意境深远。

（2）取阴方法

①叠石取阴

凡石料相叠，石之大头在上，大面朝向斜下并形成突兀是基本造型法（图242）。此法运用至少有如下几个好处：A．可成阴面形态和取阴造险。B．形成并扩大了仰视观赏大面。C．使山体岩面层次变化更加丰富。D．看起来增强了山体厚度，等等。常用的方法有：挑飘取阴、错叠取阴等。

②环透取阴

环透做成石洞即为岩面阴形变化，如洞中又可见洞，洞洞相通、洞中有洞即为阴中有阴，大阴中又有小阴（见透面），等等（图243）。

5．阳面

阳面造型一般多用于山石拼叠时大面处在视平面以下低矮部分。例如，山脚造型，驳岸表层山石造型，埋石造型，蹬道造型，成片状的布石造型，点石组石造型等（图244）。

6．透面

讲究山体岩面的窝状、洞状

等变化。常用的手法有：

（1）窝洞

成窝状的洞，是山体岩面的一种纹理变化，如绘画中的"点"。

（2）缝洞

山石拼叠成自然开裂的形状叫做缝洞。

（3）石洞

用山石拼叠成各种洞的变化，如利用山石相拼叠接触面的凹凸不平就势做成的洞，用刹石拼贴做面拼成的洞等。

（4）透洞

指洞能够互通或能看得很深，有穿透于山石之中的形态。透洞的处理造型有洞中有洞，即大洞套小洞，一洞套数洞等。

（5）漏洞

指洞中还有可以上下相通的洞。一般用于辅助透洞的采光，使透洞不至于漆黑一团，而能表现出洞深不可测的层次变化和造型。此外，漏洞中还包括天洞，即在深处的洞顶开出一洞。如扬州个园的山洞深处，上留一天洞便于采光以免洞中黑暗。从山洞外观山洞内深处，既突出了洞口山石的各种立体造型效果，同时又使人感到山洞的幽深之意。还有地洞，

即在山体造型的悬空处，游人站于其上，于脚下山石之上留出洞。游人从洞中可窥见脚下山石下面的各种景物。此洞不能留得太大，以游人脚踩不下去为标准。

（6）山洞

山洞是山体岩面最主要的阴形透面，是叠石造山取阴造型中的大阴，具体做法很多，将在山体内容一节中详细分析。此外还有其他取阴造势的方法，如用树木之荫加强山体阴形效果等。

三、岩面的块状造型

（一）石料的块状与山体的关系

世人看画大多不看画的点和线而只见山形山势气势逼人，听古琴曲《流水》不知音符节奏而只觉奔腾激荡，同样，假山叠至高格处，不见一块块石料拼叠痕迹，不见挑飘，不见斗架卡悬，只见山形山势、自然境界。然而，山水画恰恰要靠点、线才能作画，音乐要靠音符节奏才能作曲，叠石造山则要靠一块块石料拼叠才能造型。这里的"点、线""音符""块石"就是构成艺术创作的基本要素。

艺术创作都是从个别到一般，由局部到整体的。只不过绘画的"点、线"和音乐的"音符"、叠石的"石块"又各有其区别和特点。例如，中国画的点、线不仅可以造型、畅神、写意，而且点线本身也极其讲究，具有独立的存在价值、研究价值、审美价值和自律性。因此，清代石涛才特别强调"一画"，即，一个画家如果一点一画的基本功不过关，那么画出了一幅画，也必经不住推敲，就如同高楼大厦是用劣等砖头砌成，属于危房要倒坍的。所以，有经验的画家就可以仅凭一点一画便可辨其作者，知其功力。

而音乐就单个"音符"而言，没有组合成曲也就无法判定其艺术欣赏价值。至于叠石造山所用石块，只要到了工地它就有了价值，首先它要经采石和运输等过

图243　洞中有洞即为阴中有阴

图244　叠石用石造型，凡视平面以下的低矮部分山石造型，需大面向上，称为取阳（面）。视平面以上的山石造型，则需大面朝向斜下方，称为取阴（面）

程，这就有了经济价值。但从艺术价值上讲，形态好坏虽有差别，起主导作用的还在于相师的发现和使用。例如一块很美的石料经外行堆叠，美也变丑了，反之一块一般的石料经高手拼叠组合恰到好处，丑也能变美。所以在叠石造山行业中便有了"三分石、七分拼"的说法。

可见，绘画的点、线与叠石的块状在创作起始就具有了一定的观赏艺术价值，是作为个别艺术形态向总体艺术形态扩展，即由细部、局部的艺术形态过渡到全部的、整体的艺术创作造型。因此，绘画创作依赖于点线的造型，点线是绘画的基础。造山依赖于石块的组合和拼叠，石块是叠石造山的依据。从这个意义上说，画离开点线的造型就不成为中国画，叠石体现不出石料块状形态的组合和结构变化就无所谓叠石造山技艺。绘画的点线美构成了中国画的艺术美。石料块状美的组合拼叠构成了叠石造山的造型美。

（二）块状的组合美

块状的组合主要指山石的组合造型，近似于日本组石技法。例如，一块石料到了施工现场，相石技法就开始了。相师首先要找出这块石料的大面并确定大面的朝向。这个朝向不仅只是将大面朝向最佳观赏点，它还包括石料块形的颠倒置之的种种形态，即，是大一些好看还是小一点好看？是横着放还是竖着放？是小头朝上还是大头朝上？是正一点好看还是斜一点好看？是降低一点好看还是抬高一点好看？是顺势好看还是逆势好看？是离观赏点近一些好看还是远一些？是靠近建筑物、树木、水池等还是离开一些？是靠边还是居中好看？所谓"独而不孤"就是这个道理。是拙好看还是巧好看？是静态好看还是动态好看？等等。如果说中国绘画技艺可以凭一笔一画判定画家的功底的话，那么中国叠石技艺也可从一石造型中看出相师的基本素质：是内行还是外行？是

堆山匠还是大家？

一块石料如此，二块、三块、四块、五块，乃至更多石块组合同样如此，只不过石与石之间的块状组合（含叠石）越多，则造型要求也就更高更难。有些外行论组石硬要强调"三、五、九"逢单数，实在没有道理。

要达到最佳的块数块状组合美，完全要靠相师的艺术修养、审美眼界和长期的实践积累。这里只能提示一下：凡石料组合造型，无论从正面看、侧面看、俯视看（平面布局），其块状组合空间、相间距离、章法布局、开合呼应，以及石料形态的大小、高低、宽窄、轻重等等，皆须无一雷同。尤其在实际操作中，不能只看到石料有形的块状变化和组合，而忽视了块状与块状之间的空间状态，这个状态相当于绘画中的"留白"处。

（三）块面的结构美

块面的结构美实际上就是叠石造山拼叠美的一种表现，它较之块状组合造型更为复杂，要求也更高。

古往今来，园林中叠石造山的美吸引了无数画家为之创作作画，如明清时期著名的山水画家郭士元画"华子岗"，袁起画"随园"，倪瓒画"狮子林"，戴熙画"拙政园"，沈复画"水绘园"，袁江绘"瞻园"，方士庶绘"拙政园"等等，直到今天也有许多著名的大画家也画山水园林中的假山。然而，在如此众多的画家中，却极少有人能将叠石造山画得像"假山"，缺少甚至完全没有"假山"的味道。其主要原因是这些山水画家大多不懂叠石造山拼叠而成的技法和基本构成原理，即，假山的块状组合、块状结构、块状造型。所以多用自然山形的"整"来表现假山的"块"，这就如同画城墙没有画出城砖的结构形态，结果是徒有城墙之形是一个道理。

叠石造山，尤其是山体岩面结构，是建立在石料块面、块状

的叠落错拼、高低参差、纹理纵横、阴阳凹凸、厚薄轻重、大小不一，又有斗挂悬架、挑飘券卡等各种章法布局造型的基础上，我称其为"块状的结构美"，是相师的精、气、神的一种结晶，是相师技艺的创作结果。没有这些"块状的结构美"这座山就是外行胡堆乱造，而画家之所以要用画笔描绘这座山，也是因为"块状的结构美"激起了画家的共鸣，产生了描绘的冲动，因为没有哪个画家会对一堆乱石堆感兴趣。然而，要对一个已经很完美的艺术作品进行再创作，其难度就很大，尤其如果不了解它的形成结构美的创作原理，必然变了味。更何况画面和实物之间是有区别的，不同的艺术门类在创作的技法上、审美和欣赏的特点上、效果上等，相互间可以借鉴但不能替代，这就如同画出来的维纳斯永远不如雕塑的维纳斯更能激发起欣赏者的激情和联想是一个道理。

（四）块状的坎坷美

叠石造山的块面结构创造了山体的岩面造型，而块面的错开拼叠、参差组合、挑飘进出、切面凸凹、纹理纵横等等，说到底就是为了体现出山体饱经风霜日月摧残的、坎坷不平的、残缺的造型和抗争的精神境界。人们之所以对山石的平整规矩不感兴趣，反而对奇形怪状的石头和山体岩面的坎坷残缺情有独钟，人性人情也。人世间的坎坷不平构成了多少可歌可泣的历史故事和悲壮人生；文王拘而演周易，屈原放逐始有离骚，岳飞精忠报国反落得风波亭被杀，杜十娘一片痴心才"怒沉百宝箱"投河自尽，梁山伯祝英台因情而亡至墓中相会才有了如泣如诉的"梁祝"一曲。只有瞎子阿炳才拉出了"二泉映月"的心声，敦煌的残缺壁画就是比北京火车站的壁画好，即便是外国的维纳斯也是因残缺而更美……。所以，叠石造山

141

块状拼叠造型的目的之一就是体现了这种不平的美，坎坷的美，残缺的美，悲壮的美……（图245）。而如果从这个意义上体会叠石表现"坎坷美"的目的和意义的话，那么，山石由于人工的组合拼叠才使得天然的坎坷美、残缺美变得更加符合人的意志和精神，叠石造山也就无所谓在外形上一定要像一座山，叠石的大写意的造型常常也能创作出寓意深远的好作品。

于是这里就提出了一个很现实的问题：叠石造山的石料是越大越好还是小好？因为随着开采石料时机械化程度的提高，大石料的获取将变得容易。尤其大石料堆山还有省时省力的好处，因为本来需要三块石料才能拼叠出山体的面，现在一块大石就可以了。其次，本书在"石料的采购"中曾说："选购通货石无需一味求大、求整，因为石料过大过整，在叠石造山拼叠时有很多技法用不上了，最终反倒使山石造型过于平整而显呆板。过碎过小也不好，石料过碎过小，拼叠再好也难免有人工痕迹。"由此可见，大石料往往制约了叠石技法的发挥，小石料则必须拼叠技法高超才能避免零碎，且费时费力。

但最根本的原因却是因为大石料不利于创造山体岩面的"坎坷"造型。因为大石料虽然也有形态很好的，如，表面纹理显著、外形变化奇特，但毕竟所占比例不多，尤其表现山体岩面的"坎坷"，仅靠纹理脉胳的纵横或某一块山石外形的变化是远远不够的，更多的是要依靠山石的块形块状通过拼叠造成的坎坷变化。同时，也只有人工拼叠山石造出来的坎坷变化才能真正反应出人对坎坷不平的这种美的理解、美的创造、美的趣味、美的欣赏标准……。所以石料的块形块状是补其坎坷不足的重要手段。"块状坎坷"也就成为叠石造山区别于其他山水造型

图245　叠石造山块状的组合美，块面的结构美，块状的坎坷美

技艺最鲜明的特点之一。

万里长城是用一块块城墙砖砌出来的，人们爬城墙只见到城墙的雄伟壮观而很少有人去注意城墙砖，但没有城墙砖的横平竖直的块状结构就体现不出城墙的美。试想一下，如果把城墙都用石灰水泥刷白刷平的话，城墙的美也就失去了。叠石造山也是如此，山石的"块状、块面坎坷"构成了山体的造型美，没有山石的"块状、块面坎坷"也就没有山体的造型美。

其次，山石拼叠的块状坎坷又是为了表现山形山势，是作为山体的基本构成元素，这是相师在拼叠造型操作过程中必须要始终把握的指导思想，即，既要清清楚楚交代出每块山石拼叠组合的来龙去脉、结构变化，使之巧合、生动、自然，让人看上去没有丝毫拖泥带水含混不清，同时无论怎样变化也是一种山体岩面形态的变化，而不能让人只见一块块石头的凸凹进出，或七倒八歪七拼八凑而不见山境、山意，更不是在山上到处立石，炫耀石形的结果。叠石造山如同高手绘画，绘画要求不但山水形态画得好，有意境有气势，而且讲究笔意，所谓"无一败笔"也。叠石造山则讲究山石味，所谓"片石生情"也。其中的拼叠奥妙是需要相师长期参加施工实践并用心体会，相师这双手如果不亲自盘弄、拼叠几十

万块石料，那是不可能做到出手自然，既有石的变化又得山岩的气势的（图246）。

叠石造山的结构美决定了假山图纸画得越像真山者越是外行，其目的多是为了骗得园主信任获得工程承包权。而能够画出叠石造山山石组织结构者，则又必须具备如下条件：1.非叠石行家不可。2.叠石行家还要懂些画法。3.叠石行家还要在施工现场看到所有石料并进行相石想象拼叠造型。4.即使是叠石行家会画画，他也只能画个外观的大致结构形态。很可能在以后的实际拼叠造型中变得面目全非，与画出来的结构完全不同。

什么样的假山才能模拟画家画出来的山：1.用水泥按雕塑的原理去做，即今称塑石山。2.塑石山目前以西方人做得最好，并由于材料的先进，已经具备了可大量机械化重复生产的条件而成为机械工艺产品。3.此法与中国叠石造山传统技艺已不是一回事了。

四、岩面的凸凹大势

山体岩面只是纹理纵横、坎坎坷坷，而没有大的进出兀突变化造型，则显得拘挛、小气。所以要善于大进大出、大开大合。

相师要做到这一点，首先在于相师自身的素质修养，即能不能心胸大度，正气浩然，有一股傲视群雄，目空一切的霸气、雄

气，也就是大家风范。例如，今《水浒传》电视剧中的宋江形象，仅从其拘谨行走时的小碎步和见到皇帝跪拜时屁股撅起老高，恨不能全胸部伏地的形象中便活脱脱表现了宋江的奴才本性，像这样的心胸的人不要说108个梁山好汉，再多也要给他害死了。叠石造山也是这样，堆山者素质不高，再好的石料给他也堆不出好山。所以我说外行堆山是糟踏艺术就是这个道理。

其次是石料的选择。由于块状石料受拼叠重心制约，必须要有一定数量的长、扁状的石料挑出山体，而后再用他石进行造型。如同绘画一定要用长线条拉出大形大势，而后再用细、短线条加以皴染辅助是一个道理。然而，长条、扁状形山石虽可以拉出形体大形变化，但又不能给人以张牙舞爪或散架的感觉。其要求是开中有合，虽出犹聚。例如，我们讲石石有来历、有交代，有来龙去脉，不仅是指山石直接拼叠时要接形合纹，尤其是在叠石造型分头的过程中，不仅要会抽头、留头、收头、封头，更强调石断意连的呼应接头。例如，凹是为了凸，收是为了出，这里的"凸"和"出"的表现可称为头，头的造型虽没有直接的具体拼叠了，但头与头之间都不是孤立的，而是相互都有呼应，所以，凡有出头就必有一个接头，只知出头而没有接头则山石造型也就散了架。

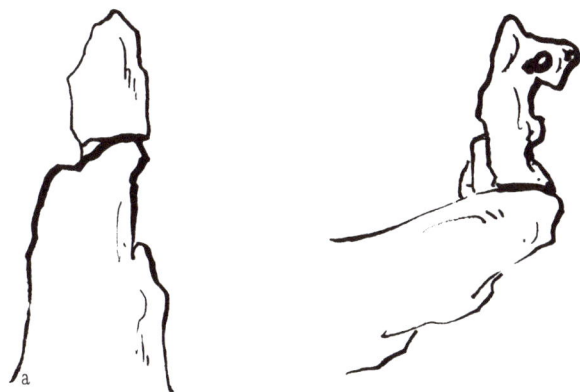

图246　心胸狭窄者尤好在石上、山上竖些小石头

第三节　山体的分头和山顶处理

一、山体的分头和收头

在山体造型中，我们将山的上部分的山形称之为山顶，而将具体的、突出的山石造型称之为头。无论是山的顶部处理还是具体的头部造型，一般来说，所用石料除了要有特色变化——即最能体现出该山所用石料的石性特征外，石料的单块形体也往往大于用于起脚的石料块形——即石料越向高处叠则块形越大越整。这是叠石造山能否得势造势的重要造型技法之一。

头的造型分布甚广，可以说，凡山石造型时的各种出头、断头的地方，或者说，凡山石拼叠已不准备再向上叠，不准备再向旁拼的地方就有头，也就都有一个出头、分头和收头接头的造型和处理的技法问题。

（一）分头

分头时一定要有内容、章法和目的，既不能盲目出头、分头，到处抽头、留头而使山体造型散而不聚，也不能不分头，使山体造型如同坟堆，死气沉沉。

就山体造型而言，出头多为立式形态，分头多为横向造型。立式出头大多表现为具体的石形造型，横式出头大多表现为山体的扭动、凹凸等姿态造型。石涛曾说过："峰自皴生，皴自峰出。"如果我们将叠石造山的各种出头也作为一种石峰形态的话，那么，任何一种分头同样都要求是通过山石拼叠的接形、合纹和顺势从山体中自然分出去的结果，最忌生硬分头、强行出头，尤其在山顶部分的出头、分头造型，不会顺势出头和分头，其石气必重，往往影响了山势，甚至压倒了山势（图247～250）。

分头造型在叠石造山实际操作中又称之为"拖"，"拖"的含义也很广，小可指一石的分头和接头的具体处理，大可延伸成为主体山之外的各种山脚、副山等山石的拼叠和造型，是一种有依据的，属于一种有"前因后果"的顺势造型。

（二）收头

头分出去的同时就要考虑好收头、接头的造型处理（如挑与飘的关系）。出头有时也要收头（图251）。收头与接头又常常是连在一起的，其方法应根据山体分头的具体情况而定。

出头和收头，分头和收头、接头的造型技法不但分布甚广，而且形态也是千变万化的。依其手法又可作如下区分。

1.条状收头

如扬州个园的湖石山，洞的上面为山上平台，沿山体边缘用山石拼接起来，从平台上考虑，有栏杆作用，而从山下的大面观之，则是条状连续拼接收头的技法，并由此成为该山洞顶的收顶造型。苏州拙政园驳岸的收头也是条状拼接式收头技法。

条状的收头一般没有明显的突然截断而形成较大的高低变化和分隔变化。有的虽然在上面采

图247　出头造型

图248　不知接形合纹生硬强行出头分头

图249　不会分头

用了一些突立的石形造型，但对成条状的总拼接之势并没有形成截断，或者说是山体断面的一种景观造型。因此，利用山石的拼接式收头表现出一种不间断、一气呵成的、轻快的连体游动效果则是其主要特色之一（图252、253）。

2. 片状收头

一般多用于表现出山体或山石的呈横向切断的，能使之成块、面的片状造型。使用此法，多用于表现出一种较鲜明的，如快刀横切般的效果，使之产生出强烈的节奏感和稳定性（图254）。

3. 叠式收头

叠式收头一般多用于表现山体山石的突然截断部分或伸出部分的各种造型，以强调叠石技法的顺势造型。

叠式收头处理得好，就能产生石断意连的效果，外形虽分也能气贯，既能表现出山体中山石造型的轻快、跳跃、活泼的节奏变化，也可表现出山体局部较大截面的险要气势。而山石造型中的顾盼、呼应、开合、动静等，都离不开叠式收头的技法处理和造型（图255、256）。

（1）叠式收头的基本要求

① 封压

指叠式收头的山石造型要有封压之势，常用于分头时的山石呈向上之势后的叠压造型。例如山形山皱顺势放出的分头造型，是作为主体山体中的一种气脉走向形势，如果分头造型时将尖头直接向上，气势就是直上直出，就不能贯收住气。所以，需用山石进行封势收头，这不仅使造型有所变化，而且聚住了气，使山体自上而下有回旋、呼应、往返之势。

② 贯气

叠压收头采用封势封住气后，同时还要给予 出气，气不出

图250　顶与头的大体区分

图251　出头有时也要收头

图252　拼接式条状收头一气呵成的游动效果

图253 扬州个园洞顶用拼接式条状收头进行封顶，同时又起到山上观赏平台护栏的作用

图254 片式收头

则脉不通。例如，封势收头，其势向左，则气脉也向左而出。有出则需有接，才能形成贯气。所以叠石造山除了讲究拼叠的接形合纹外，在山石不直接拼接时所采用的石断意连的有出有接的叠压封势收头是形成造型时气脉相贯通的重要手法。只封不出为阻，只出不接为断，有出有接为贯。

③取阴

叠压封势收头的要求是上大下小，为的是能求得阴面效果和造型。叠石造山贵在取阴，叠压封势收头即是其中手法之一。

山石的面，如果是小头或尖头向上，即成为阳面，人们所见

a

b

图255 湖石叠式中环透法收头

a 叠式收头

b 立式收头

图256 黄石的叠式和立式收头

到的收头山石形状就是一个尖角形的轮廓。但如果封头山石是小头向下，大头向上时，人们所看到的叠势山石收头就有一个"阴面"的造型，不仅使变化更生动，左右呼应，而且层次更丰富。

（2）叠势收头取势法

①去势

如分头山石造型向左而去，则叠势收头的山石造型也顺势向左而去则势如流水。

②回势

如分头山石造型向左而去，叠势收头的山石造型却呈反回顾盼之势。

③招势

主要用于前倾叠势的收头造型，讲究面向游人招呼之形态，使山石造型之气脉与人的欣赏意气相沟通。

④扭势

如分头山石造型外旋，叠势收头山石造型后仰，并形成围绕

主体山势或随着主体山形呈盘旋环绕之势。

⑤张势

一般用于体量较大的山石造型，其形态具有张牙舞爪或向外扩张、伸展之势。最忌张而不聚，使形态散了架。

⑥蓄势

一般用于与"大形扩张"相呼应的山石造型，故有"小形聚蓄"之说，它讲究造型的沉稳，有

聚气集势的内涵，又有一触即发的内力。

⑦俯势

多用于表现凌空或高出的分头和收头的山石造型，讲究分头时山石造型的升势，收头时山石造型的回势。

⑧仰势

与俯势收头的山石造型相呼应，多用于低处的各种山石的分头和收头的造型，讲究叠势收头

图257　旁势收头和挑石收头

出头的水池驳岸左右呼应

出头的斜向呼应

上为垂头下为出头，钟乳石状上下呼应

出头以开表现合（中间开，上下左右围合）

出头以合表现开（中间聚合，向四面散开）

图258　山石出头接头时石断意连、开合呼应的部分表现

时造型的昂头之势。

总之，无论分头收头，都要求"分"出自山体之中，"收"回于山体之内，不孤立不散乱（图257、258）。

二、山顶处理

在叠石造山造型中，山顶部的操作处理叫做结顶，"结"有近于结束，表示山体由低渐高行将完成之意。

山顶是叠石造山造型中最为重要的高处造型，操作也叫收顶、封顶。它包括主体山形的上半段的山石形态，如同一个人的头、脸部分。所以，凡用于结顶的山石常常是所用山石种类中最具特色的石料。结顶部分如需让人登临，则顶处就是作为"借景"的最佳观赏点（图259、260）。

山顶造型不提倡作为独立形态存在，而是要求能与整个山体山势等进行统筹接形合纹的顺势造型，并由此表现出如山峰、山峦、悬崖、山峡等各种山形的变化。例如，扬州片石山房的主峰，外观给人以陡峭险峻之势，它还不仅仅是通过山的山峰的结顶处

理去表现的，在起脚时就已经开始创造了（图261）。所以，山体的山石造型从山脚、山腰到山顶，都应考虑周到。

常用的山顶部的结顶手法如下：

（一）收顶

尽管山顶的造型形态千变万化，但总是由低而渐高的，由山脚而至山腰、山顶，所以山石拼叠时就要在接形合纹顺势中呈一上升的气势，即"体求其升"，而后才能依据山石拼叠时的种种升势进行相适应的处理，由此形成山顶，这就叫做收顶，如北京颐和园的黄石大山。

收顶时如需山头立石收头，要特别小心，用石比例、形态要适中，既不能为炫耀石形而替代山顶收顶，又要防此石形太大、太整造成石压山之感。扬州平山堂西山的黄石主山，山形山势渐向顶部收拢，最高处立一巨石形成收顶（图262），此石与山体山

石浑然一体，虽是巨石收顶却不见石气，成为整座山山势收顶的一个高潮。

（二）封顶

如山体是竖纹竖形拼叠而成，顶部突然形成横纹构形，或山腰先向内收，至顶部形成前兀突势，或山体形势是由低渐高向顶处拢聚，至顶部突成封势使之顺势形成一股回旋的形势变化，并与山下某处呈仰视、蓄势之山石形态遥相呼应等，此法即为封顶。其他如做山洞顶也叫封顶。

（三）压顶

山顶处理有了封势同时就要有压顶的处理，因为封顶十分讲究山形的先向内收后突兀的阴势造险，因此，在封顶的山石突兀的后部进行压顶，以显出压顶之势的平衡，此法在叠石造山中通常叫做"取阴造险"法。

山顶除了用山石造型外，还可以用建筑、树木等做出山顶部的收顶处理（图263、264）。

结顶处可供游人登临，顶部的出头处理可起到护栏作用

图259　山顶处理

图260　借景是中国造园常用手法，而山顶是"借景"的最佳观赏点。借景的本质是要有意识地控制视角，将游人的视线引向有景之处。而且，这种有景之处，可以在园内，也可以在园外。园内借景可谓之近借；园外借景可谓之远借。如图，右边用山石、树木挡住现代建筑，左边留下可观之景

图 261　扬州片石山房的主峰，起脚时就已经开始考虑山顶造型

图 262　扬州平山堂黄石主峰，最高处立一巨石形成收顶

模仿自然式封顶（北海公园静心斋枕峦亭山顶用此法。风格浑朴）

花草树木封顶，风格秀丽

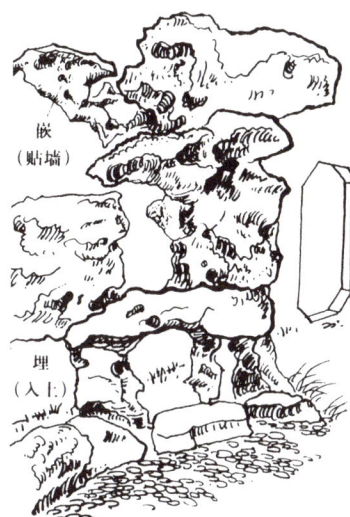

嵌（贴墙）

埋（入土）

湖石贴墙，飞动空透式封顶

黄石与建筑物结合，雄壮刚劲式封顶

图 263　封顶处理（一）

　　山顶的做法叫做封顶。封顶时或峰或峦，或崖或坂，皆要合于自然。最忌在顶部乱竖峰石，结果是见石不见山，传统相师称这种毛病为"石欺山"、"石压山"。正确的封顶，竖峰石的手法要少用、慎用、甚至可以不用；如用，则必须用得合情合理，用在点睛处。主峰主要的封顶石要大要整，要厚要重，而且一般在施工开始时即已选好，留待封顶时用。封顶的手法除用石堆叠外，还可用建筑和树木来封顶。无论怎样封顶，都应注意山顶与整个山势的关系，使山顶在全景中或和谐、或呼应、或自然过渡而收顶、或成为整个景观的主景而鹤立鸡群

图 264　封顶处理（二）

第四节　山洞与道路做法

一、山洞做法

（一）做山洞的基本原则

1.要有可居感

山洞做起来后，使人观、游，感到此洞是可以居住的。例如扬州个园黄石山山洞，洞内模仿古建筑居室，既有南向的洞"门"洞"窗"，洞顶又有天"窗"采光，使洞内光线充足保持干燥。又有石床、石枕等，这就如居室一般给人以亲切感、居住感。临"窗"设一条状石桌和石凳恰可供两人或对弈、或抚琴。床靠墙一侧又设书台书架和灯台，给人以古人卧床读书的联想，这就有了浓厚的文化气息，可称之为"文人雅居室"。而扬州片石山房山洞则干脆全用石灰将洞壁刷白，洞内空间虽不大，但因内外空间环境气氛影响所致，则给人以禅房静修或面壁思过的联想，只不知古人造此山洞是否曾置放过"达摩"造像。此洞可称为"佛家禅房"。而无锡水秀饭店内有一处老假山，虽毁损严重，但仍可见其山形山洞造型之本意为"道家双修练丹处"，此山洞内外皆按道家太极阴阳形象布局造型，阳形中有阴形，阴形中又有阳形，临洞石壁处原有一片用水泥石块做成，1980年代末我与已故国画大师董欣宾、美学家郑奇考察此山时，董欣宾首先认为该水泥石块处应当有一造像方合道理，于是找人小心敲剥水泥石块，果然其后隐藏道家始祖张三丰石刻造像，虽年代久远略有残痕，却仙风道骨犹存。以道家阴阳法式造山洞山形，国内仅见此一处。

造山洞为什么要强调"可居"性？因可居便无恶意，如山洞阴森、危险、潮湿、低矮，或地面坎坷让人绊脚，或洞顶悬挂石如笋却又安排位置不当令人碰头，甚至令人感到恐怖，感到蛇虫出没，这就不能给人以可居感、亲切感。其次，"可居感"指日常生活场所，空间不需太大，今有些人造山洞洞口不大而洞内又高又大，徒有洞形无景可观，如无锡蠡园东部后建主山洞即此。岂不知造山意到即大，仅仅可游而无景可观赏的山洞又叫做"空洞"，无趣无味，造得再高再大也徒有山洞之形。

2.要有可游可赏性

"无山不洞，无洞不奇"。山洞是最能吸引游人视觉，引起游人好奇、遐想兴趣的景观。所谓"别有洞天"、"洞天福地"、"曲径通幽"等，对创造出的幽静和深远都是十分重要的。

供欣赏的洞有石洞、假洞，又有"天洞"、"水洞"等。可供人游玩的洞叫山洞。山洞又作为洞中之王，妙在洞中有洞，洞中有景有物，这才备可游可赏性。

我做山洞有个诀窍，叫做"亮处不通暗处通"。人在洞中光浅顿暗，游人皆以为最暗处无洞可通，我偏偏将出路设在暗处，游人寻找洞中出路至暗处一转折，突然眼前一亮，又寻到另一"洞天"也，这才叫做"山穷水尽疑无路，柳暗花明又一村"。相反，洞中游人寻出路向透亮处走，反而无路可通。虽然无路可通，却需有绝妙洞中之景可观可赏，饱之眼福。这叫做"路不通景通"，景通了则意通。如扬州个园湖石山洞有十二洞景，即为此意。最忌到处是洞，洞中又无景无意，让人游后无趣无味（图265～267）。

（二）山洞类型

1.单跨洞

指单层的如牌楼那样的山洞，中间有路可供人穿行。

单层山洞造型方法很多，如上海豫园内有一黄石单层山洞，半边依墙顺势，洞旁又有一窗洞，并用木材做成花窗格，透过

图265　做山洞在于"亮处不通暗处通"，亮处有景暗处有路

图266 山洞中见路却不通，须另寻出路

图267 洞中须有景可观

图268 单跨洞要有内容，有目的

窗格可窥视池水树木，一山道穿自山洞形成延伸。此山洞手法简练，虽为单层却单而不薄，寓意深远。

单洞最忌无境无趣，仅为单薄一门洞（图268）。

2.仿门洞

如北京北海假山的门洞，洞内用平板石做成半掩开门状，游人至此可侧身而入，别有趣味。而北京颐和园的"云窦"则干脆在形如山洞口用两块平板石做成封闭门扇，使无洞胜似有洞，引人遐想（图269）。

3.桥洞

洞顶又为桥路可供人行走（图270）。

4.水洞

山洞建于水上，又用石桥相连通（图271）。

5.缝洞

将山洞做成山体自然开裂状，如北京颐和园内某山洞。

6.山上洞

将洞做在半山腰，有可望不可及之意。

7.深洞

山洞看起来很深，洞中又套洞。

总之，做山洞法很多，随机

图269 仿门洞

图270 旱洞顶又为桥

图271 水洞

应变很是重要。

(三) 山洞做法

1.洞顶操作技法

凡做洞顶,往往都要抬头举手操作,不仅十分费力,而且稍有不慎便会发生石料脱落砸头的危险。我经多次教训,总结如下:(1)做洞顶封洞拼叠,尤其是发券过石,一定要搭好牢固的粗木脚手平台,其高度以人站在平台上时封洞顶山石约齐腰部以下,这样操作时每发券一石既可以利用平台面用木撑打支点稳定过石,而且即使石料脱落,因人在石之上可避免伤人。此法应形成规范制度,千万不要图省事不搭粗木脚手架进行操作,否则发生事故后悔不及。(2)凡高处山石拼叠操作,都应有牢固脚手架,慎用瓦工常用的钢管扣件做脚手架,因许多扣件为铸件,常常经不住大石料碰、压而断裂发生危险,如用扣件的脚手架,可在扣件后再用粗铁丝加固一下为好。(3)凡洞顶封顶初成,即用钢筋混凝土在洞顶上面满浇一层使之形成整体,待凝固后拆去木撑(图272)。

2.发券法

多用于大跨度洞顶封顶,其法如拱桥飞跨,可取得洞外山体浑然一体,洞内顶、壁一气成型的效果。发券除要用脚手架作辅助操作外,山体两边拼叠山石需要一定的厚度,以抵制发券内撑的张力(图273)。

3.搭架法

即用一长形石搭架两旁山石形成山洞,搭架石最好要有上拱之势方显自然(图274)。

4.渐收法

做洞起脚时两旁山石即向内收,至一定高度后合拢形成山洞(图275~277)(参见第七章第四节)。

二、道路做法

叠石造山中的路讲究的是曲折幽深,移步换景。有景则有路,峰回则路转。常用的做路手法有:

（一）转折

在道路的转折、拐角处配以山石等景物点缀，使之转折自然，变化有趣（图278）。

（二）寻路

行路时无法预见出路，待走至转角处方见道路出口，给人以"山穷水尽疑无路，柳暗花明又一村"之感（图279）。

（三）分岔

道路分岔处应有景物形成障碍，使之分开自然，岔道应一主一次、一宽一窄、一高一低，或平坦，或崎岖，形成对比和变化（图280）。

（四）寻景

沿路添置种种景点，以吸引游人暂时离开主行山路而至景点处小憩。用此法需使寻景之道路不宜离开主行道路过远（图281）。

（五）藏路

用山石做成屏风状、门洞状使之成景，既可挡住游人视线，形成藏景、遮景之变化，同时又可使路至屏风障碍前自然分开而再合之，或聚合至门洞再现一景，以加强道路行进中的分合变化，达到步移景换之目的（图282、283）。

（六）让路

多用于山道狭窄处，其山道仅可供人穿行，这就需在其狭窄路道中留出让路之缺口，使对面相会之人避让方便（图284）。

（七）并行

如北京北海公园内，山路并行而上，但一为室内，一为室外。室内者以爬山廊内阶梯为登山之道；室外者，以山石层层铺叠为登道。一以人工，一求自然。晴天游览可走室外，沿山登级而上；雨天游览，可于室内沿廊拾级而行，互为对比，相得益彰。（图285）。

（八）依山临水路

道路半依山体半临水而设，游人至此，抬头见山势险要，低头见临水惊险（图286）。

（九）汀步

有水汀步和旱汀步之分。

洞顶的发券和浇铸

图272 做大型山洞券拱时用脚手架和跳板不仅便于山石拼接等操作，而且更加安全

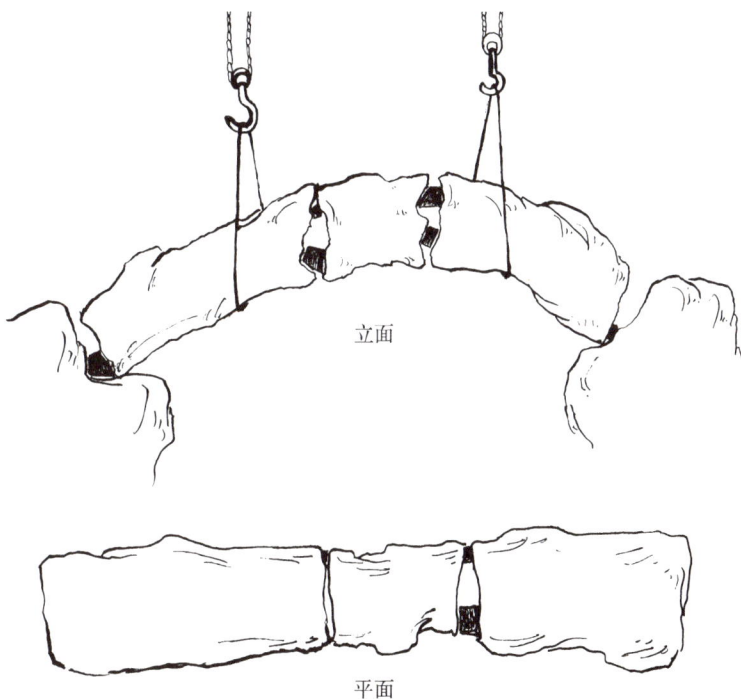

立面

平面

图273 山石发券法

(1)搭好牢固的操作平台。

(2)保证发券两边山体的稳固，防止发券时的张力挤动山体移动发生危险。

(3)先放好两边主石，起吊时石料应半边自然下垂，形成拱势相对，并用刹石卡死拼面根部。

(4)安放中间石时先紧靠一边使之能尽量自然吻合，另一面用刹石卡住。

(5)刹石先刹上口拼面，然后再刹下口。

(6)缓慢并微微放松吊钩，幅度以吊绳手感松劲即可，切不可全然松劲。

(7)接着再加刹加固，并同时注入水泥砂浆，待完全凝固后再松开吊绳，发券完成。

水汀步即水中点几块大小、高低不一的山石为路，讲究的是自然形成的露水石效果，故汀步为路不宜过长，以活泼、跳跃的趣味为胜，不需强求其险惊之境。

旱汀步即是在土路中间依次铺上大小不一的山石板块，形同乡间的泥泞小路，行人为使脚不沾泥而随意铺垫的石块、石板。

此法日本人尤为喜好，常用于陋室前或绿荫丛中的泥土小路上，表现出一种非常朴素的农家乡间的自然气息（图287）。

（十）桥路（图288～290）

桥也是路的一种形式，有水桥和旱桥（旱桥中建于山石高处的又叫天桥）之分。其造型多种多样，有的直进直出，有的九曲回转，有的为双栏，有的为单栏，有的无栏，有的拱状如虹，有的连中有断。建于山水之中的桥，就材料而论，虽砖石竹木、铁条铁链不一，却都十分强调与山体山石造型的浑然一体。

1.水桥

水桥有阶石桥、曲桥、山石做护栏、山石中穿以铁件形成护

图274 搭架做门洞及扶石操作手法

图275 渐收做洞法。将石吃半边架空合拢

图276 将架空石后部用石压住再加石飞出合拢

图277 架空石可先用木撑临时撑牢，后部用石压住后灌浆，最后再处理顶部造型

图278 转折

图279 寻路(立路平视) 使进口处无法预见出路，待寻觅方知

图280 分岔

栏、石板桥、断桥、廊桥、花架廊桥等。

2.旱桥

旱桥主要有石板天桥。

总之，建于山中的道路形式是丰富多变的。有路就有景，无路则无景，做路本身就是在造景，特别是建于主要山体之中的道路，常常是作为山的层次表现手法进行造型处理的。

做路最忌无故弯弯曲曲似无病呻吟一般，强调要有内容，沿路有景可游可观又能引人入胜，有深远不尽之意（图291、292）。

a

b

图281 寻景

藏 路

a

图282 用山石作屏风，挡住视线，使游人在山外无法望见路道走向，进山之后，方
才明白

b

图283 藏路是为了藏景、隐景。该图是在亭与楼阁之间用山石、绿化分隔，达到移步换景的目的

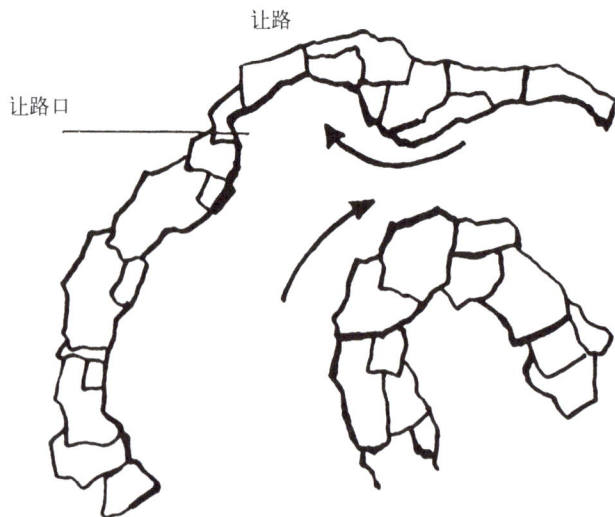

让路

让路口

图284 在狭窄的山道中，须留下让路口，供对面游览者进出之方便

图 285 并行

左中右三条道，中间为不规则型山道，左边墙与山交界处为半规则型登道，右边为完全规则型楼梯走廊。三种风格对比并行，相得益彰，在每一条道上都可左顾右盼，有景可观

图 286 依山临水路

图 287 汀步

图288　桥路　　　　　　　a　石桥　　　　　　　　　　　　　　　b　廊桥

图289　天然石做成的桥路

图290　各种桥路

图291 做路贵有深远不尽之意，即有景可观可游，引人入胜

叠石造山中的路，其基本特征是峰回路转，曲折回环；时而平坦，时而险峻；时而"绝处逢生"、"柳暗花明"，时而涉水缘山、登楼步阁。总的原则是一路上有景可观，切忌毫无内容的拐弯抹角。即以路为游览线。与山路相接的平路可借用原有土路，亦可根据意境需要，选用铺砖、铺鹅卵石、铺黄石（冰裂纹）等手法。山路则多以石料叠铺，或平或斜，忽上忽下，时左时右，要求避免单调、重复。

常见的手法有：

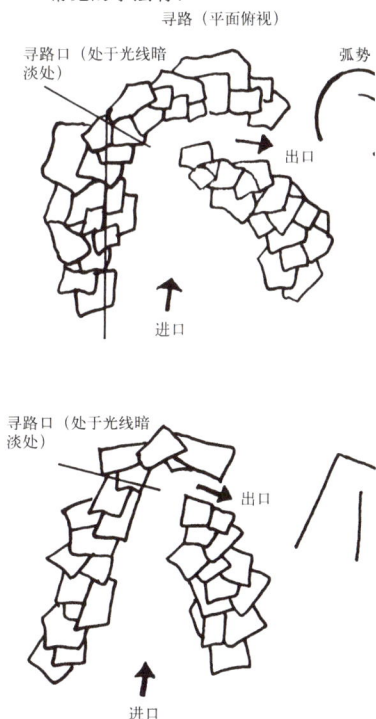

转折

转折、拐角处必须以树、石、花、草等景物加以点缀，方显得转折自然，弯曲有趣。倘无端转折，有类无病呻吟

寻路（平面俯视）

寻路口（处于光线暗淡处）

弧势

出口

进口

寻路口（处于光线暗淡处）

出口

进口

图292 路的做法（一）

分岔

分岔处可置点景山石，亦可置石凳供游人休息

159

登　道　　　台　阶

登道两边假山，通常一高一低

规则型砖道、殿门与不规则型石阶的结合

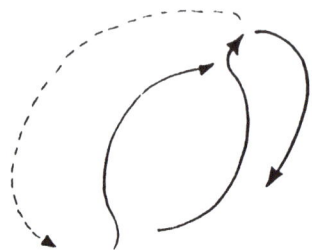

分合、环抱

山道应有分有合有环抱，忌重复性回头路。此图中，上山路一平一险，下山路亦应从后山向下向前，形成环抱之势。在道路穿行过程中，还应注意：横道分开两重山以显前后层次，前山不可挡后山，即前低后高；纵道则显纵深感。或隐或显：隐为横道，显为纵道

图 292　路的做法（二）

‖·第七章
与叠石相关要素分析·‖

　　中国园林的一大特点是无园不山，无山不水。因此，处理好山石与水的关系就显得尤为重要。

　　水作为中国园林叠石造山的血脉，其造型的基本原则是水绕山环。在总体布局上，水居其中，山吃其边、尤其要交待清楚水的来龙去脉。

　　凡叠石造山，必须伴以绿化，否则就是贫水秃岭没有生气，俗称童子山。

　　山以树木为毛发。能够与山石相配合造型的绿化品种非常繁多，除各种树木外，还有花、草、藤、竹等。

　　中国园林中的建筑式样很多，但真正用于与叠石造山共同造型造景的，却是以低层建筑物为主。在中国园林的叠石造山中，几乎看不到塔楼、高大的殿堂等建筑物与之配合造型造景，而是与高不过两层的楼、斋、阁、亭、榭、桥等相配置。

第一节　山石的组合关系

一、山石与水

中国园林的一大特点是无园不山，无山不水。因此，处理好山石与水的关系就显得尤为重要。

水作为中国园林叠石造山的血脉，其造型的基本原则是水绕山环。在总体布局上，水居其中，山吃其边，尤其要交待清楚水的来龙去脉。

水又是无形无色的，全凭借山形而成形、变形，凭着山色而着色、变色。所以，我们可以通过各种山石造型表现出相应的水的形态和变化（图293）。

亲水、戏水是人之常情，故理水要力求有与人亲近处，甚至伸手便能触摸水，不能只可望而不可及，水要表现出活力，可养鱼可植莲、荷、草等，最忌死水一潭变质变臭。常见形态如下：

（一）淹

要造出被水所淹的种种山石造型，其水池首先要做到断漏，使之能盛得住水。例如，山前水池驳岸的操作程序是：1.基础与池底需同时浇注。2.池边的驳岸先用砖砌至水面高度，再用水泥砂浆粉刷，而后再用山石在池内拼叠包起池边砖墙。

从造型上来说，山石淹没于水中使山体如同自水中生长出来一般。其山石造型的千变万化即可利用水体的"淹"势表现出山石在水中显映倒影的朦胧之美。所以，在叠石造山造型中有"欲求山之高，先向水中深"的说法。

能造成被水所淹的，主要是河、塘、潭、泉等的山石造型，而围绕"淹"势的水面进行的山石造型变化极多，其中有山体造型、山洞造型、水洞造型、驳岸造型。此外还有水路、岸壁、石矶、码头等（图294）。

（二）流

水从高处流出，淌至低处，其势可大可小，可缓可急。大处、急处为瀑布，小处、缓处为溪流（图295）。

（三）滴

可利用山石的竖纹竖形做出如倒挂钟乳式样，使水沿石纹顺乳滴下，也有的上石悬空滴水，下有水潭相接。

（四）湿

设法使水不断潮湿岩面之山石，这样可使山石受水润湿后其石质、石色、石纹、石形更加清新、生动。

（五）枯

即枯山水的造型技艺。如北京颐和园的龙王庙旁的山石等，其特点是将山石叠造成如在水中一般，无水胜似有水。日本庭园中多采用此法。

二、山石与绿化

凡叠石造山，必须伴以绿化，否则就是贫水秃岭没有生气，俗称童子山。

山以树木为毛发。能够与山石相配合造型的绿化品种非常繁多，除各种树木外，还有花、草、藤、竹等。

在处理山石与绿化的关系时，需注意二个方面。

（一）协调

叠石造山"真山型"造型中所配树木绿化，遵循的是自然界中树木生长规律。所以一般来说，高大的树木任其随意生长也不会与山石造型失去平衡和协调，而只会增加山体的山外有山的境界。因此，与山石相配合造景的绿化树木应贴近自然，重树木之自然姿态。例如，扬州个园

图293　山石与水体的各种接合造型（一）

图 293　山石与水体的各种接合造型（二）

山石与水：中国园林的一大特点是无园不山，无山不水，因此，处理好山石与水的关系极其重要。山石与水的关系皆来自于自然，所谓水绕山环，尤须交待出水的来龙去脉；并须通过藏、露等手法，使水流有深不可测，或源源不尽等意境，最忌无源之水和一览无余。此外还有瀑布、汀步、码头、桥梁等，皆各得其趣。水中倒影亦须在布山时统筹构思。还有一种"枯山水"手法，以地为"水"，堆出峡谷、岛屿、桥梁等形状，使人产生虽无水而似有水之感，以扬州个园"秋景"为代表作。日本人也多仿此法。

峭壁临水

建筑物下部架空，造成水源莫测的幽深神秘之意境

驳岸与水的交界线须忽藏忽露，以显纵深感

图293　山石与水体的各种接合造型（三）

石矶由不规则石阶拾级而上，远观呈平缓厚重之势，近游时有
陡峭之趣，多用于较开阔的水面

单护式：临水石阶，两边所叠之石叫做"护"。一边叠石
为"单护"，两边叠石为"双护"

水边石阶，形同山石，兼作码头之用

图294 "淹"的常用手法（一）

双护式

临水立峰

滑坡式

立式散点

图 294 "淹"的常用手法（二）

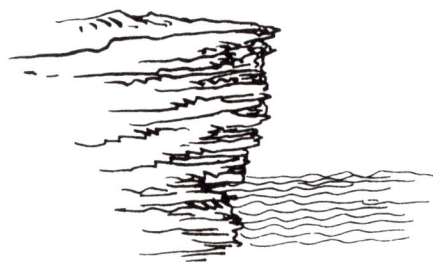

横纹接水，竖纹压顶

横纹接水，有水层岩的真实感

昂头含水式

垂头含水式

选择或拼叠形如兽头状石料，"下唇"藏入水底，"上唇"露出水面，势如"吐水"或"喝水"

对称空透式

侧面

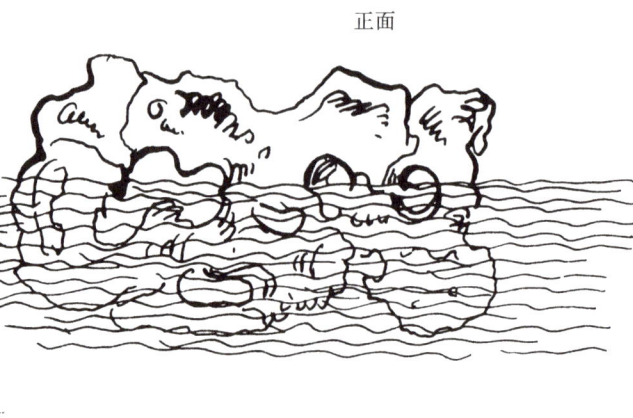

正面

以大致对称而空透的石料，一半露出水面，一半藏入水底，这样，无论在水色清洁透明时或有倒影时，都会呈现对称的空透感

图294 "淹"的常用手法（三）

双断桥

图294　"淹"的常用手法（四）

滴瀑

水口飞瀑

观瀑

雷音涧（方惠造）

图295　"流"

水口

三叠瀑

169

湖石山上的主柏树至今已自然生长百年之久，不仅蓬径，大树干也很粗了，但仍然与主山十分协调自然。相反，99'昆明世界园艺博览园内的山东"齐鲁园"内庭，且不谈山石埋布缺少章法无主次，就其用大量人工修扎过的植物"见缝插针"式的满植，一旦树枝繁密，也就只见树木而不见山石了（图296）。扬州"文津园"的黄石假山修改也是如此。该假山本出于外行之手，用石块小而且均匀，人工堆琢匠气明显，市民反应强烈，于是园林部门着手整修，但也只是用较大规格的五针松盆景脱盆后满山栽植，以此遮挡黄石假山的叠石之乱。当然，用绿化的方法为叠石造山助势或增强自然气氛是必须的，而以绿化隐去叠石造山之局部不足处也是叠石造山重要技法之一，但满山皆用植物遮山也就失去了叠石造山造景的本意了。

树木在自然生长的过程中也具有明显的美学属性。依品种而论，松柏比较刚劲，榆柳比较秀丽，

背面处理

假山通常有一个最佳观赏点，这一点也是相师的主要施工点。在这个点上所观赏到的是假山的最佳观赏面。除这一面之外，沿着观赏线，原则上应处处有景，所谓"山形步步移"，"山形面面看"。然而，要求每一面都像最佳观赏面这样完美，是不可能的，也是不必要的。其中，最不美的面一般是假山的背面(贴壁山除外)。因为相师在施工中，不得不把最好的石料和石料最好的一面朝向最佳观赏点(正面、大面)，这样，背面就经常无法顾及，因而常常是不美的。对背面应尽可能处理好，至少不应给观众有丑感，而应使之成为假山整体的有机组成部分，而不是可有可无的多余部分。处理的手法通常有以下几种：①通过刹石、刹片做缝、做洞，以及用较薄而有姿形的石片对不美处进行贴补，使背面具有完整造型，而不支离破碎或妄生主角。②使游览路线尽量避开丑陋处。如不能避开，则尽量缩短这一段路线。如不能缩短，则可使道路高低不平，使游人的趣味和注意力集中到脚下。或可使一面临水，筑成栈道式，使游人面水背山而行或贴山而行。③以花草树木遮挡。

梅竹比较清逸，花卉比较妩媚。与山石配合的造型中，讲究树木本身的形态美，如挺直的树木姿态比较刚劲，多用于岗势山石造型中；弯曲的树木姿态比较柔秀，常用于较为秀丽山石之中造型；倒挂的树种比较奇突，可用于山石的悬空造型（图297～305）。

（二）习性

充分注意植物的生长习性也相当重要。例如，柳耐湿，故多植于水畔；松耐旱，则多栽于山上；梅竹多植于平地；芦荻则栽于水中；花卉与石相配景；小草培于石缝中等。凡此种种，皆各得其所，不仅使其形态丰富自然，配合有致，而且易于成活。

三、山石与建筑

中国园林中的建筑式样很多，但真正用于与叠石造山共同造型造景的，却是以低层建筑物为主。在中国园林的叠石造山中，几乎看不到塔楼、高大的殿堂等建筑物与之配合造型造景，而是与高不过两层的楼、斋、阁、亭、榭、桥等相配置。

山石与建筑物的组合配置造型，常用的大约有如下几种手法：

1.当以建筑物为主景时，则

以山石为辅，此为山石衬建筑。

2.当以叠石造山为主体时，则以建筑为点缀，此为建筑衬山景。

3.园林山水规模较大时，其中的建筑叫做山水中的建筑，即"真山型"的造型。

4.当建筑规模较大并以山水为点缀时，叫做建筑中的山水，即"假山型"造型。

5.山石拼叠造型以替代某些建筑功能。

6.山石与建筑共存之，使之完全融为一体，亦真亦假，相得益彰（图306～317）。

四、山石与土

土石之关系，清代李渔在《一家言》中说："此法不论石多石少，亦不必定求土石相半，土多则是土山带石，石多则是石山带土，土石二物，原不相离。"

一般土石配合于造型造景的技法有：

（一）土包石类

人工堆成土丘上的山石、埋石、点石。

（二）石包土类

即用山石造型将土围包在其中，分山脚、山腰、山上三部分（图318～321）。

图296　用绿化的方法以隐去叠石造山之局部不足处是重要叠石技法之一，此法在叠石技法中称为"背面处理"

图297　较狭窄的山路两旁种以软枝叶树木，可避免划伤游人

图300　裸露的树根与山石

图298　悬岸处植物斜植可增强险要之势

图301　水中的植物与藤类植物

图299　竹与笋石配置

图302　山石与临水植物配置

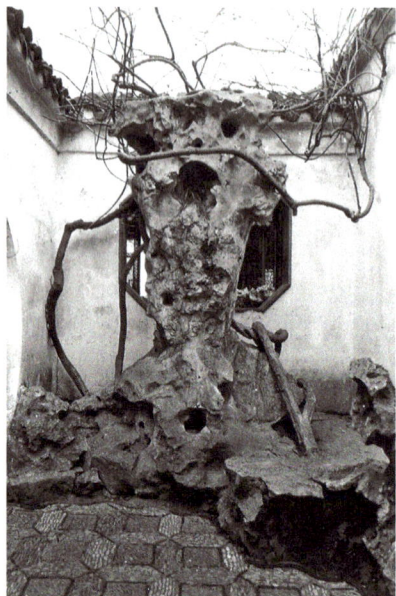

图 303 山石与藤本植物配置

图 304 水中植物与石缝中的草

古人云："山以树木为毛发"，"未山先麓"，道理正在于此。能够与山石相配的绿化品种很多，除树木之外，还有花、草、藤、竹等。

在处理山石与绿化之关系时，须注意以下两点。

首先山石的意境、格调、美学风格要与绿化品种的形态效果相协调。中国园林的一大特点是切近自然，忌人工气和几何形态。因而，取用树木特重自然姿态。诸如形似塔状的雪松，是不宜与假山石相配的，更不可像西方园林那样用人工将花卉树木栽植、修剪成几何形状。树木本身也具有明显的美学属性，依品种而论，松柏比较刚劲，榆柳比较秀润，梅竹比较清逸，花卉比较妖媚。依形态而言，挺直的姿态比较刚劲，弯曲的姿态比较柔秀，倾斜的姿态比较婀娜，倒挂的姿态比较奇突。因而，在选用植物品种和形态时，要充分考虑到山石的美学追求，使之和谐。此外，与假山相配的树木与山水画和盆景相比，还有明显的差异。山水画强调"丈山尺树寸马分人"的比例关系，盆景强调树木大小与盆中石块之大小的协调，靠人工将树木"缩小"，并保持大树的美学风格，达到以小显大效果。而假山所用树木，大小任其自然，并留有充分的生长余地。无论多大的树木，都不会与假山失去平衡，而只会增加山外有山的联想，强化一种身在大山之中的感受。

其次要充分注意植物的生长习性：杨柳耐湿，多植于水畔；松柏耐旱，多栽于山上；梅竹多栽于平地；芦荻皆栽于水中；小草则长于石缝。凡此种种，皆各得其所。这样，不仅使园林意韵丰富，而且易于成活。此外，在植物与山石的配置方面，可参考以下图示。

花圃围石填土

图 305 山石与绿化（一）

石压树

树压石

笋石配秀竹，强化了则劲凛然之势

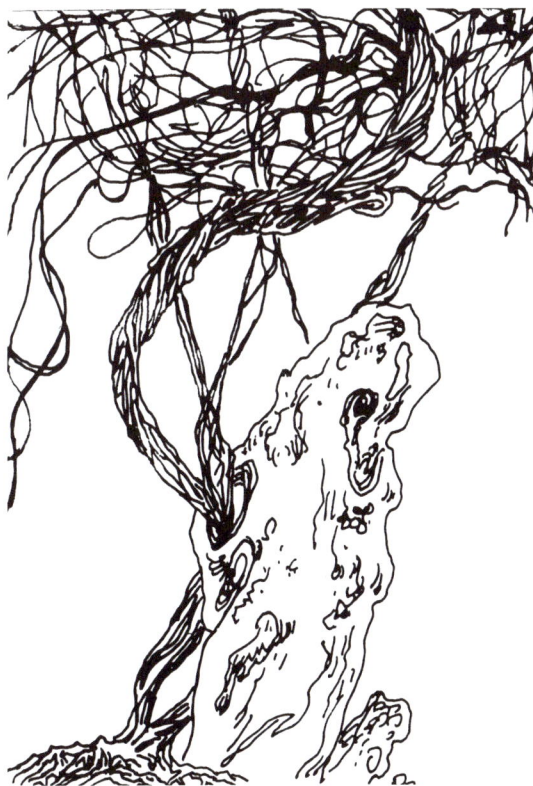

钻洞掩石

图 305　山石与绿化（二）

悬挂式（以适宜悬挂的植物栽于山石之颠，或爬附在山壁上面，宜于表现朴茂幽深之境。）

高山巨松［直立式］（山体中空，填土栽树，中空的容量适当大些，填土量适当多些，以保证树的成活和生长。此法宜用于表现气势雄壮的真山型的假山，树适当大些，以直立为主）

图305 山石与绿化（三）

石包树

石衬树（石不碍树，树不碍石）

树衬石

石夹树（造成树从石缝中生出的假像）

倒挂式（山体中空，填土栽树，取倒挂势，宜置于悬崖峭壁）

倾斜式（以姿态弯曲的树形，向山体之外伸展，以显婀娜灵动之势）

图305　山石与绿化（四）

图 306　游山廊

图 307　山石与长廊的结合处理

图 309　山石与廊浑然一体

图 308　山石与楼浑然一体

图310　少许低矮埋石便创造出高大建筑如建于山上之意境

图312　建筑做成水洞用于透景

图311　透过山洞可见亭

图313　窗景

图314 从建筑门洞看山景

图315 以山石做成水洞，既可植树，又成廊基

图316 山石做成的台阶

建筑点缀山景

山石衬建筑（完美的现代化建筑，可点缀少量山石，增加趣味，倘大体量叠山，则建筑与假山为两败俱伤）

室山假山（现代建筑内常在显要位置堆叠假山，并设置人工瀑布、喷泉等）

图317 山石与建筑　　　　　　　　山石陪衬建筑

山石与土的综合运用

山石与土：山石与土之关系处理除前面讲到的埋石（使山石如生土中）和点石（置石于土上）二法之外，常用的还有土包石、石包土等手法。石包土近于花圃围石，所不同者，花圃围石，土面较大，而石包土，土面较小。土包石近于埋石，所不同者，埋石埋于地上，而土包石则将石埋在人工堆起的小土丘之上。但其土面无论大小，艺术效果都应给人以雄浑博大、厚重自然之感。

土包石

石包土

土面点石植草（有些不规则石料难以处理，可散点于地面，于夹缝中夹土种草，任其生长，连成一片，效果十分贴近自然，且有野逸之趣）

图318　山石与土的关系

图319　石山中用了石包土法，方可在山腰、山顶、石缝中生长植物

图320 土包石又叫埋石

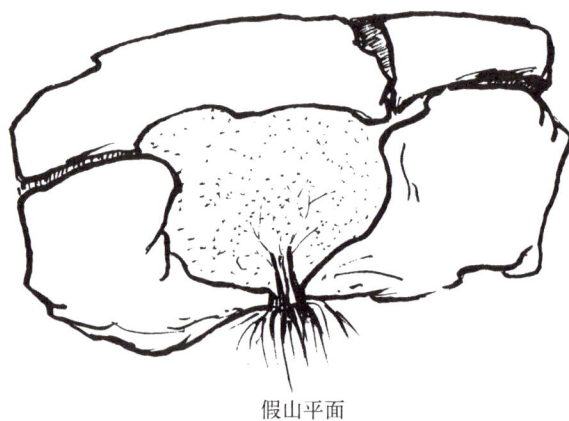

假山正面

假山平面

图321 山体岩面的石包土法(岩面如需回填土种植物,可用斜面山石对接,中间有意留出空隙)

第二节　叠石与风水

1990年代，我浪迹于大江南北城镇郊区，为私宅庭园及工厂、饭店等叠石造山。10多年中所涉、所造私家园林颇多，一度曾被江南各城市新闻媒体以"叠石造山一奇人"竞相跟踪报道。

一、"引吉"

郊区人家建宅多有如下特点：1.1990年代前后，私家建房空前兴旺，但选择宅址（风水）大多无能为力，只能在统一规划宅地建房。2.郊区属农村，农村人建房为头等大事，所以尽管选择宅地作不得主，但何时动土、何时上梁、房屋结构、院中安排、环境布置等等，那是一定要请当地名气最大的风水师前来现场指点。3.风水师指点，无非是根据周边大环境再对应宅地小环境，除了对房屋外形结构提出意见外，对院中环境尤为重视。因为在卜宅相地术中，既然对周边大环境的选择无能为力，那么就只能通过院中小环境的"既景乃岗、相其阴阳"。用假山、理水、树木、道路等布置来"引吉避凶"。

令我十分惊讶的是，这些农村土生土长的风水师傅中，有九十高龄的老者，也有四五十岁的妇女，有的似有仙风道骨、满腹经文，有的却一字不识，装神弄鬼如巫术。然而他们对院中环境的安排布置，何处当造山、布水、植树，何处当聚合、疏通、遮挡……甚至大小高低，山脉走向，水源聚处等等，大多能与叠石造山相地理水的美学原理相通暗合。正如英国学者李约瑟在《中国的科学与文明》中说："风水对于中国人民是有益的……虽然在其他一些方面，当然十分迷信，但它总是包含着一种美学的成份，

遍及中国的田园、住宅、村镇之美，不可胜收，却可由此得到说明。"这对于传承了数千年的风水术，无疑是十分中肯的评价。

相宅术的要求之一是以"背山面水，负阴向阳，土肥水美，林木秀蔚，环护有情"为建房造屋的风水宝地。然而，由于如今的房主多不能自主选择"背山面水"的自然地貌，于是只能通过在宅院内的造山理水植树来创造风水宝地，使又成为"吉地"。例如，风水术中视山形山势为龙脉，所以叠石造山讲究"观山接脉"。法天机理水，参龙脉造山，使"山水相交，阴阳融凝"，力图使居住环境达到天人合一至善尽美的理想境地。为此笔者曾在无锡马山区为人造山，经对周边自然山势观察，确定马山一处风水最佳（后灵山大佛也选址于此山）。于是依其山形、顺其山势而接引余脉，并说服该宅园主人将原购湖石尽数放弃，而采用与马山一致的黄石为其叠石造山。庭园假山又按相宅术一般原则布置，使人感觉到山石是马山山脉延伸所致。其中也需注意一些具体的风水术法，如叠石造山的关键部位一定要有原自然山脉的一小片石料、一把土质、一棵草木为"引子"以助形定势。又由于今私家建房宅地配置大多只有前院可叠石造山造景，从风水上讲其宅院更需求西北高、东南低。表现在叠石造山上就是，西北方可为白虎，主山主景就要有从屋后延伸出来的意境，用石当厚重、沉稳。东南向为青龙，用石当灵秀。水源也由高及低，有聚有动。这样的布局既符合山脉地理原理，也有了高低、重轻、大小、疏密等呼应变化。

接引一法自古有之。《地学

简明》云："察地者有三会：理会、意会、神会。"宅园叠石造山、理水植树，其形势能达此"三会"境界，便合乎风水相术了。从这个意义上说，1990年代前后江南农村盛行私宅院落叠石造山，虽然也有炫耀门庭的成份和追求山水环境美的需求，但也有居住以求风水吉利的成份，就如同当时农村家家堂屋所挂中堂画多是大红大绿的财神、寿星等一样，吉祥多于欣赏。

其后，随着园主及其文化层次和素质的不断提高，对环境审美的需求也渐高，于是许多园主便有了拆除原来已造的不好的假山，而找我要求重新布置假山的情况，于是，我通过对这些人家家境的了解，并与原造假山之形态一一进行对照、观察、研究，十多年来也颇有所悟、所得。

二、避凶

自古以来，即使是再高明的风水师，对环境的布置也是只会看、会说而不会做，所以当时有大量的叠石造山都是由民工、瓦工、绿化工、卖石头的山民、盆景工等外行完成的。这些外行由于不懂叠石造山拼叠造型基本技法和美学原理，因此他们所造假山不但未能"引吉避凶"，反而常常犯了风水之大忌。例如，环境景观大忌为：破、败、坏、断、阻、冲、射、堵、散、困等等，表现在叠石造山中即为：

（一）破相

如山石拼叠不懂接形合纹，山形如乱石一堆。主山造型如有硬伤，或有残缺，或猥琐不振。主石大面破损明显或朝向不正，甚至将主石头朝下脚朝上颠倒放置。山石拼处如裂缝，叠处似开

裂。山石起脚有意歪斜，形体不正或头重脚轻，基础不牢使山体倾斜，山石到处乱布不见章法不见山势等等皆为破相。

（二）败相

山无山形，石无石相，站无站相，卧无卧姿，散而不聚，七倒八歪，主次不分。只见石不见山或石明显欺山，山头立石尤如小人当道，主山方位不当阴气太重，杂草丛生水源发臭不能养鱼，院内大量建筑垃圾混于土中使树木生长不盛，或病枝或枯木，是为贫瘠之地等皆为败相。

（三）坏相

不该造山处强行挖基叠石造山坏了龙脉，不该有水处非要挖池为水多有哭相，或石色、石质、石形、石纹、山形、山势等与方位五行相克，或到处乱栽有害、有毒、有破相、形不正的树木坏了风水等。

（四）断相

山无来龙水无去脉，如：孤山一座，来无踪去无形，山形光秃秃是为童山。山石纹理不顺外形不接，徒有山体之形而无朝向走势，脉相不清不顺，叠主山不会收头，而是将石形立于山上代替山头，这叫断头山。树木主干折头、支干断臂，如大树桩锯了主干的头做的盆景。理水交待不清，或水虽自山阴出而未能流向阳处等皆为断相。

（五）阻相

宅院山水环境处理，尤重对"生气"的迎、纳、聚、藏等细腻处理，使"生气"能参与到住宅庭院空间，以荫人养物，安身立命。传统相宅又以周围群山环抱，只在南方敞开为基本吉利之地，所以宅院南向或大门正处不应造山，尤其忌造大山高山，是为阻"生气"，也就阻财路，止交友，开门撞山，进出不顺也。阻相又称堵相，今见许多房地产商

开发的高级别墅群，往往在主大门进口处建造大型假山，而绕过主山进入别墅区却毫无山境山意，这就违反了自然规律现象。自然规律现象是未进山先见石，然后见大石，最后进入山中住地，这样的住宅才能有建造于自然山林环境之中的优美境界。

（六）冲相

冲为煞气。在叠石造山上表现为阴阳失衡，或阴气太重，或阳气太盛，杀气太重。例如，山形过大过重与建筑、院落比例不称。用石太多或石多土少，或石色刺白，石质干枯，一经阳光照射便热气蒸人等等皆为冲煞之气。

（七）射相

山石拼叠不会处理尖角，做路高低不平无序，山水瀑布成喷射状而出等等。

（八）堵相

相术中又称峤气，指山形围合过甚形成压抑，造成"回风反气"。

（九）散相

山石造型散乱无聚合之气，暗合家庭不和，与人难以聚合相处，又指散财，等等。

以上所举例子虽只是个大概意思，但其种种"凶相"与叠石审美避忌原理大多相通。

三、峰石吉相

从唐代白居易作太湖石记到宋代米元章设席跪拜奇石，可见中国人对峰石的崇拜历史悠久，到明清时期庭园中立峰石已被称为"供石"而立之于供台，可见地位之尊崇。

传统叠石造山，如能得一块上好峰石，便会立于最醒目最重要的位置，正宗立峰石法一般会在峰石垫脚石正面留出一块平面，以备家中有大事时可放上香炉供品焚香礼拜。所以私家主峰

石又称为"石神"、"石主"，也有的称之"镇（园）石"等，并作为祈吉平安、镇邪避凶之物是万万不可掉以轻心的。

叠石造山中有"千人千态、千石千相"之说。尤其峰石更是以单独完整、自然成形者为贵，来不得半点人为破损相，忌有残缺——有时即使是天然形成的硬伤也不行。

能否得到一块上好峰石对于宅主而言极其重要，上好峰石大多可遇不可求，花钱多买回来的不一定是好峰石。一般来说，上好峰石的审美标准是瘦皱漏透奇，但对于住宅的峰石造型而言，其中又有些注意事宜：

（一）大小适度

一块峰石的体量大小一定要和宅园比例相协调，体量太小成不了石神做不得主也镇不住园。体量太大也不好，有压抑不相称之感。因为一般而言，住宅的现状往往反映和代表了宅主的身份、地位、财力。宅主的身份、地位、财力提高了，住宅环境也会相应提高，这就是相适应。

（二）石相要正

中国有一句俗话叫做"君子文质彬彬，小人肆无忌惮"。住宅峰石，当以上海豫园的"玉玲珑"最佳，不仅瘦皱漏透奇，而且形态端庄，富态，祥和，这样的石料置于庭园中当然令人赏心悦目，大吉大利。

反之，家中宅园峰石形态虽是奇形怪状，却是手舞足蹈，张牙裂嘴，凶相毕露，甚或有骷髅相、萎靡相、猥亵相、哭丧相、僵尸相、呆板相等等，都是不可取的。

（三）形面忌反

一块好峰石请进宅园，所放位置、大面朝向等都有讲究，尤其不能让外行随意乱放。甚至头、脚颠倒，面、里反向等等。

第三节　相师的基本素质和职责

造园叠石造山的施工全过程是一个以一人为主，群体分工合作的施工过程，并由于传统的操作技艺和操作程序决定了其工程规模再大，也以10人左右从事施工较为适宜。相师作为整个施工过程和施工队伍的领班工头，尤其显得重要。

相师，是对专业从事造园叠石造山者的一种传统称呼。由于从事此业者所具有的繁重的体力劳动的一面，因此，历代相师多为工匠出身，其技艺部分由于本人的缺少文化和保守等因素，多靠口传心授，极少有相师对其掌握的技法实践进行理论的总结。明末计成，虽有《园冶》一书问世，其中有专论"掇山"、"选石"等篇章，但从叠石造山的本体技法上看，仍是多局限于"相"的范畴，特别欠具体实践施工中的"做"。

作为相师，首先要从"做"功开始训练，从最基本的人扛肩抬搬运到运用简单的机械吊装，了解各种不同的石料的大小、轻重、质地、纹理、色泽、形态等石性特征。从搅拌水泥砂浆开始，到掌握其混合比的运用，从做基础、砌砖墙、敲刹片、垫刹石，到拼叠山石，学会掌握造型重心和平衡。从回填土、控土坑、栽种花草树木，到了解、掌握各种苗木品种的习性、姿态、作用和栽培方法、修剪技法等。从做工匠中的小工开始，到做大工、做工头，直至搞整个工程的施工组织管理（安排材料计划，编造工程预算，设计施工方案草图等）。

相师产生于工匠，从会做到会相，再由会相回到做，做是为了掌握相的技法，而掌握了相的技法则是为了做得更好。

一、相师的基本素质

相师的基本素质大体上有如下四个方面的内容。

（一）道路品质修养

人的思想品质与艺术成就和技艺的提高是十分密切的。古人论画，首论人品："人品既高矣，气韵不得不高，气韵既已高矣，生动不得不至。"（张彦远·《历代名画记》）"学画者贵先立品。立品之人，笔墨外自有一种正大光明之气概。否则，画虽可观，却有一种不正之气隐跃毫端。文如其人，画亦亦然。"（王昱·《东庄论画》）。绘画如此，造园叠石造山同样如此。一个相师，如果没有对民族文化艺术的深厚情感，没有为人民群众创造环境美的艺术责任感，是不可能堆叠出好山来的。

（二）文化艺术修养

相师除了要求人品高尚外，还必须注重加强文化艺术的修养。

从古至今，由于相师的职业性质决定了相师多由工匠产生，缺少文化知识的修养则是一种普遍的现象。由于长期与工匠在一起，一些相师虽然掌握了较为熟练的叠石造山的技巧，但其作品的造型大多格调不高，匠气十足。

意境的产生在于艺术的修养。作为相师，多看诗书字画，提高文学艺术修养，借鉴各门艺术应用于叠石造山的造型之中，这是加强个人的文化艺术修养并进行艺术创作的最佳途径和方法之一。

（三）客体自然的研究

读万卷书与行万里路，二者是联系在一起的。行万里路，就是要游历名山大川。郭熙是将名山大川历历罗列于胸中，石涛则是拼命搜尽奇峰打草稿。所以，他们的绘画山水作品意境就非常深远，表现出深厚的艺术修养和功力。唐代王维《山水论》云："平夷顶尖者，巅；峭拔相连者，岭；有穴者，岫；峭壁者，崖；悬石者，岩；形圆者，峦；路通者，川；两山夹道，名为壑；两山夹水，名为涧；似岭而高者，名为陵；极目而平者，名为坂也。"山川名目形形色色，叠山相师应熟悉各种山势形态，并能灵活应用，生动表现。

到名山大川去吸取营养，也有一个研究自然山水形态的技法问题，分为相"死"和相"活"两大部分。

1.相"死"

相与看是有区别的。相具有观察、研究之意。

到自然山水中去进行的相"死"部分，是要求相师首先要认真观察自然山水中的山水树石在自然状态中所形成的一般规律现象。由于这种自然的规律现象的本身具有一种相对的稳定性、普遍性、规律性等形态变化特征，固称其为"死"的部分。例如，形如刀削的直上直下的山峰，其山的纹理多呈竖向变化；山形边廓凹凸不平，则山纹理多呈横向变化等等。

2.相"活"

由相"死"进步到相"活"，是因为相"活"已经具有了再创作的因素。但是必须要从相"死"部分开始。不了解、不熟悉自然山川的各种形态的变化规律和形成特点，相"活"就是一种空想。例如，有的叠石造山的山水造型，用砖砌成池边，而后只是将山石放置于池边砖墙之上，使水体与山石脱节，这就违反了山石生长的自然规律。

于自然山川中进行相"活"，除了是对山的形态特征进行研究并进行改造和再创造外，最为重要的是要将自然山的各种形态看活，不仅看到它的外在的形态美，更要看到山的内在精神和气势。

相"活"就不能一味模仿，还要分清自然山川中的某些景观与现实造型效果上的不适应性。例如，自然山川激流常常是布满了怪石，并咆哮奔腾而下，气势十分壮观。但是，在叠石造山时也去模仿表现这样的形象，其效果则适得其反，山石形如乱石，反而不好看了。

相山相"活"，实际上是把自然山川人性化了，能与自然山川交流思想、情感，从山的雄伟气势中看到山的气质。相师将通过观察社会、自然，把感受到的各种思想情感通过叠石造山的造型表现出来，使欣赏者都能从中得到一种启发、一种健康的美的享受，这就是创作的根本目的。

（四）本体技法的掌握

初学者要掌握叠石造山技法的基础，就需要多看、多悟和多做。所谓多看，就是要从前人叠石造山遗迹的一刹、一石、一洞的处理方法看起。多悟，就是要领会这样做的方法，触类旁通。多做，就是要把学到的基本拼叠造型的技法运用到实际施工中去。叠石造山特别提倡学习前人的遗迹和名园，即从前人的作品中吸取营养，领导技艺，只有这样，才能使自己成为叠石造山的艺术家而不是工匠。

二、相师的职责

相师作为造园叠石造山的负责人，他不仅能相地，同时也能相石。作为一个施工队伍的负责人，又必须在带领工人进行施工的同时保证整个队伍严肃认真的工作作风，这样才能避免可能出现的事故。

相师的基本职责范围大致如下：

（一）策划

这里的策划工作主要指施工前的一系列准备工作。

1. 考察施工场地

是否具备施工条件：如三通，即电通、水通、路通。

2. 设计施工图纸

根据施工现场的地形、地貌、地质及其空间环境的特征，作出规划设计施工蓝图，其中的叠石造山施工方案效果示意图，可以是绘制，也可以用模型示意。

3. 编制工程预算，签定施工合同

根据图纸设计和实际施工的需要，编制出工程的材料及总造价的概预算，同时与施工单位（甲方）签定正式施工工程合同，使之具备法律效应。

4. 备料

根据工程大小和概算，配备用于施工的材料和操作机械工具，如沙石、水泥、钢材、脚手架、卷扬机、绳索、石料等。用于叠石造山的石料必须由相师亲自到产地选购，以保证用于叠石造山的山石形态符合施工造型的需要。

5. 组建施工队伍

对参加施工的工匠人选必须经过极其慎重的挑选，以组成极为精干的施工队伍，这也是保证工程得以顺利进行的重要因素。挑选的施工人选，除了应具备和掌握叠石造山的常规操作技法外，身体素质和性格素养同样也是十分重要的。

笔者曾给前来应聘的施工人员出以下二题。

一问：你怕死吗？

二问：如果你发现有一块山石开始倾斜，并将要倒下来时，你怎么办？

甲答：一、不怕死。

二、我冲上去将其挡住。

乙答：一、怕。

二、赶快逃远一点。

丙答：一、一下砸死拉倒，就怕不死不活。

二、看情况，能稳住就扶一把。石头太大了，估计稳不住，那就逃远一点。

很显然，丙的回答最为明智，也就是最适合的人选；其次为乙，因为他知道怕死，知道及时逃远一点；而甲是不适合的，因为他太麻木了，所以这样的人就不能从事叠石造山的工作。

（二）操作

相师在叠石造山的施工期间，大多是以相为主，以做为辅，相地相石进行山石造型。相师的工作量，根据工匠所掌握技法的熟练程度可多可少，其中，"相"除了山石的造型外，还要求在施工现场耳听八方、眼观六路，对工匠的各种操作过程的一举一动进行严格的把关和监督。从砂浆水泥的配合比，到一石一刹的操作；从每一块石料的质地，到每一块石料的起吊以及捆绑绳索的磨损程度，都必须随时留心，以防不测。

边相边做与边做边相虽然是交替进行的，但也有一个大体的工作程序的安排。一般是：晚相石，早用石，早主叠，晚主做。

晚相石：即每晚收工以后，继续察看园址和所堆山石的造型形态。同时研究石料，思考第二天的工程应将哪一块石料安置于山体的什么位置上，安排好第二天的工作量。

早用石：前一天晚上相好的山形，第二天早上工人上班即指挥工人用石拼叠山石继续进行造型布局。

早主叠：早上及白天的主要时间，工人的精力充沛，应以叠山石为主，造成山体之大势。

晚主做：到午后或傍晚，山体大势渐出，而工人的精力、体力皆逐渐降低，这时，应指挥安排工人细心做缝、做洞贴补等工作。这样，既不会影响进度，又不致因工人的工作疲劳而发生意外事故。做缝、做洞贴补等工作虽耗体力不大，却又是十分细致的工作。俗云：三分堆，七分做，因此，同样不可马虎。

（三）管理

对工地负责的相师来说，管理与施工常常是分不开的，所以人们常将工地的管理叫做"施工管理"。

施工管理的大体内容与一般建筑的施工管理大致相同，这里仅就分工负责的管理内容进行简要的说明。

每一叠石造山的工程队都应是一个纪律严明的整体，它要求在施工时，工人着紧身工作服，头戴安全帽，脚穿硬质皮鞋，操作手法要符合操作要领（见"刹石手法"）。严禁嬉戏、酗酒。有严密的分工，同时又有密切的合作，以保证施工的秩序、进度、质量和安全。在使用卷扬机进行山石吊装

拼叠的较大型工程中，一般应以8至10人为宜，不宜过多。具体分工如下：

1.卷扬机操作、材料的保管、记录工时和进度：1人。

2.拉臂杆、拌水泥砂浆、敲打刹片及嵌缝、刷缝、浇水（水泥接缝的养护）：2～4人（需熟悉水泥砂浆及混凝土配制比）。

3.捆石：2人。

要求：绳结要绝对牢实且又便于解开，保证石料之形态重心按相师意图任意颠倒起吊放置。

4.拼叠石：2人。

要求极其熟悉山石拼叠技法和程序，为叠石造山工种中技术要求较高的技工，主要负责山上的操作工作。

5.杂务、生活：1人。

要求：能计划安排工人的生活费用和日常食宿，以保证工人吃好、休息好。

以上是分工的大致情况。实际施工中又必须相互支持，密切配合，因此要尽量使队伍中的每一个人都能全面地了解、熟悉并掌握相关的操作技术。

（四）假山的保养

1.定期检查基础。

2.定期检查水泥焊缝和山石风化情况。

3.经常浇水湿石。

假山石上经常浇水，不仅能使山石形态立见清新、滋润、生动，而且利于山上植物的生长和水泥缝口的保护。

第四节 叠石造山实例图解

一、失败假山分析

（一）99'昆明世界园艺博览园内的湖石假山，叫"东吴小筑"（图322）。该山所犯叠石大忌主要如下：

1. 叠石造山造型讲究"隐"、"藏"而忌全露，要"看不全"而造"不全山"。而这座山无遮无挡，全景全形一目了然，是全形山、全景山的一种表现。

2. 古话有"山忌鸟翅"一说，用今天的话叫做"坟头山"，而这座山在山顶又立一圆（笠）亭，这就更突出了其"坟"状外形，是叠石造山的大忌。

3. 叠石造山忌造"童子山"，所谓"童子山"也就是山上光秃秃寸草不生，用今天的话说叫"穷山恶水"，这座山上只是孤零零的栽了一棵树，其孤独之形反而更突出了该山的穷山恶气。

4. 山顶到处乱出"石"形的头，这样石气就重，这叫石压山、石欺山。

5. 全山造型没有山的内容。这就如同一个人写一篇文章，篇幅长短、文字写得好坏、语句是否通顺、有无错别字等等是另外一回事，但最起码你要把内容交代

出来。而这里没有做到这一点。

6. 山石拼叠交代不清，形纹混乱没有章法，拼叠没有条理，只见其堆积，用今天的话说这叫"石堆子"。可见堆此山者根本不懂相石、选石、拼叠、造型等最基本的技法常识，是外行胡堆乱造的假山。

（二）这是建造于扬州市中心用于城市造景最高的一座湖石假山。由于不懂"因地制宜"的叠石造山原理，不知依土山形势顺势而造山，反而在土山前另立假山，这就等于在关公面前舞大刀，假山堆得再高再大也是假。相比之下，日本某园内只用少量山石顺土山之形势铺埋组合，间以绿化、瀑布统筹安排，自然野逸之气即出。可见，叠石造山不在于用石多少、高低大小，而在于布石之巧妙（图323）。

（三）建造于99'昆明世界园艺博览园"树木园"内的假山石（图324），造型脚重头轻，山石拼叠不会接形合纹，不会做缝，横向到处乱出头形体散乱，只见一块块石头堆叠，一看便是外行所堆。类似这样的如同儿童搭积木的劣质作品，在扬州市内同样到处可见。如，建造于扬州御码头古迹的失败假山（图325）。建造

于扬州大学内的失败假山（图326）。建造于扬州街头的部分失败假山及建造于扬州某高级住宅区大门口的黄石假山，由于不会"平中求变"，因此山石拼叠规整，形态也就呆板（图327、328）。

（四）建造于山东曲阜的铁山园假山，山石拼接做成驳岸不知曲折变化，通体无隐无藏、盲目乱立峰石无主次，显得堆山者的文化修养和基本素质的浅薄，这样低级的假山建于中国传统文化的圣地实在不相匹配(图329)。

图324 昆明世博园树木园假山石

图322 昆明世博园"东吴小筑"假山石

图323-1 扬州友好会馆前，在真(土)山前面再堆假山，使假山更假

图323-2 相比之下，日本某园依土山顺势造景，虽仅数石，却有真山境界

图325 扬州"冶春园"御码头古遗迹处外行所造假山系列

图 326　扬州大学校园内外行所造假山
系列

图327　扬州街头外行所造假山系列

图328　这是建造于扬州某高级住宅区的黄石假山，拼叠规整，形态呆板

图329　山东曲阜铁山园内的假山（张振光　摄）

图330　挖水池及做基础(深80厘米)

二、施工过程分析

（一）某私家庭园黄石假山

1.这是作者建于某私宅庭园中的黄石假山施工过程照片分析，计用石130吨，工期约两个月（图330～344）。

2.这是某假山小品施工过程分析（图345、346）。

（二）无锡友谊饭店叠石造山造园

1.造山起因和布局简介

1990年代初，无锡友谊饭店需改建成江南园林式宾馆，总经理袁瑞泉特邀中国画大师董欣宾、美术理论家郑奇和我共同规划建造，分工如下：袁瑞泉作为园主提出要求并满足施工后勤保障，中国画大师董欣宾总体把握，并提园名为"友谊园"。郑奇老师拿出山体大形走势，并挥笔构出山体大势效果图。我组织施工。因此，这座假山园林工程从一开始就凝聚了当代最顶尖的画家、美学家以及叠石造山行家和企业家的智慧和心血。

全园以太湖石假山为主，主山蜿蜒起伏百米，原主峰峻峭高达12米。山中路径分三条，一路靠山临水，一路山巅盘旋，一路洞中探幽，三路虽分尤合，却又不走回头路。山中洞中有洞，洞内亮处不通却有景可观，行至暗处又豁然开朗。山中有瀑布，有溪流，其中有一景是利用一块重约二吨成扁团状湖石，为悬盖伏作成一山洞中水洞的洞顶，此石上面平实而内中透漏，上面有一碗口大天然石洞，用管道相接做成隐秘进水处，下面有十数个小洞出水成急雨状飞溅落至洞中石潭，石潭水溢出后又聚成溪流分数级激泻山脚入池。更令人称绝的是当水注入时，扁团状湖石公发出雷鸣般共鸣，洞内听此声震耳欲聋，洞外听又似远处万马奔腾。外观山形，山石横纹叠造，由低就高势如龙脉流畅欲动直奔主峰，至高处收顶昂然回首，此为龙摆尾，既可取阴造险，又与山脚起脚处回应。观其山闻其音，激人奋进之感油然而生，董欣宾欣然命笔"雷音洞"三字，并刻于水洞洞顶。

此山用石料三千多吨，植大松柏九株，竹藤草木若干，又有一榭二亭三桥，曲折长廊依山形山势环绕，主山不仅气势惊人，其中内容也十分丰富，有一线天、步步高、雷音洞、断桥、天桥、悬崖、天潭等十多处景观。主山瀑布幅宽达1.5米，从悬岩高处落至半山腰一石潭后再翻溢到一块大平面岩石上形成如滑动的水缎一般，十分好看。全园山林境界自然优美，诗情画意浓厚，历时二年方成，董欣宾又作"友谊园记"，洋洋千言历数园中胜景、营造经过。可惜此园后卖于私人后拆毁主峰，今仅见半壁江山。后闻：原园主袁瑞泉力保此山，曾多方奔走呼吁，其至要诉诸法律，今此山得存半壁，袁瑞泉当功不可没。

2. 看图分析

从施工前的地形和建筑空间环境可看出，这是一座面朝北向的四五层的建筑物，建筑前空地开阔而且无遮挡（图347）。

江南传统叠石造山造园一般多与高不过二层的建筑物配合来创造真山境界。但在这样的环境中造山水园，如果只是在中间挖一池造山，就只能用假山型造型法，如果靠楼造贴壁山，不仅影响室内采光，而且假山堆得再高与楼相比也是矮。于是，该山布局时首先将石山和水池位置向北移，使之与主楼之间形成空白带，待石山叠成后再在其背部伏土形成土山，并使土山与主楼之间仍留有一定距离，大体布局见平面示意（图348）。

从全景照片效果的大面看去，湖石山形的大面顺楼的走向临水而造，背面高伏土，好处是：（1）可植高大树木增加自然气氛。（2）无需作叠石造山的背面处理，节省了石料和人工。（3）山体及山上树木的高度挡住了楼体的下部，使建筑的高度从视觉上得到降低，达到与山水形体协调并浑然一体，以创造出建筑是建在山上的境界。（4）山体大面自水中而起，可利用水的较开阔的平面和水中的山体倒影突出山景。（5）至于在山上建亭、沿山

图331　既是基础也是池底。其做法是：先夯实地平，再平铺约6厘米石子，再夯实，用钢筋扎成网状

图332　将钢筋网下口用2厘米左右小石块垫高，使之腾空，然后开始倒混凝土，并振动扑实

图333　待混凝土凝固后即在混凝土上用砖砌出池边大形

图334　同时安排进出水管

图335　用水泥砂浆粉好水池内壁，保证不会漏水

图336　先定好大面起脚石

图337　再从靠墙里口堆叠，以就外口大面山石高度，这是因为外口一旦拼叠成形，则内里石料无法搬进拼叠

图338　里外同时加高拼叠

图339　先造出里口低处洞形

图340　如有挑出山石应临时打撑稳定

图 341 先从山形的主体处继续加高拼叠

a

由南向北看

图 343 山形下部空洞形渐出

b

由东向西看

图 342 再从山形的副形处加高拼叠

图 344 空洞形状已成整体，然后在其洞顶的上部继续拼叠造型，待主山造型大致完成以后，才可以根据主山的造型处理山前驳岸等延伸山石形态，最后回填山上预先留出的土坑，配以绿化苗木，全山完成

195

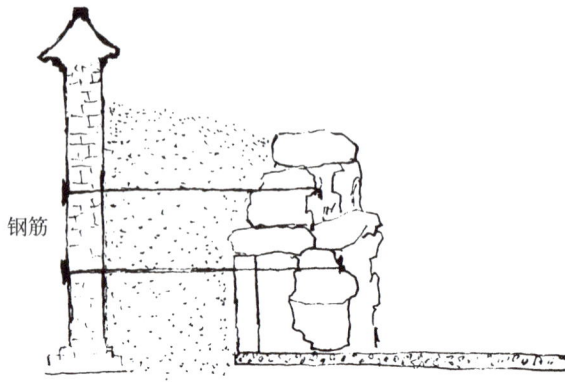

钢筋

图345 靠墙造山需从池底基础到墙体之间形成一定距离，以保留原始土层，可使回填土后种植树木时地气能相接，并利于排水，这在叠石造山中叫留白。如果山体过高，回填土也相应增高，这时土层往往会对墙体产生挤撑，严重时能挤动墙体使墙体向外倾斜甚至倒塌，常用的安全措施是将墙体与假山之间用钢筋拉住，使之形成整体

图346 作者叠石造山分析

这是以墙为纸，山石为绘，靠墙而造的一组以山洞为主景的山石造型。洞中布置了上山台步，虽无几踏却曲折隐现，以示深意。后部用土堆出山麓意境，土山上布以埋石，间以绿化，最远处竖立石峰作为远景山意，寓意从山洞中可进入山中，这样，深远境界可出。反之，如果只是仅架一空洞，便显单薄了

图347 施工前地貌环境

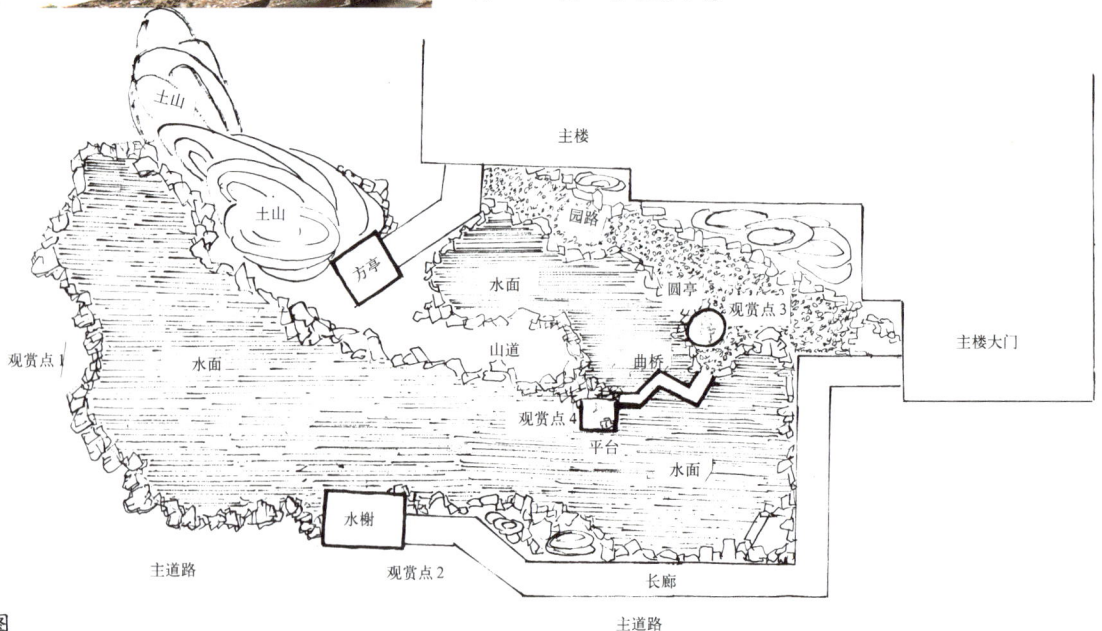

图348 平面示意图

图349　施工后的山水环境（方惠造）

图350　观赏点1处山型（方惠造）

图351　观赏点2处山型（方惠造）

水周边布置长廊形成合围等法，虽都是传统造园惯用的手法，只不过因该宾馆周边其他建筑物的现代城市环境气氛较重，此处更注重长廊的分隔造景、聚景、藏景作用，使之形成相对封闭的山水园林景观的空间环境（图349）。

3.拼叠技法分析

从观赏点1处（图350）可见如下拼叠造型技法：（1）山石拼叠都要求"宜整不宜碎"，而要做到这一点，山石拼叠的同质、同色、接形、合纹、过渡、顺势、贯气及缝口处理是基本功。（2）用湖石造山形须表现出湖石石性的柔性美，秀美中又要不失其圆浑、丰满而不臃肿。（3）因为要配合山上高大楼层造景，又要造出山形山势的稳定厚重感，因此起脚讲究厚实，不求一石一洞变化而重视水路进出效果，并从中交待出山体主层次的变化分明和浑然一体，同时又能创造出步移山景也能跟着变化。中国造园讲究移步换景，而这种换景变化不仅仅只是简单地改变观赏角度，更重要的是要在移步的过程中让观赏者不断发现景物中又有了新的内容，并因此而引发了观赏者新的兴趣、新的联想，才能使移步换景具有实际上的意义。（4）从观赏点2处（图351）可见山形由低向高的走势变化：①山体的阴面变化开始显露，从大的变化上说，它提示出从观赏点1处见到的山凹阴形层次将是一个山洞的出现。其次，山体上部阳面出现纵向延伸踏步山路，这种上阳下阴的呼应变化丰富了山体的深远效果，吸引观赏者探究的兴趣。②山体岩面的各种对偶范畴变化也更加丰富，如，左山阳面和右阴面产生对偶，但细细品之却可见山体总体形态的外（负）阳而抱阴。③近处出水的山脚横形纹理通过中间一块突出的横形横纹石的过渡到远处的山体断面的横形纹理。④再从左向右由近处向远处类推，左近处山体中间为少阴，

图352 观赏点3处南面山型（方惠造）

图353 观赏点3处西面处理（方惠造）

则垂挂石为竖形取阳。⑤再向后
推，山脚取阳，则山体上部突出封
顶既可造险造势，又是为了取中
部之中阴，中阴中又突出一石，为
阴中又有阳。⑥再向后推阴形更
重渐见山洞，是为大阴，抱阴处山
石横纹明显，此处当用立石状的
竖形竖纹来破一下，以免单调。⑦
大阴之后即为坡势形成阳面山脚，
最后再用立石收尾，等等。

再从观赏点3水榭处向南可
见隔水山体造型（图352、353），
向西处可见主山立石与副山、水
体驳岸和长廊，并有意在转角处
用石桥过渡相连加一层次，可加
强水体的深远意境。

图354为主山背面山体和爬
山长廊的处理。图355、356为尚
在施工的原山石造型。

（三）其他叠石实例（图357～366）

图354 观赏点4处山面处理（方惠造）

步步高（方惠造）

图 355　被毁的原建造中的步步高景观，此"步步高"三字为著名已故中国画大师董欣宾先生亲笔所写

山石造型（方惠造）

图 356　被毁的原正在施工中尚未完全封顶的主山体，主峰完成后曾高达 13 米。主山体连接处原为一线天景观

图 357　小品贵在要有内容，并通过内容表现出深远意境（方惠造）

图 358　石包土宜"实"形中有变化（方惠造）

图359 石包水宜"空"形中有变化
(方惠造)

图360 山脚从水中而起的造型要于人
工中显自然,最忌杂乱无章(方惠造)

图361 小品更要讲究山石拼叠的严谨
和造型的自然、生动的趣味(方惠造)

200

图 362　作者叠石造山分析
这是正在施工的某宅院的黄石假山，从中反映了相师选石、拼石、叠石、造型和章法、布局的基本功

图 363　这是作者在叠石

图 364　这是作者在拼石。拼石中如有少许凸突处，可用铁凿凿去，使拼缝严密

图365　这是作者在处理水池出水口的山石造型

图366　这是作者在做山洞的架石造型

三、上海鲜花港大型黄石假山设计与施工分解

2004年初，作者受上海供春实业有限公司蒋国兴总经理之邀，赴上海承接了上海鲜花港新品展示园大型黄石假山的造型设计和施工任务。

（一）工程概况

上海鲜花港新品展示园是由中（中国）荷（荷兰）农业部上海园艺培训示范中心为控股单位，东海总公司及荷兰、以色列、中国台湾地区等企业和部门共同参与投资合作的项目。它不仅是国内最大的花卉种源种植、集散和营销基地，园艺人才培训基地，花卉种苗组培实验室基地，同时也是一个现代城市园林。其大型黄石假山瀑布作为园中的主景之一，位置处于一条由主干道、主桥梁延伸而形成的中轴线顶端。在这条中轴线上，分别建设有完全对称型的大门、建筑、河道、土山、高大树木和完全敞开式的拱形门、广场、花坛、水体、喷泉、观赏台等景观，设计者将假山与瀑布作为景观的背景，其重要性是显而易见的。（图367、368）

（二）假山的粗框设计

作为当今造园中常见的、受西方造园模式影响的一般特征，如地形地貌的开阔性，景观造型的敞开性，按中轴线划分的均衡性、对称性等，在该园总体规划中同样存在。所以，其中的假山无论体量多大，作为园中的景点之一，也就只能在与总体规划协调统一的前提下进行布局、设计和造型，方能和谐而不致生硬。于是，我对假山的总体粗框设计如下：

1.对称中寻求变化

以假山中的大瀑布为居中景观，瀑布中心垂直线对准主中轴线，而山体则沿水体岸边向两边成扇状均衡伸展叠造，最终形成环抱状。

考虑到假山和瀑布的自然性造型要求，于是，对称中寻求变

化就成为该山能否生动、自然，而不致僵硬、呆板的关键。具体方案是：以瀑布垂直中线作划分，左边成匹状直落，右边成跌状翻落。左边主山峰与瀑布平行靠后，右边主山峰则靠前，两峰外形形成呼应对比，并利用透视比例原理，将左边靠后主峰处理得稍低稍瘦，而右边靠前主峰体型则稍大稍高，再结合右边成跌状翻落瀑布的层次变化，以加强近大远小的深远效果（图369）。左边延伸山体以峡谷、天桥及山

峰造型为主，右边就以山洞、山道变化取胜等，即使同处一体的山石拼叠，造型处理也是有凸出的就有凹进的，下部虚的则上部就实，这一面山体自上而下用石较大较整少变化，则旁边一块山体的面自上而下用石则相应变化大一些，等等。总之，从山的主大面隔河看去，猛一看山体大形大势是对称均衡的，而细看却处处又不一样，虽变化无常却又要衔接合理，变化自然，有呼有应，浑然一体（图370）。

图367　从主山处看对面景物

图368　处于中轴线顶端的假山

图 369-1　远观主山大面无瀑布全景

图 369-2　远观主山大面有瀑布全景

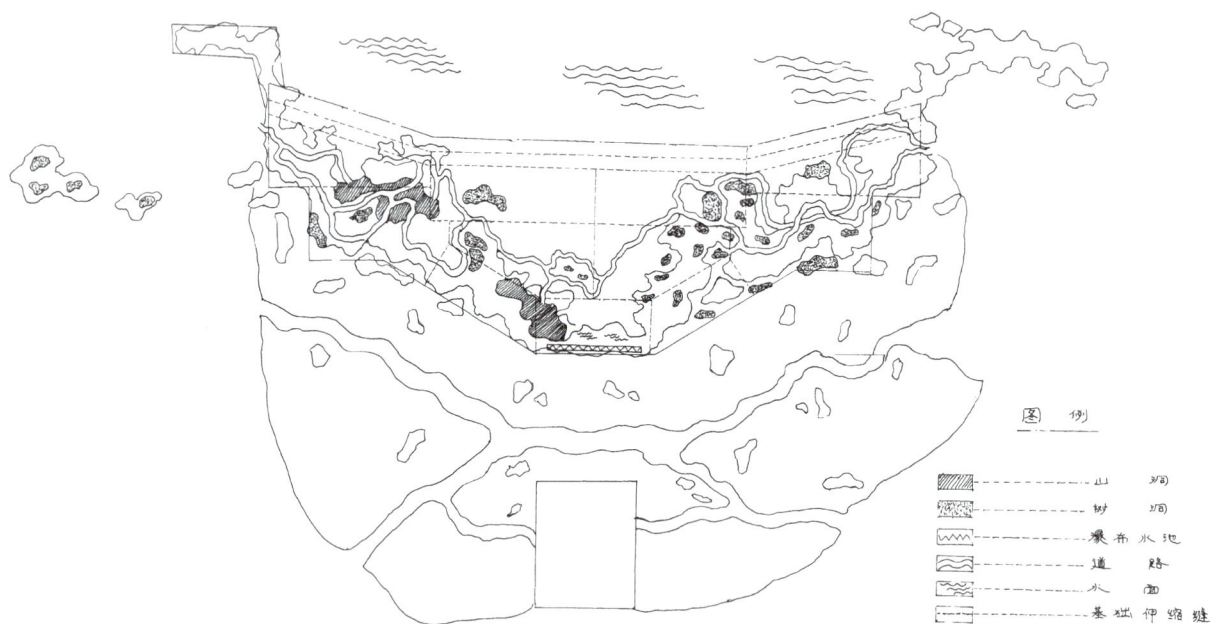

图 例

山 洞

沙 洞

瀑布水池

道 路

水 面

基础伸缩缝

图 369—3　假山平面示意图

图 370—1　主山中部近观效果

图 370-2 主山中部瀑布景观

图 370-3 主山中部局部岩面处理

图 370—4　主山中部岩面左右对比

图 370—5　主山向左延伸山体的景观

图 370—6　主山向左延伸山体的天桥与山洞景观

图 370—7　主山向左延伸山体的天桥又用作山道

图370-8　主山向左延伸山体的临水处理

图370-9　主山向左延伸山体的驳岸处理

图370-10　主山向右延伸山体的临水山洞与上山蹬道，形成虚实对比

图370-11　主山向右延伸山体的驳岸处理

图 370—12　主山向右延伸山体上山道与山洞的处理

图 370—13　主山向右延伸山体上部"飞来石"造型

图 370—15　山体内的水景

图 370—14　从山下仰视"飞来石"造型

图370-16　山体夹道处理体现出自然美

图370-17　山体悬崖道路处理的艺术

2．雄浑中不失秀美

由于该山临水而造，水面阔近百米，因此观此山的全景大面效果就需隔河相望才行。于是就要确定，在如此空旷地造山，其山的高度、宽度要达到多少才是最适合的？太低太小则如盆景或如驳岸而显得小气，过高过大不仅多费材料，而且该山作为中轴线上一系列景观的背景造型，往往会产生与其他景物的不协调，甚至给人以压抑、堵塞的感觉。

经过多次现场观察，首先以山体造型能体现出雄伟气势为原则，而假山表现雄浑的基本造型特点无非是体量的高、大、整、实及形体多呈横向变化的阔大而显沉稳、有堂堂正正之气等。于是初步确定：主瀑布以宽12米，高8米为宜，两边夹瀑布的主山峰高不超过15米为宜，然后顺势将山体由高渐低分别向两边拖，整座山体阔在150米内为宜（图371）。

如何在雄浑中又能表现出秀美的造型？无非是：竖向的、瘦形的、挺拔的山峰造型，偏向于虚透、曲折、呼应等变化的、飘逸的动态造型等。

将上述表现雄和表现秀的基本造型原理和技法巧妙地结合，使之合情合理，自然而不生硬，亦雄亦秀的山体造型也就出来了（图372）。

3．显景中又有藏景

因地制宜是叠石造山的基本原则之一。所谓"因地"就是要尊重叠石造山所处地理环境进行造型。曹雪芹在《红楼梦》中曾说："非其地而强为地，非其山而强为山，虽百般精巧而终不相宜。"所以说，看一座山造的是成功还是失败，首先看你的山体造型的规划布局是否合理，它包括：山体的石种、石色、形体大小、走向变化等是否能与所处空间环境相适宜，否则即使你的山石拼叠技法再好也不行。

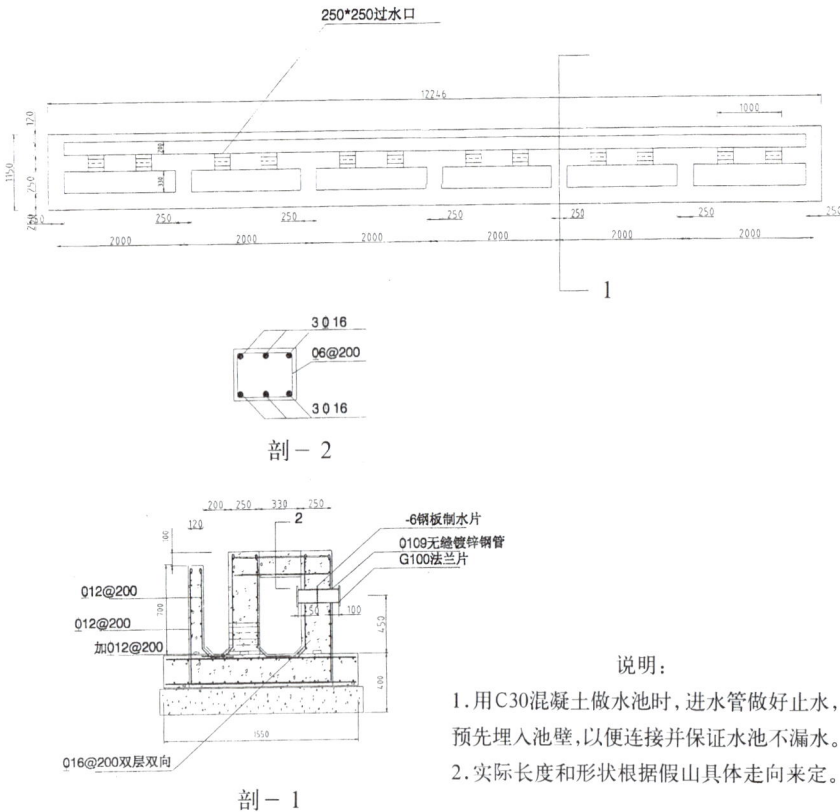

说明：
1．用C30混凝土做水池时，进水管做好止水，预先埋入池壁，以便连接并保证水池不漏水。
2．实际长度和形状根据假山具体走向来定。

图371-1　人工瀑布假山供水平面、剖面图

图371-2　假山背面可见瀑布进水管道（竣工后再用土覆盖）

图371-3　从进水池到溢水池的工程处理

图 372-1　山体的收顶造型体现了雄浑的气势

图 372-2　山体收顶景观

图 372-3　山体收顶用立石表现秀丽的景致

图 372-4　山体收顶用拼叠法表现出雄与秀的关系

根据鲜花港假山所处环境，"远观山"、"全景山"、"暴露山"的前提是不可改变的，但这并不代表传统叠石造山的"以局部寓意全景"、"以有限表现无限"和"以少胜多"的创作和审美方法就没有用，恰恰相反，我采用在山体后面大量回填土形成土山，然后广植大树的传统造山方法，其好处颇多，例如：

（1）在结构上，首先它稳固了假山山体，因为山体的平面为外八字形结构，向内向前不会倾倒，而向外向后则因有了大量回填土将山抵住，这就大大稳定了山体。其次，在施工过程中随着假山高度的升高，回填土也相应跟着提高，也就大大增强了施工操作过程中的安全性和便利性。再如，回填土外形为靠石山处最高而后渐成斜坡状发展，然后在距石山约8米处的土山上顺石山走向开出一条横向山道，也是中间高两边渐低，山道两边也用黄石叠起成驳岸护坡作用，这就一举两得，既有了土山上的山道景观，而且土山及山道也是作为主山排水功能的重要组成部分。

（2）从景观上看，由于山后大量回土形成土山并在山上大量植大树，这就使石山有了深度感、厚度感和增加了山体的高度感。它不仅使大瀑布的形成有了来龙去脉，变得合情合理，较之上海东方绿舟的人工大瀑布的做法要自然得多，而且山体造型中若干的虚空处的处理、曲折凹突的变化和呼应生动的取势造型等也因此得到深远的效果和意境（没有了做作气），等等。而这些好处都与传统叠石造山的"以局部寓意全景"、"以有限表现无限"和"以少胜多"的创作和审美方法有着内在的联系（图373、374）。

（三）施工过程中的一些技术处理

1. 石料的选购要求

该山确定以黄石为原料。主要理由是：①价格较其他石种相对便宜。②采集地可集中于一个

图373-1　随着山体高度的逐步提高，假山后部的土山也相应跟着提高

图373-2　土山成形后对埋石和绿化的处理

图373-3　土山上的道路与驳石做法（道路同时也具有排水功能）

图373-4　土山上的道路与驳石做法（土山两边高、中间低，道路兼具排水功能）

图374　上海"东方绿舟"公园门口的黄石大假山杂乱无章，没有拼叠造型技法，更谈不上内涵与意境

矿山采石口，便于管理、结算等。但作为特大型假山，石料又有要求如下：

（1）块型要大

其好处有：①堆山成型的速度大大加快。②堆山辅助材料大大节省。③山体的结构安全性大大增强。④山的大面造型整体感大大增强。

最后确定，该山所用单块石的重量以5～10吨为好。

（2）形面完整

所谓形面完整，是指石料的六个面：叠面、压面、拼面、接面、前面、后面都能清楚存在。例如，初期为找石料的采矿产地，曾有人介绍我到浙江安吉某处黄石专营码头看一看，并特别强调该黄石供应码头每年能向江、浙、沪一带出售十多万吨假山石料，我到现场看后便发现该处黄石的块状六面根本不清楚，可见

当今外行造假山的现象是十分普遍的。

（3）石纹清楚

即山石表面横竖纹理明显。黄石横竖纹理清楚，则石形六面多能完整，反之，则奇形怪状或破状明显，上述安吉码头多为此石。

（4）石色要纯

即石色陈旧但不枯，不花，不杂，既有旧石味又有润湿感。

（5）石质坚实

即石块的质地要坚固，不易破裂、风化。

（6）其他

如石料供应过程中质量的保证性，运输的便利性，石料供应的及时性，价格的合适性等。

2．基础的处理诀窍

该假山采用的是钢筋混凝土整板基础做法（见图），结构和形状也是根据山体的重量和形体的走向而设计。这里首先要考虑到两个因素：①山体最高处如是15米，那么该基础受力处每平方米将达到40吨左右，根据我以往堆大山的经验，一般情况下，基础承受如此大的重量，往往或多或少都会有断裂的情况发生，问题是无论基础有几条断裂纹都不可怕，因为大假山起脚做法本就是大块石满铺法，石料的本身也是基础的组成部分。关键是要保持整板基础在山石堆叠过程中能够受力分布均匀，尽量做到使基础保持平稳沉降至一定的范围。②要保证基础平稳受力沉降，石料堆叠时在基础上的分布相对就要均衡，即基础左边山石堆至一定高度，右边也要相应堆高，前面堆高了后面也要跟着高，而且左与右、前与后之间也要有石料堆叠互咬连接过去，尤其是基础的横长方向，更不可只堆两头中间不堆，这就如同扁担的两头受重下沉，而中间就要凸起，表现在基础上就易形成中间断裂。也不可只堆基础中间，造成中间下沉两头起翘，同样会使基础产生断裂。

215

考虑到上述因素，因此采用基础的分段浇注法，并在基础的段与段之间分开留有3厘米伸缩缝。至于每段基础的长与宽，主要是依据独臂把杆起吊石料堆叠的旋转幅度而定。最后确定该山基础单块表面积为12米×6米（图375）。

在堆叠山石时如何及时发现并保持基础平衡下沉？这里介绍一个简易而且比较有效的方法：先在该基础中间找一处不堆山石的地方，约有3米见方，在基础未完全凝固时可先用工具在基础表面划出约3厘米×3厘米见深

见宽的、成米字形相通沟条（也可做成3米见方、深3厘米的方形浅坑），然后倒上水形成水面，再在米字（或坑的四周边）的外边口八个点上按水平面做好记号，以后堆山可经常检查该水平点，如直线一头左水面低于记号点，而另一头右水面淹过水平记号点，则说明被淹的右面基础下沉较多，这时应将山石堆于基础左边，反之亦然。如此反复观察和堆叠操作，可保证基础平稳下沉直至主山完成，基础稳定。最怕在基础的一边堆山，造成基础倾斜下沉，而且这种下沉即使在

假山完成后的若干时期内仍会继续，最终会造成山体因此而倾斜产生危险的后果。

3．山体叠造的方法

（1）用大块石造大山要尽可能在把杆够得到的范围内全方位起叠，而不要仅限于一处堆高，这是因为大石块的挑选即使作短距离移动也是十分费事的，而全方位起叠能使每块石料起吊后不仅能有更多的拼叠点供选择和造型，同时也利于控制施工过程中发生的基础倾斜，使之保持平衡沉降。

（2）大块石进行凹凸变化只

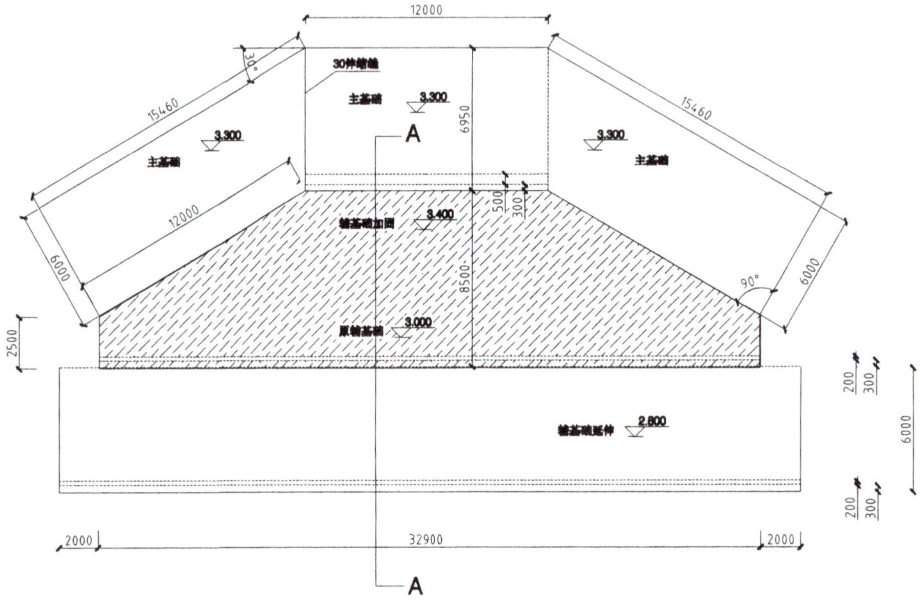

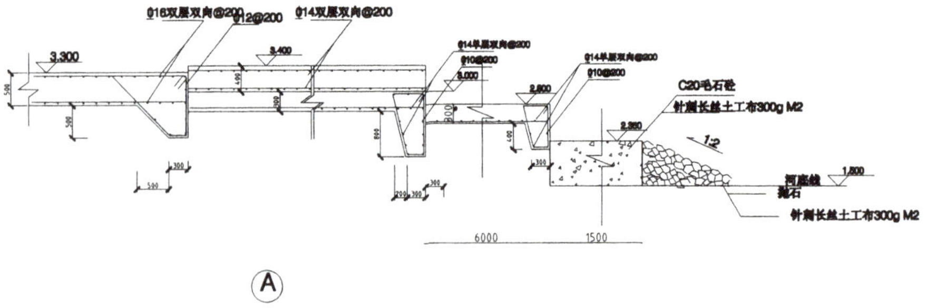

说明

1 主基础厚度为500，混凝土标号C25。

2 主基础钢筋为ø16双层双向@200。

3 主基础宽度和长度见辅图。

4 辅助基础，混凝土厚度为300，混凝土标号为C25。

5 辅助基础钢筋为ø14，单层双向@200。

6 辅助基础宽度和长度见辅图。

7 主、辅基础面所注标高为吴淞绝对标高。

8 主、辅基础南口距人工瀑布脚建筑为15米布置，呈中心对称。

修改补充说明

因假山在主基础上造型时达不到实际视觉效果，因此我主张将假山主体部分向前延伸至辅助基础，辅助基础全部加固，具体方案见视图

图375-1 一期人工瀑布假山基础平面与构造图

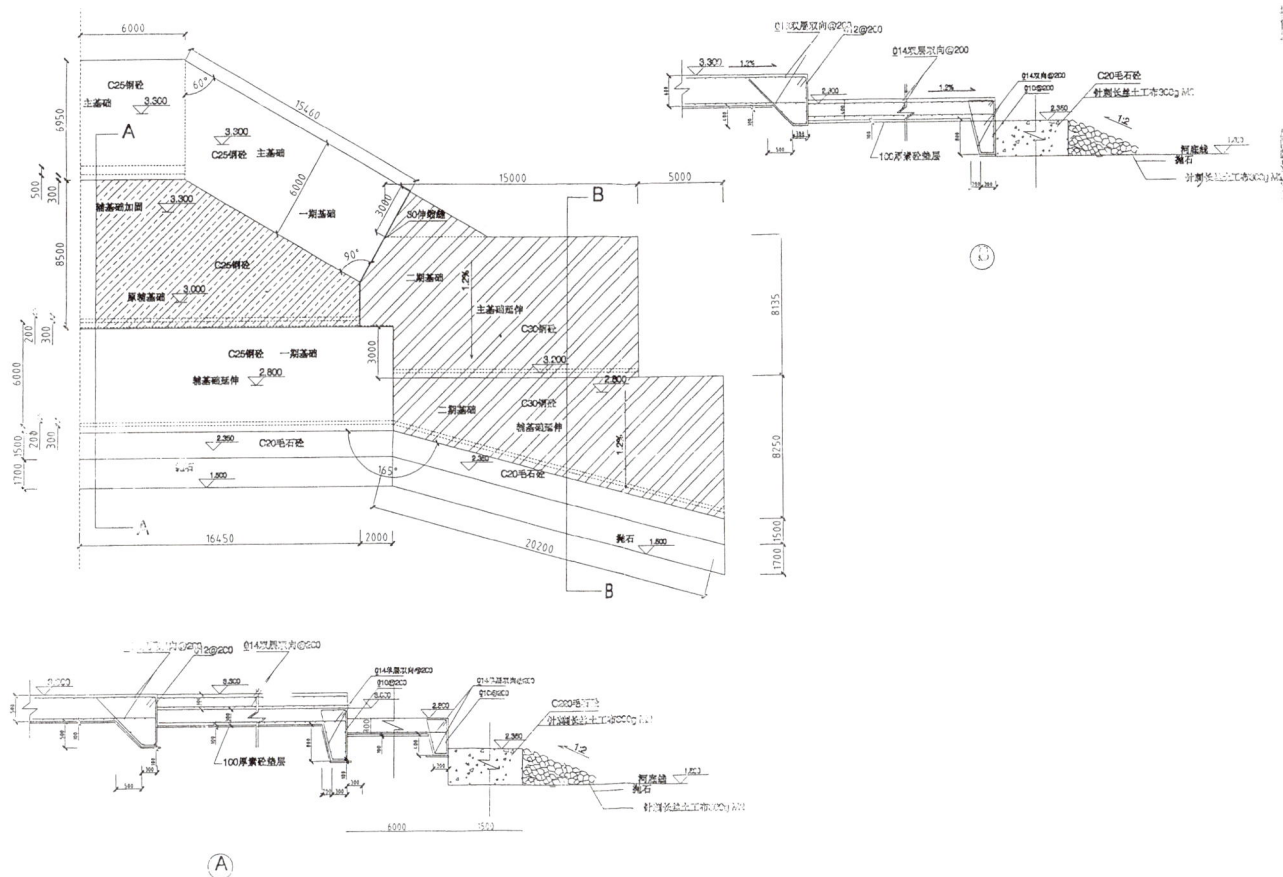

图 375-2　二期人工瀑布假山基础平面与构造图

宜用渐出法而不宜用突然挑出的方法造型，这是保证山体安全施工的重要原则。

（3）凡石料的拼接面、叠压面一定要填满高标号砂浆混凝土。例如，两石叠压操作的过程和方法是：先调整并垫好或剎好上压山石使其形态确定了，然后再将上压山石原状不动垂直吊起，再在下石叠面上满倒砂浆，可中间高一点，然后再放下上压山石使其自然压实砂浆，再抽去捆石钢丝绳。如果有上压山石压住捆石钢丝绳的情况，可将混凝土搅拌的干一些使用，其填倒于叠面的混凝土厚度大于钢丝绳粗度，然后再按上述方法操作，可顺利将钢丝绳抽出，再设法小心晃动上压石使之沉下压实回归原位。

（4）基础伸缩缝接合处可先用厚实大石块压住再向上堆叠。

（5）主峰处打墩，做洞处成墙。即：在基础上先确定主峰位置和山体吃重位置，此位置山石拼叠应向牢实处做，即块面起脚法，在实际施工中又称"打墩"。墩与墩之间的空间变化即可成为山洞形态和走向，不够处再用山石拼叠成连体，即为连体洞墙。

4. 山洞及山洞封顶

对我来说，用大石做山洞比山体岩面处理造型要少烦神得多，这是因为人在洞中定睛看石只能见到一块或两块整石形态，所以它的技术拼叠要求大于艺术拼叠要求。因此，洞内山石向安稳、牢靠处做是第一位的。常用的技术措施主要是：①首先强调山石形体拼叠的安全稳固而不要勉强山石纹理或石色的统一。②向上内收的山石只宜渐出而不要突挑。③石与石拼叠空隙一定要砂浆饱满。

至于封洞顶的石料多为长条形，堆山者对此首先要有一个基本的结构和承重的概念：即楼房中的楼板概念，亦即两头搭于山墙，中间不可吃重。造山洞的封洞长石也是一样，两头吃在山体或山墙上的部分可以压重压实，但长石中间悬空处是绝对不能受压承重的。所以，大凡山洞洞顶上面只是作单层平台或作为山上道路部分供人走动，而绝不在上面再叠石造型。我曾见到一本介绍假山山洞做法的书，书中提出一种将条石成井字状封山洞洞顶的说法，不仅十分外行，而且按此法操作会带来严重的危险后果。

虽说洞顶长条石要有楼板的操作概念，但做山洞又不能像楼板那样平铺，否则就不自然了。这里介绍做山洞的一般方法：

217

（1）就近先搭头法

墩与墩或墩与墙之间，不一定非要像铺楼板那样按部就班一块块搭过去，而提倡叠至一定高度后先找出相距最靠近的地方用长条石搭头，其步骤是：只要长形石够搭头了即搭到哪里算哪里，收到哪里算哪里，使之高低起伏变化自然，直至将洞顶封好为止。当然，搭头必须吃实稳妥，保证万无一失。

（2）常用的封洞条形石搭头叠拼做法

①反扣式做法；②正扣式做法；③斜扣式做法；④规则式做法等（图376）。

5．主峰顶部的处理

大型山头与小型山头在用石造型上有不同的地方，小型山头收顶常常越到高处石块愈大愈整，形态也愈生动。而大型山头由于距人仰视的距离远，所用山石虽纹理生动却看不清，再者，远物才有透视感，所以堆高山往

往最高处用石反而越瘦小，而山峰则更显高耸。

6．其他图示（图377～387）

（四）部分河滩石组合造型图示（图388～400）

凡河滩石埋要入地，拼要接形，大小搭配，组合有致。

（五）不足之处

凡叠石造山施工的全过程，或多或少都要受到各种因素的干扰，从而使叠石造山者的相石拼叠和造型技艺难以得到尽情发

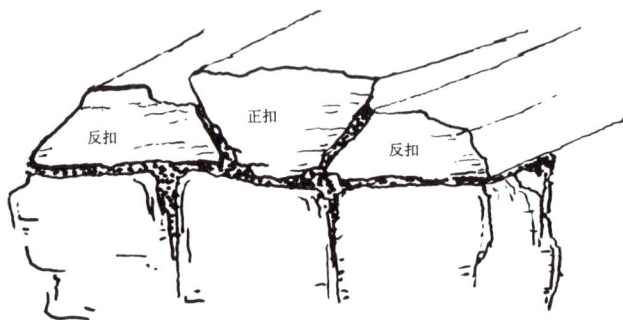

图376-1　反扣式做法

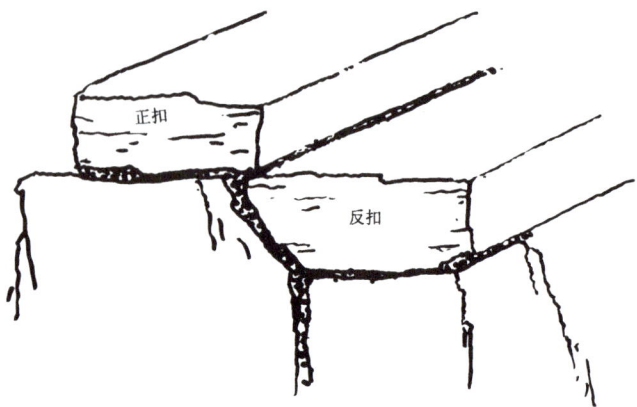

图376-2　反扣与正扣结合做法

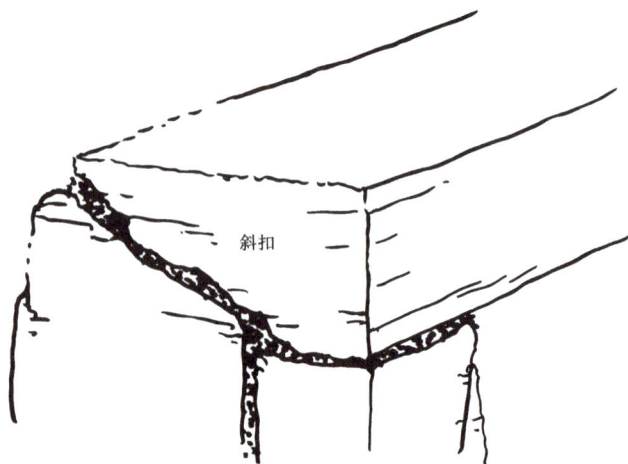

图376-3　斜扣式做法

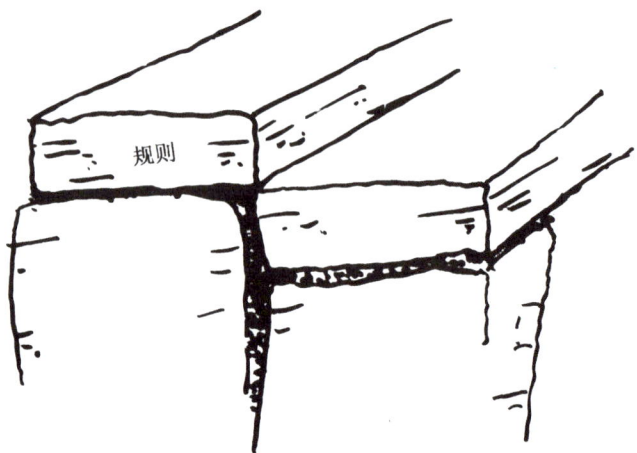

图376-4　规则式做法

图 377　未施工前的假山地貌

图 378　施工场景

图 379　施工中使用的双台双控卷扬机

图 380　施工中使用的小型砂浆搅拌机

a　实物

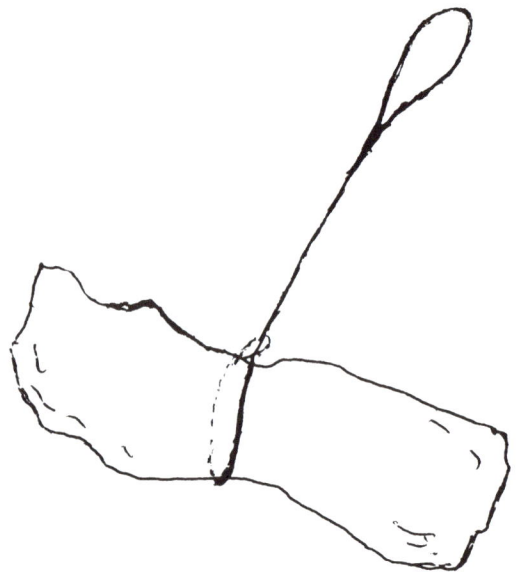

b　地锚做法

图 381　这是作者在施工时使用的独臂拔杆。主杆高 15 米，臂杆长 13.5 米，用八根缆风绳稳固，缆风绳地桩采用地锚法，即选一长度在 1.2 米以上的长条石料，将钢绳千斤头用抽扣法捆好牢固，在确定的地桩处先挖一土坑，土坑外形以长条形石料平卧形状为依据，并与主杆成横向直角，坑深不小于 1.5 米，待石料埋好夯实后，再用单片滑轮与主杆风绳连接，此法好处是便于日后移动主杆时缆风绳可以收缩自如

图 382—1　作者在施工中相石

图 382—2　作者在指导工人捆石

图 382—3　作者在指挥吊装石料

图383 石料起吊就位的过程

图384 施工过程中随时收集好石片，
以便山石做缝时使用

图385 向水泥中加铁红等化工原料，以使水泥色相
与假山石种石色接近，以便于做缝

图386　工人正在做缝

图387　工人高处做缝时须系好安全带

挥。该工程同样如此，因此，如以我个人所能发挥的叠石造山技艺为满分的话，该山也只能打个70分，其不足处主要表现如下：

1．山石拼叠选石尚不十分严谨，造成近观山时自然野逸气氛不足，徒峭处压顶之势不足。

2．瀑布下面布石满有余而散不足，有削弱了瀑布和主山气势之嫌。

3．瀑布下面的一立峰造型选石不好。

4．山洞过于呆板，洞内缺少内容。

等等。

图388

图389

图390

图391

图392

图 393

图 394

图 395

图 396

图 397

图 398

图 399

图 400

参考文献

1. 童寯. 江南园林志（第2版）. 北京：中国建筑工业出版社，1984

2.〔明〕计成. 园冶注释（第2版）. 陈植. 北京：中国建筑工业出版社，1988

3. 周维权. 中国古典园林史（第1版）. 北京：清华大学出版社，1990

4. 张光福. 中国美术史（第1版）. 北京：知识出版社，1982

5. 张家骥. 中国造园史（第1版）. 哈尔滨：黑龙江人民出版社，1987

6. 陈从周. 园林谈丛（第1版）. 上海：上海文化出版社，1980

7. 宗白华. 美学与意境（第1版）. 北京：人民出版社，1987

8. 王毅. 园林与中国文化（第1版）. 上海：上海人民出版社，1990

9. 董欣宾、郑奇. 六法生态论（第1版）. 南京：江苏美术出版社，1990

10. 董欣宾、郑奇. 中国绘画对偶范畴论（第1版）. 南京：江苏美术出版社，1988

11. 童寯. 造园史纲（第1版）. 北京：中国建筑工业出版社，1983

12. 徐邦达编. 中国绘画史图录（第1版）. 上海：上海人民美术出版社，1981

13. 陆俨少. 山水画刍议（第1版）. 上海：上海人民美术出版社，1980

14. 刘敦桢主编. 中国古代建筑史（第1版）. 北京：中国建筑工业出版社，1980

15. 梁思成. 清式营造则例（第1版）. 北京：中国建筑工业出版社，1981

16. 王其亨主编. 风水理论研究（第1版）. 天津大学出版社，1992

17. 亢亮、亢羽编. 风水与城市（第1版）. 百花文艺出版社，1999

18. 宗炳原著. 画山水序. 人民美术出版社，1985

19. 王微原著. 叙画. 人民美术出版社，1985

20. 路秉杰、汤众. 日本园林用石. 中国古典园林文化论坛叠石掇山专题研讨论文汇编. 苏州：《苏州园林》编辑部，2001

21. 彭一刚. 中国古典园林分析. 中国建筑工业出版社，1986

22. 江浅、吴采薇编著. 世界园艺博览园. 景观规划设计. 中国建筑工业出版社，2002

23. 冯钟平. 中国园林建筑. 清华大学出版社，1988

24. 姚承祖. 营造法源（第二版）. 中国建筑工业出版社，1988

25. 刘致平. 中国建筑类型及结构. 中国建筑工业出版社，1987

26. 芥子园画谱. 上海书店影印，1982

27. 俞剑华编著. 中国画论类编. 人民美术出版社，1986

28. 王宗年. 建筑空间艺术及技术. 成都科技大学出版社，1987

29. （日）小形研三、高原荣重. 园林设计. 中译本，中国建筑工业出版社，1989

30. （清）李斗. 扬州画舫录. 江苏广陵古籍刻印社，1984

31. （明）计成. 园冶. 陈植注释本，中国建筑工业出版社，1988

32. 王冶梅绘. 冶梅石谱. 中国书店影印，1987

33. 陈植、张公驰选注. 中国历代名园记选注. 安徽科学技术出版社，1983

34. 山水画稿. 天津人民美术出版社，1982

35. 文震亨. 长物志. 陈植校注本，江苏科学技术出版社

36. 龚由睢编. 建筑安装工人安全技术操作图册. 中国建筑工业出版社，1989